高等院校自动化系列规划教材

数字逻辑原理与设计

主编 张 斌

北京邮电大学出版社
www.buptpress.com

内 容 简 介

"数字逻辑原理与设计"是自动化相关专业的核心课程。本书系统讲解数字逻辑电路的基本理论、设计方法及工程应用，内容涵盖数制和码制、逻辑代数基础、逻辑门电路、组合逻辑电路、触发器、同步时序电路、异步时序电路、Multisim 14.0 应用基础、Multisim 14.0 仿真举例。本书结合现代数字系统设计需求，注重理论与实践融合，每章配有典型例题、习题及工程案例。

本书适合作为自动化专业本科生教学用书，也可供从事数字系统开发的工程师参考，旨在培养读者从逻辑抽象到硬件实现的系统性工程思维。

图书在版编目（CIP）数据

数字逻辑原理与设计 / 张斌主编. -- 北京：北京邮电大学出版社，2025. -- ISBN 978-7-5635-7666-1

Ⅰ. TP302.2

中国国家版本馆 CIP 数据核字第 20256WY908 号

策划编辑：马晓仟　　责任编辑：刘　颖　　责任校对：张会良　　封面设计：七星博纳

出版发行：北京邮电大学出版社
社　　址：北京市海淀区西土城路 10 号
邮政编码：100876
发 行 部：电话：010-62282185　传真：010-62283578
E-mail：publish@bupt.edu.cn
经　　销：各地新华书店
印　　刷：保定市中画美凯印刷有限公司
开　　本：787 mm×1 092 mm　1/16
印　　张：15.5
字　　数：415 千字
版　　次：2025 年 8 月第 1 版
印　　次：2025 年 8 月第 1 次印刷

ISBN 978-7-5635-7666-1　　　　　　　　　　　　　　　　　　　　定价：49.00 元

· 如有印装质量问题，请与北京邮电大学出版社发行部联系 ·

前　言

　　数字逻辑是电子信息、计算机科学与技术、自动化等领域的基石,其核心思想是将复杂问题抽象为逻辑关系,并通过电路实现其功能。随着人工智能、物联网、芯片设计等技术的快速发展,数字逻辑的基础地位愈发凸显。本书旨在为读者构建扎实的理论基础,同时培养读者面向工程实践的设计思维,帮助读者掌握从逻辑分析到硬件实现的全流程能力。

　　本书的编写融合了作者多年教学经验,注重经典理论与现代技术的平衡。本书的内容编排遵循"由浅入深、循序渐进"的原则:前四章聚焦数字逻辑基础,包括数制和码制、逻辑代数基础、逻辑门电路及组合逻辑电路;后续章节逐步深入介绍触发器、同步时序电路、异步时序电路,并结合 Multisim 14.0 讲解设计流程。本书注重引导读者理解需求分析、逻辑抽象、电路优化及仿真验证这一完整设计流程。

　　为强化学习效果,本书每章均设有"小结",帮助读者明确重点;例题、思考题与习题涵盖基础计算、设计优化及开放性实践等内容,兼顾理论巩固与创新能力培养。此外,书中对竞争-冒险等工程问题的探讨,可为后续学习集成电路设计等课程奠定基础。

　　本书适用于高等院校自动化专业本科生的"数字逻辑"或"数字电路"课程,也可作为相关领域工程师的参考书。教学过程中建议理论与实践相结合,通过"理论讲授＋仿真实验＋项目实训"的模式提升综合能力。

　　在编写本书的过程中,编者参考了国内外经典教材与行业标准,并融入了新技术趋势下的内容革新。书中难免存在疏漏之处,恳请读者批评指正,编者将持续完善。

编者
2025 年 3 月

目 录

第1章 数制和码制 ... 1
1.1 常用数制 ... 1
1.1.1 进位计数制 ... 1
1.1.2 进位计数制间的转换 ... 3
1.2 二进制数的运算 ... 6
1.2.1 二进制数的算术运算 ... 6
1.2.2 原码、反码和补码 ... 7
1.3 常用码制 ... 8
1.3.1 二-十进制码 ... 8
1.3.2 用BCD码表示十进制数 ... 10
1.3.3 字符代码 ... 10
小结 ... 11
思考题与习题 ... 12

第2章 逻辑代数基础 ... 13
2.1 三种基本逻辑运算 ... 13
2.2 常用复合逻辑运算 ... 15
2.2.1 "与非"逻辑运算 ... 16
2.2.2 "或非"逻辑运算 ... 16
2.2.3 "与或非"逻辑运算 ... 17
2.2.4 "异或"运算和"同或"运算 ... 17
2.3 逻辑变量与逻辑函数 ... 18
2.4 逻辑代数的基本定律、规则和常用公式 ... 20
2.4.1 基本定律 ... 20
2.4.2 三条基本规则 ... 21
2.4.3 常用公式 ... 22
2.5 逻辑函数表达式的形式 ... 23
2.5.1 逻辑函数表达式的基本形式 ... 23
2.5.2 标准"与或"表达式 ... 23

  2.5.3 标准"或与"表达式 ························ 25
 2.6 公式法化简逻辑函数 ························· 27
 2.7 卡诺图法化简逻辑函数 ······················· 29
  2.7.1 卡诺图的构成 ··························· 29
  2.7.2 用卡诺图表示逻辑函数 ····················· 31
  2.7.3 用卡诺图化简逻辑函数 ····················· 32
 2.8 具有无关项的逻辑函数化简 ··················· 36
  2.8.1 无关项 ······························· 36
  2.8.2 带有无关项的逻辑函数化简 ·················· 37
 小结 ·· 38
 思考题与习题 ·································· 38

第 3 章 逻辑门电路 ······························ 40

 3.1 CMOS 逻辑门电路 ·························· 40
  3.1.1 MOS 管及其开关特性 ······················ 40
  3.1.2 CMOS 反相器 ··························· 45
  3.1.3 CMOS 与非门和或非门 ····················· 48
  3.1.4 CMOS 传输门 ··························· 50
  3.1.5 CMOS 三态输出和漏极开路输出门电路 ·········· 52
  3.1.6 CMOS 集成电路的主要技术参数及使用中的几个问题 ···· 57
 3.2 TTL 逻辑门电路 ··························· 63
  3.2.1 BJT 的开关特性 ························· 63
  3.2.2 TTL 反相器 ···························· 64
  3.2.3 TTL 与非门及或非门电路 ··················· 66
  3.2.4 TTL 门电路的输入、输出特性 ················ 67
  3.2.5 TTL 集电极开路输出和三态输出门电路 ·········· 68
  3.2.6 TTL 系列门电路特性参数比较 ················ 69
 小结 ·· 70
 思考题与习题 ·································· 70

第 4 章 组合逻辑电路 ···························· 76

 4.1 组合逻辑电路的分析方法 ····················· 76
  4.1.1 组合电路的分析步骤 ······················· 76
  4.1.2 分析举例 ······························ 77
 4.2 编码器 ··································· 78
  4.2.1 二进制编码器 ··························· 79

4.2.2	二进制优先编码器	80
4.2.3	二-十进制优先编码器 74LS147	83

4.3 译码器 ... 84
 4.3.1 变量译码器 ... 84
 4.3.2 二-十进制译码器 ... 86
 4.3.3 显示译码器 ... 89

4.4 数据选择器与数据分配器 ... 93
 4.4.1 数据选择器 ... 93
 4.4.2 数据分配器 ... 95

4.5 加法器 ... 96
 4.5.1 一位加法器 ... 96
 4.5.2 串行进位加法器 ... 98
 4.5.3 超前进位加法器 ... 98

4.6 组合逻辑电路设计方法 ... 100
 4.6.1 用 SSI 的组合逻辑电路设计 ... 100
 4.6.2 用 MSI 的组合逻辑电路设计 ... 102

4.7 组合逻辑电路的竞争-冒险 ... 106
 4.7.1 竞争-冒险 ... 107
 4.7.2 竞争-冒险的判断 ... 107
 4.7.3 消除竞争-冒险的方法 ... 109

小结 ... 110

思考题与习题 ... 111

第 5 章 触发器 ... 113

5.1 基本 RS 触发器 ... 113
 5.1.1 用与非门组成的基本 RS 触发器 ... 113
 5.1.2 用或非门组成的基本 RS 触发器 ... 116

5.2 同步触发器 ... 119
 5.2.1 同步 RS 触发器 ... 119
 5.2.2 同步 D 触发器 ... 121
 5.2.3 同步 JK 触发器 ... 123
 5.2.4 同步 T 触发器 ... 125

5.3 主从触发器 ... 127
 5.3.1 主从 RS 触发器 ... 128
 5.3.2 主从 JK 触发器 ... 130
 5.3.3 主从触发器的工作特点 ... 132

5.4 边沿触发器 ·· 133
5.5 触发器逻辑功能的转换 ·· 135
  5.5.1 由 D 触发器到其他功能触发器的转换 ··················· 136
  5.5.2 从 JK 触发器到其他功能触发器的转换 ·················· 136
小结 ··· 137
思考题与习题 ··· 138

第 6 章 同步时序电路 ·· 141

6.1 时序电路的结构与描述方法 ··· 141
  6.1.1 时序电路的一般结构 ·· 141
  6.1.2 同步时序电路的描述方法 ····································· 142
6.2 同步时序电路的分析 ·· 144
  6.2.1 同步时序电路的分析步骤 ····································· 144
  6.2.2 举例说明 ··· 145
6.3 寄存器 ·· 148
  6.3.1 数码寄存器 ·· 148
  6.3.2 移位寄存器 ·· 149
6.4 同步计数器 ··· 152
  6.4.1 同步二进制计数器 ··· 152
  6.4.2 同步十进制计数器 ··· 158
6.5 同步时序电路的设计方法 ··· 162
  6.5.1 建立原始状态图和原始状态表 ······························ 162
  6.5.2 状态简化 ··· 163
  6.5.3 状态分配 ··· 164
  6.5.4 确定激励函数和输出函数 ····································· 166
  6.5.5 画逻辑图 ··· 168
小结 ··· 169
思考题与习题 ··· 170

第 7 章 异步时序电路 ·· 173

7.1 脉冲异步时序电路的分析 ··· 173
  7.1.1 脉冲异步时序电路的特点 ····································· 173
  7.1.2 分析步骤 ··· 173
  7.1.3 分析实例 ··· 174
7.2 脉冲异步时序电路的设计 ··· 176
  7.2.1 设计脉冲异步时序电路的注意点 ··························· 176

		7.2.2 设计步骤	176
		7.2.3 设计举例	177
	7.3	电位异步时序电路的分析	181
		7.3.1 电位异步时序电路的特点	181
		7.3.2 电位异步时序电路的分析步骤	184
		7.3.3 分析举例	184
	7.4	电位异步时序电路的设计	186
		7.4.1 设计步骤	186
		7.4.2 设计举例	186
	7.5	异步时序电路中的竞争与冒险	190
		7.5.1 竞争现象	191
		7.5.2 非临界竞争、临界竞争和时序冒险	191
		7.5.3 时序冒险的消除	192
	思考题与习题		195

第8章 Multisim 14.0 应用基础 197

8.1	Multisim 14.0 的基本操作界面	197
	8.1.1 菜单栏	198
	8.1.2 常用工具栏	199
	8.1.3 设计工具箱(Design Toolbox)	201
	8.1.4 设计信息显示窗口	202
	8.1.5 电路编辑与仿真工作区	202
8.2	Multisim 14.0 的菜单及命令	203
	8.2.1 "File"(文件)菜单	203
	8.2.2 "Edit"(编辑)菜单	203
	8.2.3 "View"(视图)菜单	208
	8.2.4 "Place"(放置)菜单	210
	8.2.5 "MCU"(微控制器)菜单	212
	8.2.6 "Simulate"(仿真)菜单	212
	8.2.7 "Transfer"(文件传输)菜单	215
	8.2.8 "Tools"(工具)菜单	215
	8.2.9 "Reports"(报告)菜单	217
	8.2.10 "Options"(选项)菜单	217
	8.2.11 "Window"(窗口)菜单	220
	8.2.12 "Help"(帮助)菜单	220

第9章 Multisim 14.0 仿真举例 ………………………………………………… 222

9.1 分立元件特性测试与仿真 ………………………………………………… 222
9.1.1 二极管开关特性测试与仿真 ………………………………………… 222
9.1.2 三极管开关特性测试与仿真 ………………………………………… 223
9.1.3 TTL 与非门逻辑功能测试与仿真 …………………………………… 224
9.1.4 逻辑关系表示方法之间的相互转换 ………………………………… 225

9.2 组合逻辑电路分析和仿真 ………………………………………………… 226
9.2.1 静态组合逻辑电路的分析仿真 ……………………………………… 226
9.2.2 键控 8421BCD 编码器测试与仿真 …………………………………… 227
9.2.3 由译码器构成数据分配器测试与仿真 ……………………………… 228
9.2.4 由译码器构成 16 位跑马灯电路测试与仿真 ………………………… 229
9.2.5 由数据选择器构成全加器电路测试与仿真 ………………………… 230
9.2.6 8421 码转换 5421 码的电路测试与仿真 …………………………… 231
9.2.7 竞争冒险电路测试与仿真 …………………………………………… 231

9.3 时序逻辑电路的分析和仿真 ……………………………………………… 233
9.3.1 触发器逻辑功能测试与仿真 ………………………………………… 233
9.3.2 D 触发器构成的八分频电路测试与仿真 …………………………… 235
9.3.3 二十四进制计数器测试与仿真 ……………………………………… 236

参考文献 ……………………………………………………………………………… 238

第1章 数制和码制

数字电路所处理的各种数字信号都是以数码形式给出的。不同的数码既可以用来表示不同数量的大小,又可以用来表示不同的事物或事物的不同状态。

用数码表示数量的大小时,仅仅使用一位数码往往不够用,因而经常需要用进位计数制的方法组成多位数码使用。多位数码中每一位的构成方法和从低位到高位的进位规则称为数制。当两个数码分别表示两个数量大小时,可以进行数量间的加、减、乘、除等运算。这一类运算称为算术运算。人们一般采用十进制数字系统进行算术运算,但是,数字系统采用的是二进制。

因为十进制系统有10个数字,这就要用一个十状态机来表示这10个数字,每一个十进制数字用一个状态来表示。在电子世界中很难找到一个可用的十状态机,而像工作在开关模式上的晶体管的二状态机却可以找到,因此二进制数字系统对于我们具有重要的意义。除了二进制系统之外,还有许多其他的系统,比如十六进制系统就和逻辑编程设备联合被使用,因此需要熟悉各种各样不同的数字系统。

在用不同数码表示不同事物或事物的不同状态时,这些数码已经不再具有表示数量大小的含义了,它们只是不同事物的代号而已。我们称这些数码为代码。例如,在举行长跑比赛时,为便于识别运动员,通常要给每位运动员编一个号码。显然,这些号码仅仅表示不同的运动员而已,没有数量大小的含义。在数字系统的使用中,我们需要对使用到的符号进行编码,包括十进制的数字、字母表中的字母和经常使用到的各种各样的符号,比如"＝""?"等。

为了便于记忆和查找,在编制代码时总要遵循一定的规则,这些规则就称为码制。每个人都可以根据自己的需要选定编码规则,编制出一组代码。但是考虑到信息交换的需要,还必须制定一些大家共同使用的通用代码。例如,目前国际上通用的美国信息交换标准代码(ASCII码)就属于这一种。

1.1 常用数制

1.1.1 进位计数制

"计数"就是用数字表示事物的数量,常用的进位计数制包括十进制、二进制、八进制和十六进制,这些进制可以统称为"R进制",R被称为进位基数,即每个数位可以出现的数码个数,进位规则是"逢R进一"。

$$(N)_R = a_{n-1}a_{n-2}\cdots a_2 a_1 a_0 . a_{-1}a_{-2}\cdots a_{-m}$$

上面这个表达式表示了一个R进制数N,由n位整数和m位小数组成。可以利用如下表达式计算这个R进制数N的数值大小:

$$(N)_R = a_{n-1}R^{n-1} + a_{n-2}R^{n-2} + \cdots + a_2 R^2 + a_1 R^1 + a_0 R^0 + a_{-1}R^{-1} + a_{-2}R^{-2} + \cdots + a_{-m}R^{-m}$$
$$= \sum_{i=-m}^{n-1} a_i R^i$$

这样的计算方法可总结为"按权对位展开相加",各种具体进制都符合这样的计数规则,表达式中:R 为进位基数,i 是各数位的序号,R^i 称为第 i 位的权值。每个数位上,相同的数码所表达的数值大小根据权值的不同而不同。

1. 十进制数(Decimal)

人类日常生活和工作中最常用的就是十进制数,每个数位上可用的数码为 0、1、2、3、4、5、6、7、8、9,进位基数为 10,权值为 10^i,计数规则为"逢十进一"。

一般通过下标的方式标注所写数的数制,十进制数的下标就是 10,也可以写成 D。例如:

$(12\ 345.67)_{10} = 1 \times 10^4 + 2 \times 10^3 + 3 \times 10^2 + 4 \times 10^1 + 5 \times 10^0 + 6 \times 10^{-1} + 7 \times 10^{-2}$

$(2\ 642.186)_D = 2 \times 10^3 + 6 \times 10^2 + 4 \times 10^1 + 2 \times 10^0 + 1 \times 10^{-1} + 8 \times 10^{-2} + 6 \times 10^{-3}$

2. 二进制数(Binary)

数字电路中,应用最广泛的是二进制数。二进制数每个数位上可用的数码只有 0 和 1,进位基数为 2,权值为 2^i,计数规则为"逢二进一"。

二进制数的下标就是 2,也可以写成 B。例如:

$(1101)_2 = 1 \times 2^3 + 1 \times 2^2 + 0 \times 2^1 + 1 \times 2^0 = (13)_{10}$

$(1101.1001)_B = 1 \times 2^3 + 1 \times 2^2 + 0 \times 2^1 + 1 \times 2^0 + 1 \times 2^{-1} + 0 \times 2^{-2} + 0 \times 2^{-3} + 1 \times 2^{-4}$

$= (13.5625)_D$

从上面的例子可以看出,通过"按权对位展开相加"的方法,可以将二进制数转换成十进制数,方便了解这个二进制数具体的数值大小。

3. 八进制数(Octal)

八进制数的每个数位上可用的数码为 0、1、2、3、4、5、6、7,进位基数为 8,权值为 8^i,计数规则为"逢八进一"。

八进制数的下标就是 8,也可以写成 O。例如:

$(125)_8 = 1 \times 8^2 + 2 \times 8^1 + 5 \times 8^0 = (85)_{10}$

$(125.6)_O = 1 \times 8^2 + 2 \times 8^1 + 5 \times 8^0 + 6 \times 8^{-1} = (85.75)_D$

通过上面的例子,应该注意到,如果不标明下标,是不能清楚区分十进制数和八进制数的,因此,书写进位计数制时,要写清楚数制的下标。

4. 十六进制数(Hexadecimal)

十六进制数也是很常用的一种进位计数制,在计算机相关学科中很常见。类似地,十六进制数每个数位上有 16 个不同的数码,分别用 0~9、A(10)、B(11)、C(12)、D(13)、E(14) 和 F(15) 表示。进位基数为 16,权值为 16^i,计数规则为"逢十六进一"。

十六进制数的下标就是 16,也可以写成 H。例如:

$(2B.6E)_{16} = 2 \times 16^1 + 11 \times 16^0 + 6 \times 16^{-1} + 14 \times 16^{-2} = (43.4296875)_{10}$

表 1.1.1 所示是十进制数、二进制数、八进制数和十六进制数的等值对照表。

表 1.1.1 不同进制数的等值对照表

十进制数(Decimal)	二进制数(Binary)	八进制数(Octal)	十六进制数(Hexadecimal)
00	0000	00	0
01	0001	01	1
02	0010	02	2
03	0011	03	3

续表

十进制数(Decimal)	二进制数(Binary)	八进制数(Octal)	十六进制数(Hexadecimal)
04	0100	04	4
05	0101	05	5
06	0110	06	6
07	0111	07	7
08	1000	10	8
09	1001	11	9
10	1010	12	A
11	1011	13	B
12	1100	14	C
13	1101	15	D
14	1110	16	E
15	1111	17	F

1.1.2 进位计数制间的转换

1. 二进制与十进制转换

要将二进制数转换为十进制数，只需要根据下面的公式，按照"按权对位展开相加"的方法进行即可。

$$(a_{n-1}a_{n-2}\cdots a_2 a_1 a_0 \cdot a_{-1}a_{-2}\cdots a_{-m})_R = a_{n-1}R^{n-1} + a_{n-2}R^{n-2} + \cdots + a_2 R^2 + a_1 R^1 + a_0 R^0 + a_{-1}R^{-1} + a_{-2}R^{-2} + \cdots + a_{-m}R^{-m}$$

例如：

$$(1101.1001)_2 = 1\times 2^3 + 1\times 2^2 + 0\times 2^1 + 1\times 2^0 + 1\times 2^{-1} + 0\times 2^{-2} + 0\times 2^{-3} + 1\times 2^{-4}$$
$$= (13.5625)_{10}$$

2. 十进制与二进制转换

十进制数转换成二进制数，首先要分两种情况：整数的转换和纯小数的转换。

(1) 十进制整数 N 的转换——整数连除，取余逆序

① 将 N 除以2，记下所得的商和余数；

② 将得到的商继续连除以2，记下每次得到的商和余数，如此进行，直到商为0为止；

③ 将这一过程中得到的一系列余数按照与运算过程相反的顺序排列起来，即为二进制数结果。

例如，将 $(157)_{10}$ 转换为二进制数：

```
2 | 157 ………… 余数 1
2 |  78 ………… 余数 0
2 |  39 ………… 余数 1
2 |  19 ………… 余数 1
2 |   9 ………… 余数 1
2 |   4 ………… 余数 0
2 |   2 ………… 余数 0
2 |   1 ………… 余数 1
      0
```

得到
$$(157)_{10} = (\mathbf{10011101})_2$$

(2) 十进制纯小数 M 的转换——小数连乘，取整顺序

① 将 M 乘以 2，分别记下结果的整数部分和小数部分；

② 将得到的小数部分连续乘以 2，记下每次得到的整数部分和小数部分，如此进行，直到小数部分为 0 或满足精度要求为止；

③ 将这一过程中得到的一系列整数按照与运算过程相同的顺序排列起来，即为二进制数结果。

例如，将 $(0.825)_{10}$ 转换为二进制数：

$$0.825 \times 2 = 1.65 \cdots\cdots\cdots\cdots 整数\ 1$$
$$0.65 \times 2 = 1.3 \cdots\cdots\cdots\cdots\ 整数\ 1$$
$$0.3 \times 2 = 0.6 \cdots\cdots\cdots\cdots\ 整数\ 0$$
$$0.6 \times 2 = 1.2 \cdots\cdots\cdots\cdots\ 整数\ 1$$
$$0.2 \times 2 = 0.4 \cdots\cdots\cdots\cdots\ 整数\ 0$$
$$0.4 \times 2 = 0.8 \cdots\cdots\cdots\cdots\ 整数\ 0$$
$$0.8 \times 2 = 1.6 \cdots\cdots\cdots\cdots\ 整数\ 1$$
$$0.6 \times 2 = 1.2 \cdots\cdots\cdots\cdots\ 整数\ 1$$
$$\cdots\cdots\cdots\cdots\ 循环$$

得到
$$(0.825)_{10} = (\mathbf{0.11010011001\cdots})_2$$

(3) 有小数部分，也有整数部分的十进制数

转换成二进制数时，按小数点前后分开，将整数和纯小数的转换分别进行，然后将结果组合起来即可。

例如，将 $(157.825)_{10}$ 转换为二进制数：

将 $(157.825)_{10}$ 分为整数部分和纯小数部分分别进行转换，根据上述转换过程可以分别得到整数、纯小数部分的转换结果，从而得到完整结果为

$$(157.825)_{10} = (\mathbf{10011101.11010011001\cdots})_2$$

3. 八进制、十六进制与十进制转换

八进制数、十六进制数转换为十进制数，与二进制数转换为十进制数的方法一致，按照"按权对位展开相加"的方法进行即可。

例如：
$$(246.15)_8 = 2 \times 8^2 + 4 \times 8^1 + 6 \times 8^0 + 1 \times 8^{-1} + 5 \times 8^{-2}$$
$$= 128 + 32 + 6 + 0.125 + 0.078\ 125$$
$$= (166.203\ 125)_{10}$$
$$(2A.6C)_{16} = 2 \times 16^1 + 10 \times 16^0 + 6 \times 16^{-1} + 12 \times 16^{-2}$$
$$= 32 + 10 + 0.375 + 0.046\ 875$$
$$= (42.421\ 875)_{10}$$

4. 十进制与八进制、十六进制转换

十进制数转换为八进制数、十六进制数，与十进制数转换为二进制数的方法一致，也分为整数和纯小数分别进行，各自的转换方法也一致，然后将结果组合起来即可。

例如：将 $(35.812\ 5)_{10}$ 转换为八进制数和十六进制数：

$$8\underline{|35} \cdots\cdots\cdots\cdots 余数\ 3$$
$$8\underline{|4} \cdots\cdots\cdots\cdots 余数\ 4$$
$$0$$
$$0.812\ 5×8=6.5 \cdots\cdots\cdots\cdots 整数\ 6$$
$$0.5×8=4.0 \cdots\cdots\cdots\cdots 整数\ 4$$

得到$(35.812\ 5)_{10}=(43.64)_8$(注意结果数位的排列顺序)。

$$16\underline{|35} \cdots\cdots\cdots\cdots 余数\ 3$$
$$16\underline{|2} \cdots\cdots\cdots\cdots 余数\ 2$$
$$0$$
$$0.812\ 5×16=13 \cdots\cdots\cdots\cdots 整数\ 13(D)$$

得到$(35.812\ 5)_{10}=(23.D)_{16}$(注意结果数位的排列顺序)。

5. 二进制与八进制的相互转换

3位二进制数从 **000** 到 **111**，一共有 8 种状态，其表达范围刚好相当于 1 位八进制数，由此得到二进制数转换为八进制数的方法。

① 以二进制数的小数点为起点，整数部分向左，小数部分向右，每 3 位分一组。小数部分，最低位一组不足 3 位时，右边补 0；整数部分，最高位一组不足位时，左边补 0，使其足位。

② 然后对应每一组 3 位二进制数转换成 1 位八进制数，顺序不变。

简单总结为：分组对位转化，顺序不变。

例如，将(**10011010.111101**)$_2$ 转换为八进制数：

$$(010\ \ 011\ \ 010.\ 111\ \ 101)_2$$
$$\downarrow\ \ \ \ \downarrow\ \ \ \ \downarrow\ \ \ \ \downarrow\ \ \ \ \downarrow$$
$$(\ 2\ \ \ \ 3\ \ \ \ 2.\ \ \ 7\ \ \ \ 5\ \ )_8$$

得到 (**10011010.111101**)$_2$ = (**232.75**)$_8$

类似地，将八进制数转换为二进制数的时候，也是分组对位转化，顺序不变，将 1 位八进制数转换成一组 3 位二进制数。

例如，将(316.54)$_8$ 转换为二进制数：

$$(\ 3\ \ \ \ 1\ \ \ \ 6.\ \ \ 5\ \ \ \ 4\ \ )_8$$
$$\downarrow\ \ \ \ \downarrow\ \ \ \ \downarrow\ \ \ \ \downarrow\ \ \ \ \downarrow$$
$$(011\ \ 001\ \ 110.\ 101\ \ 100)_2$$

得到 (316.54)$_8$ = (**11001110.1011**)$_2$

6. 二进制与十六进制的相互转换

二进制数转换为十六进制数与二进制数转换为八进制数很类似，只是分组位数不同。

4 位二进制数从 **0000** 到 **1111**，一共有 16 种状态，刚好相当于 1 位十六进制数，由此得到二进制数转换为十六进制数的方法。

① 以二进制数的小数点为起点，整数部分向左，小数部分向右，每 4 位分一组。小数部分，最低位一组不足 4 位时，右边补 0；整数部分，最高位一组不足位时，左边补 0，使其足位。

② 然后对应每一组 4 位二进制数转换成 1 位十六进制数，顺序不变。

将十六进制数转换为二进制数时，也是类似的情况，将 1 位十六进制数转换成一组 4 位二进制数。

方法同样总结为：分组对位转化，顺序不变。

例如,将$(10011010.111101)_2$转换为十六进制数:

$$(\underset{\downarrow}{1001}\ \underset{\downarrow}{1010}.\ \underset{\downarrow}{1111}\ \underset{\downarrow}{0100})_2$$
$$(\ 9\quad\ A.\quad\ F\quad\ 4\ )_{16}$$

得到 $(10011010.111101)_2 = (9A.F4)_{16}$

类似地,将$(3B6.5F)_{16}$转换为二进制数:得到$(3B6.5F)_{16} = (1110110110.01011111)_2$

$$(\underset{\downarrow}{3}\quad \underset{\downarrow}{B}\quad \underset{\downarrow}{6}.\quad \underset{\downarrow}{5}\quad \underset{\downarrow}{F}\ )_{16}$$
$$(0011\ \ 1011\ \ 0110.\ \ 0101\ \ 1111)_2$$

不难发现,上述各种进位计数制之间的转换方法有明显的难易差异。

① 二进制、八进制、十六进制数与十进制数之间的转换比较复杂,不论是"按权对位展开相加",还是"整数、小数分别转换;整数连除,取余逆序;小数连乘,取正顺序",都需要复杂的数学计算。

② 二进制、八进制、十六进制数三者之间的转换则比较简单,只需要 3 位或者 4 位一组,对应转换即可。

1.2 二进制数的运算

1.2.1 二进制数的算术运算

当两个二进制数码表示两个数值时,可以对它们进行数值运算。其中,最基本的就是加法、减法、乘法和除法运算,统称为算术运算。

二进制数的算术运算规则与十进制数相似,区别在于:十进制数"逢十进一",而二进制数"逢二进一"。

例如,已知两个二进制数为 **0111**(对应十进制 7)、**0101**(对应十进制 5),其相应的算术运算过程如下。

(1) 加法运算

$$\begin{array}{r}0111\\+\ 0101\\\hline 1100\end{array} \Rightarrow \begin{array}{r}7\\+\ 5\\\hline 12\end{array}$$

(2) 减法运算

$$\begin{array}{r}0111\\-\ 0101\\\hline 0010\end{array} \Rightarrow \begin{array}{r}7\\-\ 5\\\hline 2\end{array}$$

(3) 乘法运算

$$\begin{array}{r}0111\\\times\ 0101\\\hline 0111\\0000\\0111\\\hline 100011\end{array} \Rightarrow \begin{array}{r}7\\\times\ 5\\\hline 35\end{array}$$

（4）除法运算

$$0101\overline{\smash{)}\begin{array}{r}1.01\cdots\\0111\\\underline{0101}\\0100\\\underline{0000}\\1000\\\underline{0101}\\0110\end{array}} \Rightarrow 5\overline{\smash{)}\begin{array}{r}1.4\\7\\\underline{5}\\20\\\underline{20}\\0\end{array}}$$

1.2.2 原码、反码和补码

数字系统中,表示有符号的二进制数的方法有三种:原码、反码和补码。原码的具体表达形式由符号位和数值位构成,一般按照符号位在前、数值位在后的规则书写。其中,正数的符号位为0,负数的符号位为1,数值位则表示数的绝对值大小,按二进制数规则构成。

正数的原码、反码和补码格式相同。

负数的反码可以通过其原码的数值位逐位取反得到,补码为其反码的数值位加1得到。

例如,

$$(+5)_{10} = (\textbf{00101})_{原码} = (\textbf{00101})_{反码} = (\textbf{00101})_{补码}$$
$$(-5)_{10} = (\textbf{10101})_{原码} = (\textbf{11010})_{反码} = (\textbf{11011})_{补码}$$

观察上面的表达式可知,一个负数的反码可以用与其绝对值相同的正数的原码直接取反得到。

在数字计算机中,二进制数的运算常常使用的是补码系统。用补码系统来表示有符号数,则可以用加法运算来实现减法运算,同时又不影响加法运算的正确性。这样,数字计算机可以用其具有的加法运算器来完成加法和减法运算,从而节省硬件资源。举例如下。

① 两个正数的减法

$(+7)_{10} - (+5)_{10} = (+7)_{10} + (-5)_{10} = (+2)_{10}$,在补码系统中的减法过程如下:

$$(+7)_{10} = (\textbf{00111})_{补码}$$
$$(-5)_{10} = (\textbf{11011})_{补码}$$

$$\begin{array}{r}0\;0111\\+\;1\;1011\\\hline(1)0\;0010\end{array} \Rightarrow \begin{array}{r}+7\\-\;+5\\\hline+2\end{array}$$

需要强调的是,在补码系统中进行代数运算时,参与运算的每个数的符号位同数值位一样要参与运算,运算结果也是补码形式。

另外,此例中,参与运算的两个数的符号位和来自最高数值位的进位相加,并舍弃产生的进位,就可以得到和的符号,以下例题同样遵循这样的规则。

② 两个正数的减法

$(+5)_{10} - (+7)_{10} = (+5)_{10} + (-7)_{10} = (-2)_{10}$,在补码系统中的减法过程如下:

$$(+5)_{10} = (\textbf{00101})_{补码}$$
$$(-7)_{10} = (\textbf{11001})_{补码}$$

$$\begin{array}{r}0\;0101\\+\;1\;1001\\\hline 1\;1110\end{array} \Rightarrow \begin{array}{r}+5\\-\;+7\\\hline-2\end{array}$$

③ 两个负数的加法

$(-5)_{10}+(-7)_{10}=(-12)_{10}$，在补码系统中的加法过程如下：

$$(-5)_{10}=(\mathbf{11011})_{\text{补码}}$$

$$(-7)_{10}=(\mathbf{11001})_{\text{补码}}$$

$$\begin{array}{r} 1\ 1011 \\ +\ 1\ 1001 \\ \hline (1)1\ 0100 \end{array} \Rightarrow \begin{array}{r} +5 \\ +\ -7 \\ \hline -12 \end{array}$$

④ 两个负数的减法

$(-5)_{10}-(-7)_{10}=(-5)_{10}+(+7)_{10}=(+2)_{10}$，在补码系统中的减法过程如下：

$$(-5)_{10}=(\mathbf{11011})_{\text{补码}}$$

$$(+7)_{10}=(\mathbf{00111})_{\text{补码}}$$

$$\begin{array}{r} 1\ 1011 \\ +\ 0\ 0111 \\ \hline (1)0\ 0010 \end{array} \Rightarrow \begin{array}{r} -5 \\ -\ -7 \\ \hline +2 \end{array}$$

⑤ 负数和正数的减法

$$(+5)_{10}-(-7)_{10}=(+5)_{10}+(+7)_{10}=(+12)_{10}$$

$$(-5)_{10}-(+7)_{10}=(-5)_{10}+(-7)_{10}=(-12)_{10}$$

在补码系统中的运算过程分别如下：

$$(+5)_{10}=(\mathbf{00101})_{\text{补码}}$$

$$(+7)_{10}=(\mathbf{00111})_{\text{补码}}$$

$$\begin{array}{r} 0\ 0101 \\ +\ 0\ 0111 \\ \hline 0\ 1100 \end{array} \Rightarrow \begin{array}{r} +5 \\ -\ -7 \\ \hline +12 \end{array}$$

$$(-5)_{10}=(\mathbf{11011})_{\text{补码}}$$

$$(-7)_{10}=(\mathbf{11001})_{\text{补码}}$$

$$\begin{array}{r} 1\ 1011 \\ +\ 1\ 1001 \\ \hline (1)1\ 0100 \end{array} \Rightarrow \begin{array}{r} -5 \\ -\ +7 \\ \hline -12 \end{array}$$

1.3 常用码制

1.3.1 二-十进制码

二-十进制码，即用二进制代码来表示十进制数，也称为十进制码、BCD(Binary Coded Decimal)码。十进制数每一位上共有 0,1,2,…,9 十个数码，那么要用二进制代码来表示十进制数，每1位十进制数必须用4位二进制代码来表示。

而4位二进制代码共有 16 种组合(**0000～1111**)，从其中取出 10 种组合来表示"0,1, 2,…,9"，这样的选择(即编码方案)自然不是唯一的，由此可知，BCD 码的编码方案是相当多样化的。表 1.3.1 列出了几种常用的 BCD 码，它们的编码规则各不相同，以下逐一介绍。

1. 8421 码

8421 码是十进制码中最常用的一种。

从表 1.3.1 所列的 8421 码的编码方案可知,它选用了 4 位二进制代码 16 种组合中的 **0000~1001**,即前 10 种组合来表示 0~9。同时,由于代码中从左到右每一位的"1"分别表示了 8,4,2,1 的数值,也就是说,4 位码元的各位权值分别为 8,4,2,1,故称为 8421 码。

表 1.3.1　几种常见的 BCD 码

十进制数	8421 码	余 3 码	2421 码	5421 码	格雷码
0	0000	0011	0000	0000	0000
1	0001	0100	0001	0001	0001
2	0010	0101	0010	0010	0011
3	0011	0110	0011	0011	0010
4	0100	0111	0100	0100	0110
5	0101	1000	1011	1000	0111
6	0110	1001	1100	1001	0101
7	0111	1010	1101	1010	0100
8	1000	1011	1110	1011	1100
9	1001	1100	1111	1100	1000

像 8421 码这样的编码方案,每一位的权值均固定不变,就称为恒权代码。表 1.3.1 中的 2421 码、5421 码都是恒权代码,每一位的权值会在其码制名称上确定说明。

根据恒权代码的权值规定,用 8421 码来表示十进制数的 0~9 时,表示形式是唯一的,例如,表示 6,只可能是"**0110**"。所以,8421 码是明码,即编码方案固定不变,是唯一的。

2. 余 3 码

观察表 1.3.1 中余 3 码的编码方案可知,余 3 码的所有代码均为对应的 8421 码加 3(即二进制"**0011**")所得,由此得名"余 3 码"。因此,也可以说余 3 码是选用了 4 位二进制码元的 16 种组合中的 **0011~1100**(中间 10 种组合)来表示 0~9。

余 3 码不是恒权代码。如果试图将每个代码视为二进制数,并使它等效的十进制数与所表示的代码相等,那么代码中每一位的"1"所代表的十进制数在各个代码中不能是固定的。

3. 2421 码

2421 码也是恒权代码。但若在不给出编码表的情况下,将十进制数 5 编成 2421 码,不难发现,"**1011**"和"**0101**"都符合 2421 码的权值要求,这就是 2421 码的多样性,见表 1.3.2。由此可见,2421 码不是明码,即编码方式不唯一,使用这样的非明码来表示十进制数,需要首先确定编码表。

4. 5421 码

5421 码也是一种很典型的恒权代码。

5. 格雷码

格雷码又称循环码,它不是恒权代码,也不是明码,编码方案不唯一。虽然格雷码有多种形式,但它们有一个共同特点:任何相邻代码之间,包括首、尾两个代码之间,仅有一位不同。

与普通 BCD 码相比,格雷码最大的优点是在代码转换中,如果它顺序变化,则每一次转换只会有一位改变,这样就避免了产生"过渡噪声"。

例如,十进制数从 3 变成 4,遵照 8421 码方案,就意味着"**0011**"变成"**0100**"。对于一个电路系统而言,4 位代码就是 4 路信号,转换过程中,有 3 路都发生了改变,但是,并不能保证这 3 路信号同时变化,这就意味着转换中有出现"0111""0101"等误码的可能,这些误码在信号波形上就称为"过渡噪声"。但是,如果采用格雷码编码方案,从 3 变成 4,就是"0010"变成"0110",4 路信号中,只有一路发生改变,避免了产生误码,也就不会出现过渡噪声了。因此,格雷码是具有更高的传输可靠性的代码。

1.3.2 用 BCD 码表示十进制数

在数字电路中,最常用的 BCD 码是 8421 码。十进制数和对应的 8421 码相互转换时,方法类似于二进制数与八进制、十六进制数的转换方法,分组对位转化即可,不需要过多的数学运算。

例如,将 $(001101001000.01010111)_{8421}$ 转换为十进制数:

$$(\underset{\downarrow}{0011}\ \underset{\downarrow}{0100}\ \underset{\downarrow}{1000}.\ \underset{\downarrow}{0101}\ \underset{\downarrow}{0111})_{8421}$$
$$(\ 3\quad 4\quad 8.\quad 5\quad 7\ )_{10}$$

得到 $(0011\ 0100\ 1000.\ 0101\ 0111)_{8421} = (348.57)_{10}$

将 $(692.41)_{10}$ 转换为 8421 码:

$$(\ \underset{\downarrow}{6}\quad \underset{\downarrow}{9}\quad \underset{\downarrow}{2}.\quad \underset{\downarrow}{4}\quad \underset{\downarrow}{1}\ )_{10}$$
$$(0110\quad 1001\quad 0010.\quad 0100\quad 0001)_{8421}$$

得到 $(692.41)_{10} = (0110\ 1001\ 0010.\ 0100\ 0001)_{8421}$

如果要将 BCD 码转换为其他进制数,自然应该先将 BCD 码转换为十进制数,然后再根据数制转换方法,得到其他进制数。

表 1.3.2 几种常见的 2421 码

十进制数	2421 码(1)	2421 码(2)
0	0000	0000
1	0001	0001
2	0010	0010
3	0011	0011
4	0100	0100
5	1011	0101
6	1100	0110
7	1101	0111
8	1110	1110
9	1111	1111

1.3.3 字符代码

在计算机应用中,为了实现人机通信,需要输入数字、英文字母和一些专用符号,这些信号统称为字符。人们需要对字符进行编码,即以二进制代码来表示字符,这些代码就称为字符代码。字符代码在计算机设备中的应用,最典型的就是键盘信号的输入。

美国信息交换标准代码(American Standard Code for Information Interchange,简称 ASCII 码)是由美国国家标准化协会(ANSI)制定的一种信息代码,广泛地用于计算机和通信领域。

ASCII 码的研究与制定起始于 20 世纪 50 年代后期,在 1967 年定案,最初是美国国家标准,供不同计算机在相互通信时用作共同遵守的西文字符编码标准。后来,ASCII 码被国际标准化组织(ISO)认定为国际标准,称为 ISO646 标准。世界上所有的计算机系统,几乎都遵循 ASCII 码规则。

ASCII 码是一组 7 位的二进制代码,共 128 个,其编码方案包括了 0、1~9 的 10 个数字代码,区分大小写的英文字母共 52 个,32 个其他常用符号以及 33 个控制字符和 1 个空格,其编码表见表 1.3.3。

表 1.3.3 标准 ASCII 码的编码表

$b_4b_3b_2b_1$	$b_7b_6b_5$							
	000	001	010	011	100	101	110	111
0000	NUL	DLE	SP	0	@	P	`	p
0001	SOH	DC1	!	1	A	Q	a	q
0010	STX	DC2	"	2	B	R	b	r
0011	ETX	DC3	#	3	C	S	c	s
0100	EOT	DC4	$	4	D	T	d	t
0101	ENQ	NAK	%	5	E	U	e	u
0110	ACK	SYN	&	6	F	V	f	v
0111	BEL	ETB	'	7	G	W	g	w
1000	BS	CAN	(	8	H	X	h	x
1001	HT	EM	)	9	I	Y	i	y
1010	LF	SUB	*	:	J	Z	j	z
1011	VT	ESC	+	;	K	[	k	{
1100	FF	FS	,	<	L	\	l	|
1101	CR	GS	-	=	M	]	m	}
1110	SO	RS	.	>	N	∧	n	~
1111	SI	US	/	?	O	—	o	DEL

小　　结

不同的数码既可以用来表示不同数量的大小,又可以用来表示不同的事物。在用数码表示数量的大小时,采用的各种计数进位制规则称为数制。常用的数制有十进制、二进制、八进制和十六进制,各种进制所表示的数值可以按照本章介绍的方法互相转换。由于数字电路的基本运算都采用二进制运算,所以这一章里还比较详细地介绍了二进制数的符号在数字电路中的表示方法,原码、反码和补码的概念,以及采用补码进行带符号加法运算的原理。在用数码表示不同的事物时,这些数码已没有数量大小的含义,所以将它们称为代码。本章中所列举的十进制代码、格雷码、ASCII 码是几种常见的通用代码。此外,我们完全可以根据自己的需要,自行编制专用的代码。

思考题与习题

1.1 将下列二进制数转换为十进制数。

(1) $(10011010)_2$ (2) $(11010001)_2$ (3) $(10011.011)_2$ (4) $(110.101)_2$

1.2 将下列八进制数、十六进制数转换为十进制数。

(1) $(3710)_8$ (2) $(41.36)_8$ (3) $(2CA9)_{16}$ (4) $(8D.7E)_{16}$

1.3 将下列十进制数转换为二进制数、八进制数、十六进制数,要求二进制数保留小数点后 8 位有效数字。

(1) $(2578)_{10}$ (2) $(184.273)_{10}$ (3) $(16.3125)_{10}$ (4) $(493.16)_{10}$

1.4 将下列八进制数转换为二进制数。

(1) $(316.257)_8$ (2) $(14.532)_8$ (3) $(572.1073)_8$

1.5 将下列十六进制数转换为二进制数。

(1) $(3AD.7B3E)_{16}$ (2) $(50C.F14)_{16}$ (3) $(106.B03)_{16}$

1.6 将下列二进制数转换为八进制数、十六进制数。

(1) $(110101.0111001)_2$ (2) $(1001.01011111)_2$ (3) $(11101.1100001)_2$

1.7 判断下述表述是否正确,并说明理由。

(1) 二-十进制码,也称为 BCD 码,不论哪种码制方案,都是用二进制代码来表示十进制数的代码。

(2) 恒权代码一定是明码,明码不一定是恒权代码。

(3) 只要是恒权代码,就一定是用"0000"表示十进制数 0 的。

(4) 格雷码不是恒权代码,但是明码。

1.8 求出下列十进制数对应的 8421 码。

(1) $(4658)_{10}$ (2) $(564.136)_{10}$ (3) $(806.094)_{10}$ (4) $(43.0172)_{10}$

1.9 求出下列各种 BCD 码对应的十进制数。

(1) $(100001110101.10010011)_{8421}$

(2) $(100100110111.01110101)_{余3}$

(3) $(101100101000.00011100)_{5421}$

(4) $(111000110000.11010010)_{2421}$

1.10 试完成下述各种 BCD 码间的码制转换。

(1) 已知 $(110010101000.001001001011)_{5421}$,求对应的 8421 码。

(2) 已知 $(111001010111.010011000011)_{2421}$,求对应的余 3 码。

1.11 试完成下述八进制数与十六进制数之间的转换。

(1) 已知八进制数 $(742.061)_8$,求对应的十六进制数。

(2) 已知十六进制数 $(9BA.E43)_{16}$,求对应的八进制数。

1.12 求出下列二进制数的原码、反码和补码。

(1) $(+1011)_2$ (2) $(+0111)_2$ (3) $(-1001)_2$ (4) $(-0011)_2$

第 2 章　逻辑代数基础

逻辑代数源于哲学领域中的逻辑学。1847 年，英国数学家乔治·布尔（George Boole）提出了关于逻辑思维与推理的算术描述方法，该方法经过不断完善，发展成为著名的布尔代数（Boolean Algebra）。后来，由于布尔代数被广泛应用于解决开关电路和数字逻辑电路的分析与设计中，因此也将布尔代数称为开关代数或逻辑代数。逻辑代数是研究数字系统逻辑设计的基础理论。本章将介绍逻辑代数的基本概念、基本公式和规则、逻辑函数的表示形式及其化简方法。

2.1　三种基本逻辑运算

在逻辑运算中，"与""或""非"被称为基本逻辑运算，任何复杂的逻辑运算都可以分解为这三种基本逻辑运算的组合。也就是说，这三种基本逻辑运算组成了现实中所有的复杂逻辑运算。

1. "与"运算

"与"运算又称作"逻辑乘"或者"逻辑与"。它表示如下逻辑关系：在决定一个事件的所有条件都具备后，这个事件才会而且一定会发生。

图 2.1.1 所示的串联开关电路可用来说明"与"运算的逻辑关系。在这里要发生的事件是灯亮与否，而该事件发生的条件是开关接通与否。由图 2.1.1 很容易看出：若要灯 Y 亮，条件是开关 A,B 全都接通；否则，只要有一个开关不接通，灯就会不亮。这里开关 A,B 的闭合与灯亮的逻辑关系就是"逻辑与"的关系。用逻辑代数表示这种关系，即：

$$Y = A \cdot B = AB \tag{2.1.1}$$

其中，符号"·"为"与"运算符（也可用"∧"或者"∩"表示），可读作"与"，也可读作"乘"，注意这里的乘是指逻辑乘。在不需要特别表明的地方常常省略"与"运算符。

假定开关 A,B 闭合状态用"1"表示，断开状态用"0"表示；灯 Y 亮时用"1"表示，灭时用"0"表示。那么图 2.1.1 电路中 Y 与 A,B 的逻辑关系有如表 2.1.1 所列的 4 种情况。表 2.1.1 称作"与"运算的真值表。真值表是表示逻辑问题的一种表格化方法。

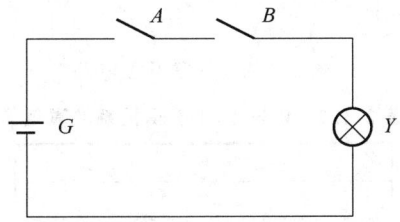

图 2.1.1　串联开关电路

在图 2.1.1 所示的电路中，由于灯亮的条件（开关）只有两个，而且每个条件又有两种状态"0"（断开）和"1"（闭合），所以共有 $2^2=4$ 种情况。推而广之，如果有 n 个开关串联，那么灯和

这 n 个开关的"与"逻辑关系将有 2^n 种情况。

表 2.1.1 Y 与 A,B 的逻辑关系的真值表

A	B	Y
0	0	0
0	1	0
1	0	0
1	1	1

用于实现"与"运算的电路称为与门,其逻辑符号如图 2.1.2 所示。

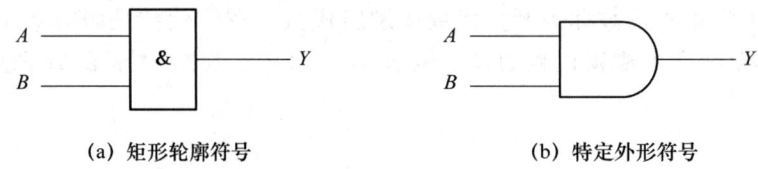

(a) 矩形轮廓符号　　　　　　　　　(b) 特定外形符号

图 2.1.2 与门的逻辑符号

2. "或"运算

"或"运算又称作"逻辑加"。它表示如下逻辑关系:决定一个事件的多个条件中只要有一个条件具备,这个事件就发生。

图 2.1.3 所示的并联开关电路可用来说明"或"运算的逻辑关系。同"与"运算一样,这里要发生的事件是灯亮与否,而该事件发生的条件是开关接通与否。由图 2.1.3 很容易看出,若要灯亮这个事件发生,条件是开关 A,B 只要有一个闭合。这里的灯亮与开关 A,B 的逻辑关系就是"逻辑加"的关系。用逻辑代数表示这种关系,即:

$$Y = A + B \tag{2.1.2}$$

其中,"+"为或运算符(也可用"∨"或者"∪"表示),读作"或"。

同"与"运算一样,假定开关 A,B 闭合为"1",断开为"0";灯 Y 亮为"1",灭为"0"。那么图 2.1.3 中的 Y 与 A,B 的逻辑关系可用如表 2.1.2 所示真值表给出。同"与"运算一样,当有 n 个开关并联时,"或"运算将有 2^n 种情况。

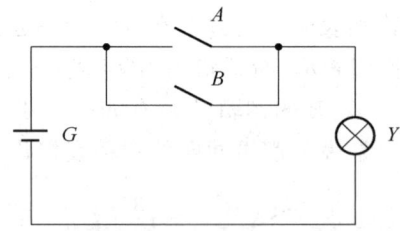

图 2.1.3 并联开关电路

表 2.1.2 Y 与 A,B 逻辑关系的真值表

A	B	Y
0	0	0
0	1	1
1	0	1
1	1	1

用于实现"或"运算的电路称为或门,其逻辑符号如图 2.1.4 所示。

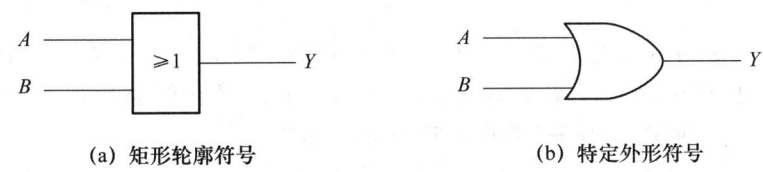

(a) 矩形轮廓符号　　　　　　　　　(b) 特定外形符号

图 2.1.4　或门的逻辑符号

3. "非"运算

"非"运算又称作"逻辑非"。实际上,"非"运算即反相运算,或称为求反运算。它表示条件不满足时,事件才发生。

图 2.1.5 所示的单开关电路,可用来说明"非"运算的逻辑关系。同样,这里的事件是灯亮与否,条件是开关接通与否。由图 2.1.5 可以看出,当开关 A 接通时灯不亮,当开关 A 断开时灯反而亮。这里开关 A 的闭合与灯亮的逻辑关系就是"逻辑非"的关系,其逻辑表达式为

$$Y=\overline{A} \tag{2.1.3}$$

其中,字母 A 上面的一横表示"非",也就是"反"的意思,读作"非"或"反"。

仍假定开关 A 闭合为"1",断开为"0",灯 Y 亮为"1",灭为"0",则图 2.1.5 中 Y 与 A 的逻辑关系,可以用真值表给出,如表 2.1.3 所示。

表 2.1.3　Y 与 A 逻辑关系的真值表

A	Y
0	1
1	0

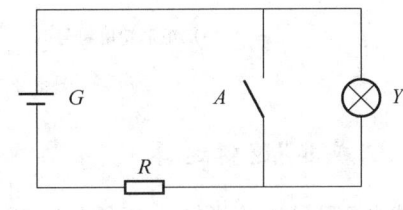

图 2.1.5　单开关电路

用于实现"非"运算的电路称为非门,也称为反相器,其逻辑符号如图 2.1.6 所示。

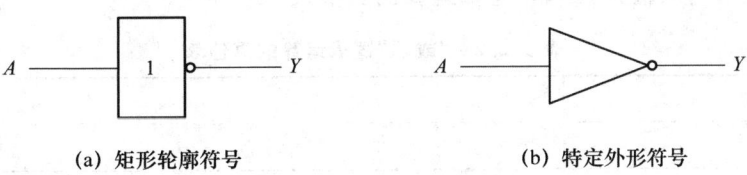

(a) 矩形轮廓符号　　　　　　　　　(b) 特定外形符号

图 2.1.6　非门的逻辑符号

"与""或""非"这三种逻辑运算是最基本的逻辑运算。此外,还有复合逻辑运算,常用的有"或非"运算、"与非"运算、"与或非"运算、"异或"运算等。这些复合运算都是由"与""或""非"三种基本逻辑运算组合而成。

2.2　常用复合逻辑运算

常用复合逻辑运算,顾名思义,这些逻辑运算既常用,又是用基本逻辑运算"与""或""非"简单复合而成的。本节介绍的常用复合逻辑运算包括"与非""或非""与或非""异或""同或"五种逻辑运算。

2.2.1 "与非"逻辑运算

"与非"逻辑就是指输入变量先"与"再"非",从而得到输出变量的取值。由此可知,两输入"与非"的逻辑表达式为 $Y=\overline{A \cdot B}$。类似地,三输入"与非"的逻辑表达式为 $Y=\overline{A \cdot B \cdot C}$,以此类推。表 2.2.1 为两输入"与非"逻辑运算的真值表。

表 2.2.1 "与非"逻辑运算的真值表

A	B	Y
0	0	1
0	1	1
1	0	1
1	1	0

与非门的逻辑符号是由"与"和"非"复合而成的,如图 2.2.1 所示。

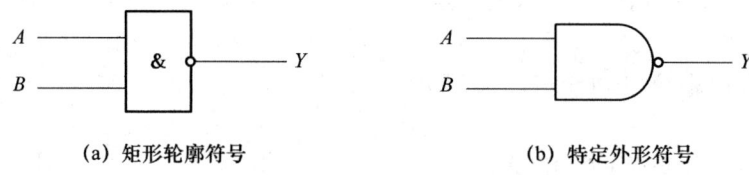

(a) 矩形轮廓符号　　　　　　　　(b) 特定外形符号

图 2.2.1　与非门的逻辑符号

2.2.2 "或非"逻辑运算

"或非"逻辑就是指输入变量先"或"再"非",从而得到输出变量的取值。由此可知,两输入"或非"的逻辑表达式为 $Y=\overline{A+B}$。类似地,三输入"或非"的逻辑表达式为 $Y=\overline{A+B+C}$,以此类推。表 2.2.2 为两输入"或非"逻辑运算的真值表。

表 2.2.2 "或非"逻辑运算的真值表

A	B	Y
0	0	1
0	1	0
1	0	0
1	1	0

或非门的逻辑符号是由"或"和"非"复合而成的,如图 2.2.2 所示。

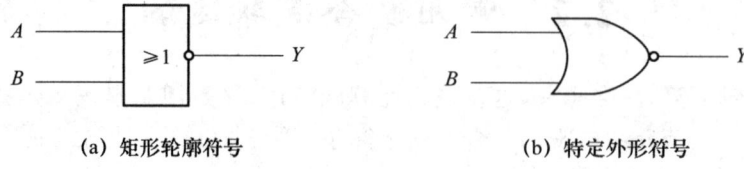

(a) 矩形轮廓符号　　　　　　　　(b) 特定外形符号

图 2.2.2　或非门的逻辑符号

2.2.3 "与或非"逻辑运算

"与或非"逻辑的表达式为

$$Y=\overline{AB+CD}$$

上述表达式是一个 4 输入、1 输出的逻辑函数,其真值表如表 2.2.3 所示。

表 2.2.3 "与或非"逻辑运算的真值表

A	B	C	D	Y	A	B	C	D	Y
0	0	0	0	1	1	0	0	0	1
0	0	0	1	1	1	0	0	1	1
0	0	1	0	1	1	0	1	0	1
0	0	1	1	0	1	0	1	1	0
0	1	0	0	1	1	1	0	0	0
0	1	0	1	1	1	1	0	1	0
0	1	1	0	1	1	1	1	0	0
0	1	1	1	0	1	1	1	1	0

与或非门的逻辑符号由"与""或""非"复合而成,逻辑符号如图 2.2.3 所示。

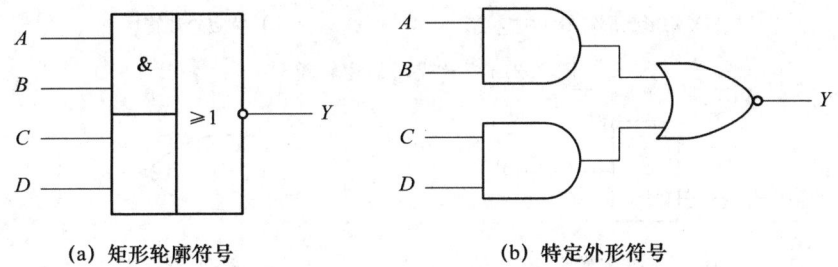

(a) 矩形轮廓符号 (b) 特定外形符号

图 2.2.3 与或非门的逻辑符号

2.2.4 "异或"运算和"同或"运算

"异或"运算和"同或"运算也是两种常用的复合逻辑运算,与前面谈到的"与非""或非""与或非"运算不同,"异或"运算和"同或"运算已经不是基本逻辑运算的简单组合,其逻辑表达式如下。

1. 逻辑表达式

异或:$Y=A\oplus B=\overline{A}B+A\overline{B}$(读作"$Y$ 等于 A 异或 B")

同或:$Y=A\odot B=\overline{A}\,\overline{B}+AB$(读作"$Y$ 等于 A 同或 B")

上述"异或""同或"表达式均为两输入逻辑函数,"$\oplus$"表示异或,"$\odot$"表示同或(也常用"$\otimes$"表示同或);此外,"异或""同或"还可以用基本逻辑"与""或""非"组合而成。这两类表达式可分别看作"自有表达式"和"组合表达式"。

2. 两输入"异或""同或"的功能和关系

根据"异或"和"同或"的表达式,列写真值表,如表 2.2.4 所示。

表 2.2.4　两输入"异或""同或"的真值表

A	B	$Y=A\oplus B$	$Y=A\odot B$
0	0	0	1
0	1	1	0
1	0	1	0
1	1	0	1

由表 2.2.4 可知：两输入"异或"，输入取值相异，输出为 1，取值相同，输出为 0；两输入"同或"，输入取值相同，输出为 1，取值相异，输出为 0。从真值表上也可以看到两输入"异或""同或"的逻辑关系：互为反函数。

$$A\oplus B=\overline{A\odot B} \qquad A\odot B=\overline{A\oplus B}$$

$$\overline{A}B+A\overline{B}=\overline{\overline{A}\,\overline{B}+AB} \qquad \overline{A}\,\overline{B}+AB=\overline{\overline{A}B+A\overline{B}}$$

3. 异或门、同或门的逻辑符号

实现"异或""同或"功能的逻辑门分别称为异或门、同或门，其逻辑符号如图 2.2.4 和图 2.2.5 所示。

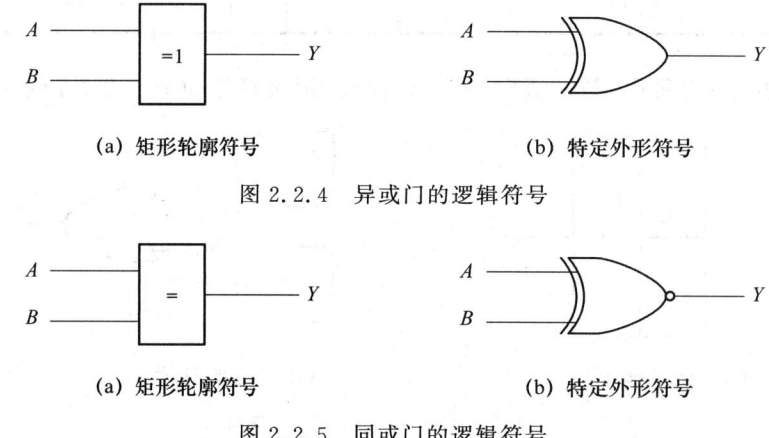

(a) 矩形轮廓符号　　　　　　　　(b) 特定外形符号

图 2.2.4　异或门的逻辑符号

(a) 矩形轮廓符号　　　　　　　　(b) 特定外形符号

图 2.2.5　同或门的逻辑符号

2.3　逻辑变量与逻辑函数

1. 逻辑变量

与普通代数一样，逻辑代数也是用字母表示变量的，但变量的取值只有两个，即 0 或 1。而且在逻辑代数中的 0 和 1 已不再是具体的数字，不像在普通代数中那样具有数值大小的意义，而仅表示两种截然不同的逻辑状态。例如，用 1 和 0 表示事件的是和非，脉冲的有和无，开关的闭合和断开等。这种二值变量称作逻辑变量，通常用字母 $A,B,C,\cdots$ 表示。

2. 逻辑函数的定义

在普通代数中，函数这个概念是大家所熟悉的，即随着自变量变化而变化的因变量。与普通代数一样，在逻辑代数中，对于 n 个输入逻辑变量 $A,B,C,\cdots$，如果有

$$Y=f(A,B,C,\cdots) \tag{2.3.1}$$

则称 Y 为逻辑函数。逻辑函数与逻辑变量之间的关系称为逻辑函数表达式，简称为逻辑表达式。

如果输入逻辑变量 $A,B,C,\cdots$ 的取值确定了，逻辑函数的值也就被唯一地确定了。在逻辑代数中，逻辑函数与逻辑变量一样只有 0 和 1 两个取值。同样，这里的 0 和 1 只表示两种不同的逻辑状态，并不表示具体的"数"，这与普通代数是不同的。

任一逻辑函数和其变量的关系，都是由这些变量的"与""或""非"三种基本运算所决定的。也就是说，不管逻辑函数多么复杂，它都是由相应的输入变量的"与""或""非"三种基本逻辑运算构成的。

3. 逻辑函数的相等

与普通代数一样，逻辑函数也存在相等的问题。如果有两个都是 n 个变量的逻辑函数：

$$Y_1 = f_1(A,B,C,\cdots)$$
$$Y_2 = f_2(A,B,C,\cdots)$$

对于这 n 个变量的 2^n 种组合中的任意一组取值，Y_1 和 Y_2 的值都相等，则称函数 Y_1 和 Y_2 相等，记作 $Y_1 = Y_2$。

判断两个逻辑函数是否相等，通常有两种方法。一种方法是列出逻辑变量所有可能的取值组合，并按逻辑运算法则计算各种取值下两个函数的相应值，然后进行比较，从而判断两个函数是否相等。另一种方法是用逻辑代数的定理、公式和规则进行证明。

4. 逻辑函数的表示方法

逻辑函数的表示方法有逻辑函数表达式、真值表、卡诺图、逻辑图、波形图等。这与普通代数中用公式、表格和图形三种方法来表示函数的情况十分相似。

(1) 逻辑表达式

逻辑表达式是由逻辑变量和"与""或""非"三种运算符所构成的式子。例如，

$$Y = f(A,B) = A \cdot \overline{B} + \overline{A} \cdot B$$

是一个由两变量 A 和 B 进行逻辑运算构成的逻辑表达式。它描述了变量 A,B 和函数 Y 的关系。当变量 A 和 B 取值不同时，对应的函数 Y 的值要么为 1，要么为 0。

逻辑表达式的书写规则如下：

① 非运算符下可不加括号，如 $\overline{A+B}$。

② 与运算符一般可省略，如 $A \cdot B$ 可写成 AB。

③ 可按先与后或的规则省去括号，如 $(A \cdot B) + (C \cdot D)$ 可写作 $AB + CD$。

(2) 真值表

真值表是一种用表格表示逻辑函数的方法，是由逻辑变量所有可能的取值组合及其对应的函数值所构成的表格。

由于一个逻辑变量只有 0 和 1 两种可能的取值，所以 n 个逻辑变量一共有 2^n 种可能的取值组合。

真值表由两部分组成，左边一栏列出变量的所有取值组合，为了不发生遗漏，通常各变量取值组合按二进制数递增顺序给出；右边一栏为逻辑函数值。例如，函数 $Y = AB + A\overline{C}$ 的真值表如表 2.3.1 所示。

(3) 卡诺图

卡诺图是一种几何图形，是一种用图描述逻辑函数的方法。这种方法在逻辑函数化简中十分有用，在后面结合函数化简再详细介绍。

(4) 逻辑图

将逻辑函数式中各变量之间的"与""或""非"等逻辑关系用图形符号表示出来，就可以画

出描述函数关系的逻辑图(logic diagram)。

(5) 波形图

如果将逻辑函数输入变量每一种可能出现的取值与对应的输出值按时间顺序依次排列起来就得到了描述该逻辑函数的波形图。波形图也称为时序图。在逻辑分析仪和一些计算机仿真工具中,经常以这种波形图的形式给出分析结果。此外,也可以通过实验观察这些波形图,以检验实际逻辑电路的功能是否正确。

表 2.3.1 逻辑函数的真值表

A	B	C	Y
0	0	0	0
0	0	1	0
0	1	0	0
0	1	1	0
1	0	0	1
1	0	1	0
1	1	0	1
1	1	1	1

2.4 逻辑代数的基本定律、规则和常用公式

根据逻辑代数中的"与""或""非"三种基本运算,可以推导出逻辑代数运算的一些基本定律,再由这些定律又可以推导出一些常用公式。它们为逻辑函数的化简提供了理论依据,又是分析和设计逻辑电路的重要工具。

2.4.1 基本定律

1. 与常量有关的定律

① 0-1 律

$$A \cdot 0 = 0 \quad (2.4.1)$$
$$A + 1 = 1 \quad (2.4.2)$$

② 自等律

$$A \cdot 1 = A \quad (2.4.3)$$
$$A + 0 = A \quad (2.4.4)$$

2. 同普通代数相似的定律

① 交换律

$$A \cdot B = B \cdot A \quad (2.4.5)$$
$$A + B = B + A \quad (2.4.6)$$

② 结合律

$$A \cdot (B \cdot C) = (A \cdot B) \cdot C \quad (2.4.7)$$
$$A + (B + C) = (A + B) + C \quad (2.4.8)$$

③ 分配律

$$A \cdot (B+C) = A \cdot B + A \cdot C \qquad (2.4.9)$$
$$A + (B \cdot C) = (A+B) \cdot (A+C) \qquad (2.4.10)$$

3. 逻辑代数中所特有的定律

① 互补律

$$A \cdot \overline{A} = 0 \qquad (2.4.11)$$
$$A + \overline{A} = 1 \qquad (2.4.12)$$

② 重叠律

$$A \cdot A = A \qquad (2.4.13)$$
$$A + A = A \qquad (2.4.14)$$

③ 反演律

$$\overline{A \cdot B} = \overline{A} + \overline{B} \qquad (2.4.15)$$
$$\overline{A + B} = \overline{A} \cdot \overline{B} \qquad (2.4.16)$$

④ 还原律

$$\overline{\overline{A}} = A \qquad (2.4.17)$$

这些定律都可以用真值表来证明。反演律又称作摩根定理，它是逻辑代数中一个很重要且经常使用的定律；它提供了一种变换逻辑表达式的简便方法。反演律可以这样表达和记忆：先"与"后"非"等于先"非"后"或"；先"或"后"非"等于先"非"后"与"。

2.4.2 三条基本规则

逻辑代数有三条重要基本规则，即代入规则、反演规则和对偶规则。这些规则在逻辑运算中十分有用。

1. 代入规则

任何一个含有某变量的逻辑等式，如果将等式中所有出现该变量的地方都代以同一个逻辑函数，则等式仍然成立。这个规则称为代入规则。

例如，在给定逻辑等式 $B(A+C) = BA + BC$ 中，将所有出现 A 的地方都代入函数 $A+D$，则等式仍成立，即

$$B[(A+D)+C] = B(A+D) + BC = BA + BD + BC$$

代入规则的正确性是显然的，因为任何逻辑函数都和逻辑变量一样，只有 0 和 1 两种可能的取值。这就相当在逻辑等式的两端，同时给某一变量赋于 0 或 1，显然这不影响等式的恒等性。

代入规则在推导公式中有重要意义，利用它可以将基本定律中的变量用任意函数代替，从而推导出更多的等式。例如，反演律：$\overline{AB} = \overline{A} + \overline{B}$，若用 BCD 取代等式中的 B，则

$$\overline{ABCD} = \overline{A} + \overline{BCD} = \overline{A} + \overline{B} + \overline{CD} = \overline{A} + \overline{B} + \overline{C} + \overline{D}$$

由此可见，反演律可以推广到更多的变量。

2. 反演规则

对于任何一个逻辑函数 Y，如果将其中所有的"·"变为"+"，"+"变为"·"，"1"变为"0"，"0"变为"1"，原变量变为反变量，反变量变为原变量，就得其反函数 $\overline{Y}$。这就是反演规则。利用反演规则，可以很方便地求出一个函数的反函数。

例如，求 $Y = AB(C+DE) + \overline{B}C$ 的反函数，根据反演规则，则

$$\overline{Y} = [\overline{A} + \overline{B} + \overline{C} \cdot (\overline{D} + \overline{E})] \cdot (B + C)$$

在应用反演规则时要注意如下两点：

① 在求反符号下有两个以上变量时，求反符号应保持不变。例如，$Y = \overline{ABCD}$ 时，则

$$\overline{Y} = \overline{\overline{A} + \overline{B} + \overline{C} + \overline{D}}$$

② 由反演规则求得的反函数和用反演律求出的反函数一致。例如，$Y = A\overline{B} + \overline{A}B$，用反演规则得 $\overline{Y} = (\overline{A} + B)(A + \overline{B}) = \overline{A}B + A\overline{B}$；用反演律得

$$\overline{Y} = \overline{A\overline{B} + \overline{A}B} = \overline{A\overline{B}} \cdot \overline{\overline{A}B} = (\overline{A} + B)(A + \overline{B}) = \overline{A}B + AB$$

3. 对偶规则

对于任意一个逻辑函数 Y，如果将其中所有的"·"变为"+"，"+"变为"·"，"1"变为"0"，"0"变为"1"，逻辑变量保持不变，那么所得到的新逻辑函数称作原函数 Y 的对偶式，记作 Y'。这就是对偶规则。

如果两个逻辑函数 Y_1 和 Y_2 相等，那么它们的对偶式 Y_1' 和 Y_2' 也相等。例如，$Y_1 = A(B+C)$，$Y_2 = AB + AC$ 显然 $Y_1 = Y_2$；而 $Y_1' = A + BC$，$Y_2' = (A+B)(A+C) = A + AC + BC = A + BC$，即 $Y_1' = Y_2'$。

不难看出，如果 Y 的对偶式为 Y'，则 Y' 的对偶式就是 Y，即 $(Y')' = Y$。例如，$Y = AB$，$Y' = A + B$，$(Y')' = AB = Y$。显然，从式(2.4.1)到式(2.4.17)的基本定律中，左式和右式互为对偶式。

如果逻辑函数的对偶式就是原函数本身，即 $Y' = Y$。这时称函数 Y 为自对偶函数。例如，函数 $Y = (A + \overline{C})\overline{B} + A(\overline{B} + C)$ 是一自对偶函数。这是由于

$$Y' = (A \cdot \overline{C} + \overline{B}) \cdot (A + \overline{B}C) = A\overline{C} + A\overline{B} + A\overline{B}\,\overline{C} + \overline{B}\,\overline{C}$$
$$= A\overline{B} + \overline{B}\,\overline{C} + A\overline{C} + A\overline{B} = (A + \overline{C})\overline{B} + A(\overline{B} + C)$$

在求函数的反函数或对偶式时，注意要保持原函数的运算顺序不变。逻辑代数的运算顺序和普通代数一样，先算括号里的内容，然后运算逻辑乘，最后算逻辑加。

2.4.3 常用公式

下面介绍的常用公式是由基本定律推导出来的，也就是基本定律的推广。

1. 吸收律 I

$$A + \overline{A}B = A + B \tag{2.4.18}$$

$$A(\overline{A} + B) = AB \tag{2.4.19}$$

式(2.4.18)表明，在函数表达式中，如果某一项的反（非量）是另外一项的部分因子，则该部分因子是多余的。利用吸收律 I 可以消去多余的因子。式(2.4.18)是式(2.4.19)的对偶式。

2. 吸收律 II

$$A + AB = A \tag{2.4.20}$$

$$A(A + B) = A \tag{2.4.21}$$

式(2.4.20)表明，在函数表达式中，如果某一项是另外一项的部分因子，则包含这个因子的那一项是多余的。利用吸收律 II 可以消去多余的项。同样，式(2.4.21)是式(2.4.20)的对偶式。

3. 扩展的互补律

$$AB + A\overline{B} = A \tag{2.4.22}$$

$$(A+B)(A+\overline{B})=A \tag{2.4.23}$$

式(2.4.22)表明,在函数表达式中,如果某两项除了公因子之外,其余因子互补,则这两项可合并为一项,并等于公因子,其互补因子被取消。利用扩展的互补律,可以合并两项为一项,从而简化表达式。同样,式(2.4.23)是式(2.4.22)的对偶式。

4. 包含律

$$AB+\overline{A}C+BC=AB+\overline{A}C \tag{2.4.24}$$
$$(A+B)(\overline{A}+C)(B+C)=(A+B)(\overline{A}+C) \tag{2.4.25}$$

式(2.4.24)表明,在函数表达式中,如果有两项,其一项包含原变量(如 A),另一项包含反变量(如 $\overline{A}$),而这两项的其余因子构成了第三项(或为第三项的部分因子),则这第三项是多余的。利用包含律可以消去多余的项。同样,式(2.4.25)是式(2.4.24)的对偶式。

2.5 逻辑函数表达式的形式

任何一个逻辑函数,其表达式的形式并不是唯一的。可以表示成"与或"形式,也可以表示成"或与"形式,还可表示成其他形式。本节只介绍逻辑函数的两种基本形式和两种标准形式,至于其他形式以及它们之间的相互转换将在本章的最后一节中介绍。

2.5.1 逻辑函数表达式的基本形式

逻辑函数表达式有"与或"(积之和)表达式和"或与"(和之积)表达式两种基本形式。

1. "与或"表达式

一个逻辑函数表达式中,包含着若干个"与项",其中每个"与项"可有一个或多个以原变量或反变量形式出现的字母,所有这些"与项"的"逻辑或"就构成了"与或"表达式。换言之,"与项"就是"逻辑积","逻辑或"就是"逻辑加",所以"与或"表达式又称作"积之和"表达式。

例如,$\overline{B}$,AB,$\overline{A}B\overline{C}$ 均为与项,这三个"与项"的逻辑或就构成了一个三变量的逻辑函数的"与或"表达式,即 $Y=\overline{B}+AB+\overline{A}B\overline{C}$。

2. "或与"表达式

所谓"或与"表达式是指在一个逻辑函数表达式中,包含若干"或项",每个"或项"中有一个或多个以原变量或反变量形式出现的字母,所有这些"或项"的"逻辑与"就构成了"或与"表达式。换言之,"或项"即"逻辑加","逻辑与"即"逻辑积",所以"或与"表达式又称作"和之积"表达式。

例如,$(A+B)$,$(\overline{B}+C)$,$(\overline{A}+B+D)$ 均为"或项",这三个"或项"的"逻辑与"就构成了一个四变量逻辑函数的"或与"表达式,即

$$Y=(A+B)(\overline{B}+C)(\overline{A}+B+D)$$

逻辑函数还可以表示成混合形式,例如,$Y=(AB+\overline{D})(\overline{AB}+CD)$。这种表示形式既不是"与或"表达式,也不是"或与"表达式。但不论逻辑函数最初给出的是什么形式,它都可以表示成下面介绍的两种标准形式表达式。

2.5.2 标准"与或"表达式

标准"与或"表达式,又称作最小项表达式。也就是说,构成逻辑函数的"与项"都是最小项。下面先介绍最小项的概念。

1. 最小项

在 n 变量逻辑函数中,若 m 为包含 n 个因子的乘积项,而且这 n 个变量均以原变量或反变量的形式在 m 中出现一次,则称 m 为该组变量的最小项。

例如,A、B、C 三个变量的最小项有 $\overline{A}\,\overline{B}\,\overline{C}$、$\overline{A}\,\overline{B}C$、$\overline{A}B\overline{C}$、$\overline{A}BC$、$A\overline{B}\,\overline{C}$、$A\overline{B}C$、$AB\overline{C}$、$ABC$ 共 8 个(即 2^3 个)。n 变量的最小项应有 2^n 个。

输入变量的每一组取值都使一个对应的最小项的值等于 1。例如,在三个变量 A、B、C 的最小项中,当 $A=1$,$B=0$,$C=1$ 时,$A\overline{B}C=1$。如果把 $A\overline{B}C=1$ 的取值 101 看作一个二进制数,那么它所表示的十进制数就是 5。为了今后使用的方便,将 $A\overline{B}C$ 这个最小项记作 m_5。按照这一约定,就得到了三变量最小项的编号表,如表 2.5.1 所示。

根据同样的道理,我们将 A、B、C、D 这 4 个变量的 16 个最小项记作 $m_0 \sim m_{15}$。

从最小项的定义出发可以证明它具有如下的重要性质:

① 在输入变量的任何取值下必有一个最小项,而且仅有一个最小项的值为 1。
② 全体最小项之和为 **1**。
③ 任意两个最小项的乘积为 **0**。
④ 具有相邻性的两个最小项之和可以合并成一项并消去一对因子。

若两个最小项只有一个因子不同,则称这两个最小项具有相邻性。例如,$\overline{A}B\overline{C}$ 和 $AB\overline{C}$ 两个最小项仅第一个因子不同,所以它们具有相邻性。这两个最小项相加时一定能合并成一项并将一对不同的因子消去:

$$\overline{A}B\overline{C} + AB\overline{C} = (\overline{A} + A)B\overline{C} = B\overline{C}$$

表 2.5.1　三变量最小项的编号表

最小项	使最小项为 1 的变量取值			对应的十进制数	编号
	A	B	C		
$\overline{A}\,\overline{B}\,\overline{C}$	0	0	0	0	m_0
$\overline{A}\,\overline{B}C$	0	0	1	1	m_1
$\overline{A}B\overline{C}$	0	1	0	2	m_2
$\overline{A}BC$	0	1	1	3	m_3
$A\overline{B}\,\overline{C}$	1	0	0	4	m_4
$A\overline{B}C$	1	0	1	5	m_5
$AB\overline{C}$	1	1	0	6	m_6
ABC	1	1	1	7	m_7

2. 最小项表达式

任何一个逻辑函数都可以用最小项之和的形式来表示,称之为逻辑函数的最小项表达式,或称作标准与或表达式。例如,一个三变量的逻辑函数的标准与或表达式为

$$Y = \overline{A}\,\overline{B}\,\overline{C} + \overline{A}BC + A\overline{B}\,\overline{C} + AB\overline{C}$$
$$= m_0 + m_3 + m_4 + m_6$$
$$= \Sigma m^3(0,3,4,6)$$

上面最后的式子中采用数学符号 Σ 表示累计的"逻辑加"运算。为了说明函数中变量的个数,可在最小项通用符号 m 上加一个上角标 n,如三变量为 m^3,四变量为 m^4 等。

由上述分析不难得出如下结论,当逻辑变量的取值使某一最小项为 1 时,则函数值必为 1。这是因为逻辑函数总可以表示成最小项之和的形式,显然最小项为 1 时函数亦为 1。如果逻辑函数不是以最小项形式给出,可以用互补律 $A+\overline{A}=1$ 将其展成最小项形式。

例 2.5.1 将四变量逻辑函数 $Y=ABC+\overline{A}B\overline{D}$ 展为最小项表达式。

解

$$\begin{aligned}
Y &= ABC+\overline{A}B\overline{D} \\
&= ABC(D+\overline{D})+\overline{A}B\overline{D}(C+\overline{C}) \\
&= ABCD+ABC\overline{D}+\overline{A}BC\overline{D}+\overline{A}B\overline{C}\,\overline{D} \\
&= m_{15}+m_{14}+m_6+m_4 \\
&= \sum m^4(4,6,14,15)
\end{aligned}$$

3. 反函数的最小项表达式

已知逻辑函数的最小项表达式,可以很方便地求出其反函数的最小项表达式。下面先以三变量逻辑函数为例说明这一问题,然后再加以推广。由于

$$Y(A,B,C)+\overline{Y}(A,B,C)=1$$

又

$$\sum_{i=0}^{7} m_i = 1$$

所以

$$Y(A,B,C)+\overline{Y}(A,B,C)=\sum_{i=0}^{7} m_i$$

推而广之,则

$$Y(A_1,A_2,\cdots,A_n)+\overline{Y}(A_1,A_2,\cdots,A_n)=\sum_{i=0}^{2^n-1} m_i \tag{2.5.1}$$

式(2.5.1)表明,如果逻辑函数 Y 是以最小项表达式表示的,那么余下的最小项之和将是反函数 $\overline{Y}$ 的最小项表达式。换言之,一个最小项不在 Y 中,就在其反函数 $\overline{Y}$ 中。例如,函数 $Y=\sum m^3(1,3,5,7)$,则其反函数 $\overline{Y}=\sum m^3(0,2,4,6)$。

2.5.3 标准"或与"表达式

标准"或与"表达式,又称作最大项表达式。也就是说,构成逻辑函数的"或项"都是最大项。为此,先介绍一下最大项的概念。

1. 最大项

在 n 变量逻辑函数中,若 M 为 n 个变量之和,而且这 n 个变量均以原变量或反变量的形式在 M 中出现一次,则称 M 为该组变量的最大项。

例如,三变量 A、B、C 的最大项有 $(A+B+C)$、$(A+B+\overline{C})$、$(A+\overline{B}+C)$、$(A+\overline{B}+\overline{C})$、$(\overline{A}+B+C)$、$(\overline{A}+B+\overline{C})$、$(\overline{A}+\overline{B}+C)$、$(\overline{A}+\overline{B}+\overline{C})$,共 8 个(即 2^3 个)。对于 n 个变量则有 2^n 个最大项。可见,n 变量的最大项数目和最小项数目是相等的。

输入变量的每一组取值都使一个对应的最大项的值为 **0**。例如,在三变量 A、B、C 的最大项中,当 $A=1,B=0,C=1$ 时,$(\overline{A}+B+\overline{C})=0$。若将使最大项为 **0** 的 ABC 取值视为一个二进制数,并以其对应的十进制数给最大项编号,则 $(\overline{A}+B+\overline{C})$ 可记作 M_5。由此得到的三变量最大项的编号表如表 2.5.2 所示。

表 2.5.2　三变量最大项的编号表

最大项	使最大项为0的变量取值			对应的十进制数	编号
	A	B	C		
$A+B+C$	0	0	0	0	M_0
$A+B+\overline{C}$	0	0	1	1	M_1
$A+\overline{B}+C$	0	1	0	2	M_2
$A+\overline{B}+\overline{C}$	0	1	1	3	M_3
$\overline{A}+B+C$	1	0	0	4	M_4
$\overline{A}+B+\overline{C}$	1	0	1	5	M_5
$\overline{A}+\overline{B}+C$	1	1	0	6	M_6
$\overline{A}+\overline{B}+\overline{C}$	1	1	1	7	M_7

根据最大项的定义同样也可以得到它的主要性质，这就是：

① 在输入变量的任何取值下必有一个最大项，而且只有一个最大项的值为 0；
② 全体最大项之积为 0；
③ 任意两个最大项之和为 1；
④ 只有一个变量不同的两个最大项的乘积等于各相同变量之和。

如果将表 2.5.1 和表 2.5.2 加以对比则可发现，最大项和最小项之间存在如下关系：

$$M_i = m_i' \tag{2.5.2}$$

例如，$m_0 = \overline{A}\,\overline{B}\,\overline{C}$，则 $m_0' = \overline{(\overline{A}\,\overline{B}\,\overline{C})} = A+B+C = M_0$。

2. 最小项和最大项的关系

分析表 2.5.1 和表 2.5.2 不难看出，$\overline{m_0} = \overline{\overline{A}\,\overline{B}\,\overline{C}} = A+B+C = M_0$，$\overline{m_1} = \overline{\overline{A}\,\overline{B}C} = A+B+\overline{C} = M_1$，即 $\overline{m_i} = M_i$ 或者 $m_i = \overline{M_i}$。也就是说，下标相同的最小项和最大项是互补的。

3. 最大项表达式

如上所述，任何一个逻辑函数都可以表示成最小项之和的形式；若已知函数的最小项表达式，其反函数的最小项表达式可很方便地写出；由此可以导出最大项表达式。下面以三变量逻辑函数为例进行说明。

例如，若 $Y = \Sigma m^3(1,3,5,7) = m_1 + m_3 + m_5 + m_7$，则 $\overline{Y} = \Sigma m^3(0,2,4,6) = m_0 + m_2 + m_4 + m_6$。由此可得：

$$\begin{aligned}
Y &= \overline{\overline{Y}} = \overline{m_0 + m_2 + m_4 + m_6} \\
&= \overline{\overline{A}\,\overline{B}\,\overline{C} + \overline{A}B\overline{C} + A\overline{B}\,\overline{C} + AB\overline{C}} \\
&= \overline{\overline{A}\,\overline{B}\,\overline{C}} \cdot \overline{\overline{A}B\overline{C}} \cdot \overline{A\overline{B}\,\overline{C}} \cdot \overline{AB\overline{C}} \\
&= (A+B+C)(A+\overline{B}+C)(\overline{A}+B+C)(\overline{A}+\overline{B}+C) \\
&= M_0 \cdot M_2 \cdot M_4 \cdot M_6 \\
&= \Pi M^3(0,2,4,6)
\end{aligned}$$

因此，$\Sigma m^3(1,3,5,7) = \Pi M^3(0,2,4,6)$。

由上面的推导可以看出，同一个逻辑函数既可以表示成最小项表达式，也可以表示成最大项表达式。求逻辑函数最大项表达式的方法可归纳如下：首先，将函数表示成最小项表达式；其次，找出其反函数中的最小项；最后，用和反函数中最小项相同编号的最大项构成表达式。

例 2.5.2 已知逻辑函数 $Y=\Sigma m^4(1,3,5,7,9,10,11,12,13,15)$，求该函数的最大项表达式。

解
$$Y=\Sigma m^4(1,3,5,7,9,10,11,12,13,15)$$
$$\overline{Y}=\Sigma m^4(0,2,4,6,8,14)$$
$$Y=\Pi M^4(0,2,4,6,8,14)$$

2.6 公式法化简逻辑函数

如上所述，逻辑函数表达式有各种不同的表示形式，即使同一形式的表达式也有繁简之分。对于一个确定的逻辑函数来说，尽管函数表达式的形式不同，但它们所描述的逻辑功能却是相同的。在数字系统中，实现这些逻辑功能的是逻辑电路，而逻辑电路的复杂程度是和逻辑函数表达式密切相关的。一般地说，逻辑函数表达式越简单，相应的逻辑电路也就越简单。然而，从逻辑问题概括出来的逻辑函数通常都不是最简的。因此，为了降低系统成本，减少复杂度，提高可靠性，必须对逻辑函数进行简化。把逻辑函数简化成最简形式也称作逻辑函数的最小化。

符合如下两条标准的"与或"表达式称作最简"与或"表达式：
① 表达式中所含"与项"的个数最少；
② 每个"与项"中所含的变量数最少。

逻辑函数的化简有三种方法，即公式法、卡诺图法和列表法。

本节介绍公式法，常用的公式法有并项法、吸收法、消去法和配项法。

1. 并项法

利用互补律 $A+\overline{A}=1$，将两项合并为一项，并消去一个变量。例如，
$$\begin{aligned} Y &= A(BC+\overline{B}\,\overline{C})+AB\overline{C}+A\overline{B}C \\ &= ABC+A\overline{B}\,\overline{C}+AB\overline{C}+A\overline{B}C \\ &= (ABC+A\overline{B}C)+(A\overline{B}\,\overline{C}+AB\overline{C}) \\ &= AC(B+\overline{B})+A\overline{C}(\overline{B}+B) \\ &= AC+A\overline{C} \\ &= A(C+\overline{C}) \\ &= A \end{aligned}$$

2. 吸收法

利用常用公式 $A+AB=A$，消去多余的项。例如，
$$\begin{aligned} Y &= \overline{A}B+\overline{A}BC(D+E) \\ &= \overline{A}B[1+C(D+E)] \\ &= \overline{A}B \end{aligned}$$

3. 消去法

利用常用公式 $A+\overline{A}B=A+B$，消去多余因子。例如，
$$\begin{aligned} Y &= AB+\overline{A}C+\overline{B}C \\ &= AB+(\overline{A}+\overline{B})C \\ &= AB+\overline{AB}C \text{（摩根定理）} \\ &= AB+C \end{aligned}$$

4. 配项法

利用 $A \cdot 1 = A$ 及 $A + \overline{A} = 1$，配在乘积项上，然后再酌情用上述的并项、吸收和消去法化简。例如，

$$Y = AB + \overline{A}\,\overline{B}C + BC$$
$$= AB + \overline{A}\,\overline{B}C + (A + \overline{A})BC \text{（配项法）}$$
$$= AB + \overline{A}\,\overline{B}C + ABC + \overline{A}BC$$
$$= (AB + ABC) + (\overline{A}\,\overline{B}C + \overline{A}BC)$$
$$= AB + \overline{A}C \text{（吸收法、并项法）}$$

例 2.6.1 化简 $Y = AB + ABD + \overline{A}C + BCD$。

解

$$Y = (AB + ABD) + \overline{A}C + BCD$$
$$= AB + \overline{A}C + BCD$$
$$= AB + \overline{A}C + ABCD + \overline{A}BCD \text{（吸收法）}$$
$$= AB + \overline{A}C$$

例 2.6.2 化简 $Y = \overline{A}C + \overline{B}C + A\overline{C} + B$。

解

$$Y = B + \overline{B}C + \overline{A}C + A\overline{C}$$
$$= B + C + \overline{C}A + \overline{A}C \text{（消去法）}$$
$$= B + C + A + \overline{A}C \text{（消去法）}$$
$$= B + C + A + C \text{（消去法）}$$
$$= A + B + C$$

例 2.6.3 化简 $Y = AB\overline{C} + \overline{A}BC + A\overline{B}\,\overline{C} + \overline{A}\,\overline{C}$。

解

$$Y = A\overline{C}(B + \overline{B}) + \overline{A}(\overline{C} + CB)$$
$$= A\overline{C} + \overline{A}(\overline{C} + B) \text{（并项法、消去法）}$$
$$= A\overline{C} + \overline{A}\,\overline{C} + \overline{A}B$$
$$= \overline{C} + \overline{A}B \text{（并项法）}$$

例 2.6.4 化简 $Y = A(B + \overline{C}) + \overline{A}(\overline{B} + C) + BCDE + \overline{B}\,\overline{C}(D + E)F$。

解

$$Y = AB + A\overline{C} + \overline{A}\,\overline{B} + \overline{A}C + BCDE + \overline{B}\,\overline{C}(D + E)F$$
$$= (AB + \overline{A}C + BCDE) + [A\overline{C} + \overline{A}\,\overline{B} + \overline{B}\,\overline{C}(D + E)F]$$
$$= AB + \overline{A}C + A\overline{C} + \overline{A}\,\overline{B}$$
$$= AB + \overline{A}C + A\overline{C}(B + \overline{B}) + \overline{A}\,\overline{B}(C + \overline{C})$$
$$= AB + \overline{A}C + ABC + A\overline{B}\,\overline{C} + \overline{A}\,\overline{B}C + \overline{A}\,\overline{B}\,\overline{C} \text{（配项法）}$$
$$= (AB + AB\overline{C}) + (\overline{A}C + \overline{A}\,\overline{B}C) + (A\overline{B}\,\overline{C} + \overline{A}\,\overline{B}\,\overline{C})$$
$$= AB + \overline{A}C + \overline{B}\,\overline{C} \text{（吸收法、并项法）}$$

从上述例子可以看出，用公式法化简，需要记住很多公式，直观性差，且带有一定试探性，又难以判断结果是否最简。下面介绍的卡诺图法可以克服这些缺点。

2.7 卡诺图法化简逻辑函数

卡诺图是美国工程师 Karnaugh 于 20 世纪 50 年代提出的。利用它可以表示和简化逻辑函数。本节首先介绍卡诺图的构成；其次介绍如何用卡诺图表示函数以及卡诺图、真值表、表达式之间的转换；最后介绍用卡诺图化简逻辑函数。

2.7.1 卡诺图的构成

卡诺图是一种由 2^n 个小方格构成的正方形或长方形的图形，其中 n 表示变量的个数。每个小方格都对应一个最小项，并且在逻辑上有相邻性的最小项，在几何位置上也相邻地排列起来。逻辑相邻性是指两个最小项只有一个变量互为反变量，其余变量都相同。卡诺图的构成取决于变量的个数，下面分别介绍二变量、三变量、四变量和五变量的卡诺图，更多变量的卡诺图构成复杂，这里不作介绍。

1. 二变量的卡诺图

2 个变量 A,B 共有 4 个最小项：$\overline{A}\,\overline{B},\overline{A}B,A\overline{B},AB$。所以两变量的卡诺图应包含 4 个小方格，如图 2.7.1 所示。

二变量卡诺图的构成方法如下。首先，将变量分为两组，一组为 A，放在左边；另一组为 B，放在上边。其次，用卡诺图左边的数字 0 表示 $\overline{A}$，1 表示 A，且从上到下排列；上边的数字 0 表示 $\overline{B}$，1 表示 B，且自左向右排列。最后，按最小项等于相应行上和列上的变量相与的结果，填最小项于相应的小方格内，如 $m_1=\overline{A}B$，$m_2=A\overline{B}$ 等。

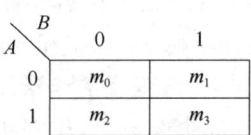

图 2.7.1 二变量的卡诺图

2. 三变量的卡诺图

3 个变量 A,B,C 共有 8 个最小项，所以其卡诺图应包含 8 个小方格。依据变量 A,B,C 的不同分组，将有两种形式的卡诺图，如图 2.7.2 所示。

如果将变量 A,B,C 分成：A 为一组，B 和 C 为一组，其卡诺图如图 2.7.2(a)所示；而 A 和 B 为一组，C 单独为一组，其卡诺图如图 2.7.2(b)所示。下面以图 2.7.2(a)为例说明其构成方法。首先，把 A 放在左边，BC 放在上边。其次，用左边的数字 0 表示 $\overline{A}$，1 表示 A；用上边的数字 00 表示 $\overline{B}\,\overline{C}$，01 表示 $\overline{B}C$，11 表示 BC，10 表示 $B\overline{C}$。最后，按最小项等于相应行上和列上的变量相与的结果填最小项于相应的小方格内，如 $m_3=\overline{A}BC$，$m_5=A\overline{B}C$ 等。

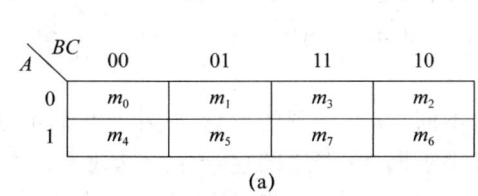

(a)

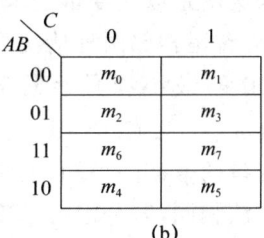

(b)

图 2.7.2 三变量的卡诺图

处在任何一行或一列两端的最小项也仅有一个变量不同，所以它们也具有逻辑相邻性。由图 2.7.2(a)可以看出，$m_0=\overline{A}\,\overline{B}\,\overline{C}$ 和 $m_2=\overline{A}B\overline{C}$，$m_4=A\overline{B}\,\overline{C}$ 和 $m_6=AB\overline{C}$，在逻辑上是相邻的。我们也称它们为几何相邻的，这种相邻为首尾相邻。因此，从几何位置上应当将卡诺图看成是上下、左右闭合的图形。

3. 四变量的卡诺图

4个变量 A,B,C,D 共有16个最小项,所以其卡诺图应包含16个小方格,如图2.7.3所示。

AB\CD	00	01	11	10
00	m_0	m_1	m_3	m_2
01	m_4	m_5	m_7	m_6
11	m_{12}	m_{13}	m_{15}	m_{14}
10	m_8	m_9	m_{11}	m_{10}

图 2.7.3 四变量的卡诺图

四变量卡诺图是这样构成的。首先,画出包含16个小方格的方形图形,并将变量 A 和 B 分为一组放在左边,变量 C 和 D 分为一组放在上边。其次,在图形左边自上而下依次排列数字00,01,11,10,它们分别表示 $\overline{A}\,\overline{B},\overline{A}B,AB,A\overline{B}$;在图形上边自左向右依次排列数字00,01,11,10,它们分别表示 $\overline{C}\,\overline{D},\overline{C}D,CD,C\overline{D}$。最后,按照最小项等于相应行上的变量和列上的变量相与的结果,填最小项于相应的小方格内。

由图2.7.3不难看出,与三变量情况相似,四变量也具有首尾相邻性,如 m_0 和 m_2,m_0 和 m_8,m_8 和 m_{10},m_2 和 m_{10}。

4. 五变量的卡诺图

5个变量 A,B,C,D,E 共有32个最小项,所以其卡诺图应包含32个小方格。把五变量 A 和 B 分为一组,把 C 和 D 及 E 分为一组的卡诺图如图2.7.4所示。

AB\CDE	000	001	011	010	110	111	101	100
00	m_0	m_1	m_3	m_2	m_6	m_7	m_5	m_4
01	m_8	m_9	m_{11}	m_{10}	m_{14}	m_{15}	m_{13}	m_{12}
11	m_{24}	m_{25}	m_{27}	m_{26}	m_{30}	m_{31}	m_{29}	m_{28}
10	m_{16}	m_{17}	m_{19}	m_{18}	m_{22}	m_{23}	m_{21}	m_{20}

图 2.7.4 五变量的卡诺图

五变量的卡诺图构成方法与四变量以下的类似,这里不再说明。下面只强调两点。一是五变量的卡诺图是以四变量的卡诺图右边线为对称轴线,作一个对称图形而构成的。二是除了几何相邻、首尾相邻两种情况外,还存在一种所谓重叠相邻的情况,即按对称轴线对折卡诺图、相互重叠的最小项具有逻辑上的相邻性,如 $m_9 = \overline{A}B\overline{C}\,\overline{D}E$ 和 $m_{13}=\overline{A}BC\overline{D}E$,$m_{27}=AB\overline{C}DE$ 和 $m_{31}=ABCDE$ 等。

由三变量的卡诺图可知,变量的分组方法不同,其卡诺图的形状、最小项的位置也不相同。即使分组方法相同,若分组后的变量位置及排序不同,其卡诺图也会相应地改变。本书是按字母的自然顺序先图形的左边,再图形的上边排列变量的,如四变量时,先把 AB 排在图形左边,再把 CD 排在图形上边,这是惯用的排法。但有的书是将 AB 排在上边,将 CD 排在左边;还有的书是按字母的倒序安排变量的,如四变量时,DC 排在左边,BA 排在上边。无论怎样安排变量,用卡诺图表示,简化逻辑函数的本质不会改变。

2.7.2 用卡诺图表示逻辑函数

因为任何一个逻辑函数都可以表示成最小项表达式的形式,所以可用卡诺图来表示逻辑函数。下面进行具体分析。

1. 用卡诺图表示最小项表达式

如果逻辑函数是以最小项的形式给出,则在构成函数的每个最小项相应的卡诺图小方格中填1,其余的小方格填0。小方格中的1表示函数中有该最小项,而0表示函数中不存在该最小项。也可以这样理解:小方格中的1和0就是对应变量不同取值时的函数值,例如,$Y = A\overline{B} + \overline{A}B$,当 $A=1, B=0$ 时,$Y=1$;当 $A=0, B=0$ 时,$Y=0$。

例 2.7.1 试用卡诺图表示函数 $Y = \sum m^4(0,4,5,8,10)$。

解 在函数每个最小项相应的卡诺图小方格中填1,其余的填0,可得如图2.7.5所示的卡诺图。

AB\CD	00	01	11	10
00	1	0	0	0
01	1	1	0	0
11	0	0	0	0
10	1	0	0	1

图 2.7.5 用卡诺图表示逻辑函数 Y

2. 用卡诺图表示非最小项表达式

如果逻辑函数不是最小项表达式,可以利用互补律 $A + \overline{A} = 1$,先将其变换成最小项表达式,再用卡诺图表示。

例 2.7.2 用卡诺图表示逻辑函数 $Y = AB + A\overline{C}$。

解 先将函数 Y 变换成最小项表达式,即

$$Y = ABC + AB\overline{C} + A\overline{B}\,\overline{C}$$
$$= \sum m^3(4,6,7)$$

再用卡诺图表示,如图2.7.6所示。

A\BC	00	01	11	10
0	0	0	0	0
1	1	0	1	1

图 2.7.6 用卡诺图表示 $Y = AB + A\overline{C}$

3. 直接用卡诺图表示非最小项的与或表达式

如果逻辑函数不是最小项表达式,而是一般的与或表达式,这时也可以不必变换成最小项表达式,可直接用卡诺图表示它。下面举例说明。

例 2.7.3 试用卡诺图表示逻辑函数 $Y = B + A\overline{C}$。

解 根据卡诺图的构成原理可知,变量 B 对应着卡诺图上 $B=1$ 的那些小方格,共有4个

小方格;变量 $A\bar{C}$ 对应着卡诺图上 $A=1$,同时 $C=0$ 的那些小方格,共有 2 个小方格,其中一个小方格包含在 $B=1$ 的范围内。因此,相应的卡诺图如图 2.7.7 所示。

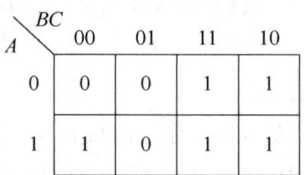

图 2.7.7 用卡诺图表示 $Y=B+A\bar{C}$

2.7.3 用卡诺图化简逻辑函数

用卡诺图化简逻辑函数简单、直观,特别适合于四变量以下的逻辑函数的化简。下面,首先介绍用卡诺图进行函数化简的依据;其次介绍合并最小项的规则;最后给出化简逻辑函数的步骤。

1. 用卡诺图化简逻辑函数的依据

如前所述,卡诺图表示逻辑函数的最大特点是形象地表达了最小项之间的相邻性,即卡诺图每两个相邻的小方格的最小项只有一个变量互为反变量,其他变量均相同。因此,用卡诺图表示函数时,如有相邻的两小方格均填 1,则可用相邻性消去一个变量,使函数得以简化。当填 1 的相邻小方格更多时,可以消去更多的变量,使函数更简化。所以说,用卡诺图化简逻辑函数的依据是相邻性。下面进行具体说明。

2. 合并最小项的规则

下面分几种情况来介绍利用相邻性合并最小项来简化函数。

(1) 2 个相邻最小项的合并

图 2.7.8 给出了 2 个相邻最小项合并的各种情况。用一个称作卡诺圈的方圈,把填 1 的相邻小方格圈在一起。从图中可以看出,每个方圈内都包含一个互为反变量的变量:图 2.7.8(a)中是 B 和 $\bar{B}$,图 2.7.8(b)中是 D 和 $\bar{D}$,图 2.7.8(c)中是 A 和 $\bar{A}$,图 2.7.8(d)中是 C 和 $\bar{C}$,它们均可消去;这样,方圈内合并后的"与"项分别是,图 2.7.8(a)中的 ACD,图 2.7.8(b)中的 ABC,图 2.7.8(c)中的 $\bar{B}C\bar{D}$,图 2.7.8(d)中的 $\bar{A}B\bar{D}$。

(2) 4 个相邻最小项的合并

图 2.7.9 给出了 4 个相邻最小项合并的各种情况。其中,图 2.7.9 的(a)方圈对应着左边变量 A 和 B,A 取值不变,B 取值变化;而方圈对应着上边变量 C 和 D,C 取值变化,D 取值不变。所以 4 个最小项的合并,将消去取值变化的 2 个变量 B 和 C,留下取值不变的 AD 作为合并后的"与"项。消去取值变化的变量,实质上就是消去卡诺圈内互为反变量的那些变量。由此不难归纳出最小项的合并规则:消去卡诺圈取值改变的变量,保留下来的那些取值不变的变量的"逻辑与"就是合并的结果。由此可以得到图 2.7.9 的(b),(c),(d),(e),(f)的合并结果分别为 $\overline{A}B$,$C\overline{D}$,$\bar{B}\bar{D}$,$B\bar{D}$,$\bar{B}\bar{C}$。它们均消去两个变量。

(3) 8 个相邻最小项的合并

图 2.7.10 示出了 8 个相邻最小项合并的各种情况。根据上述最小项的合并规则,圈有 8 个最小项的卡诺圈将消去 3 个互为反变量的变量。

图 2.7.10 的(a),(b),(c),(d)的合并结果分别为 $B,D,\bar{B},\bar{D}$。

综上所述,可以归纳出 n 个变量卡诺图最小项的合并规律。

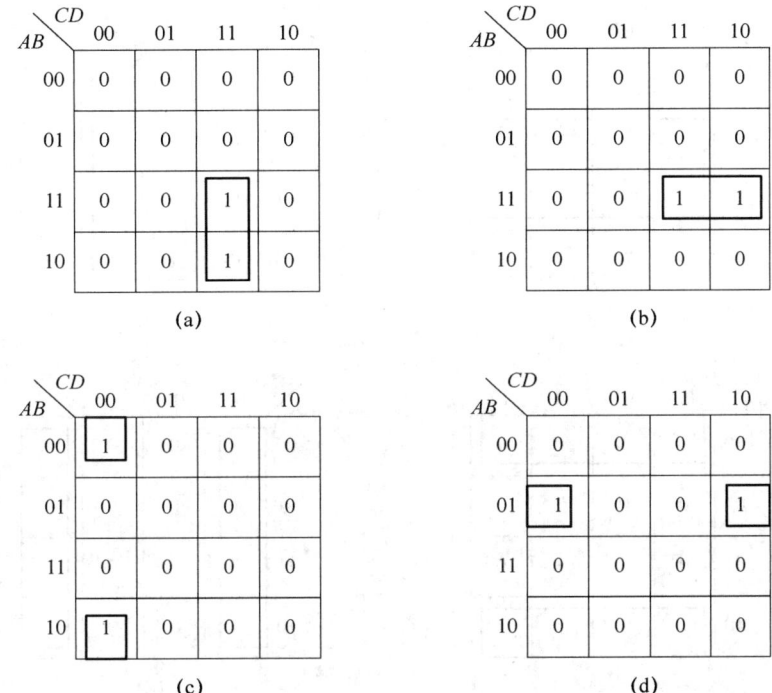

图 2.7.8 2个最小项的合并

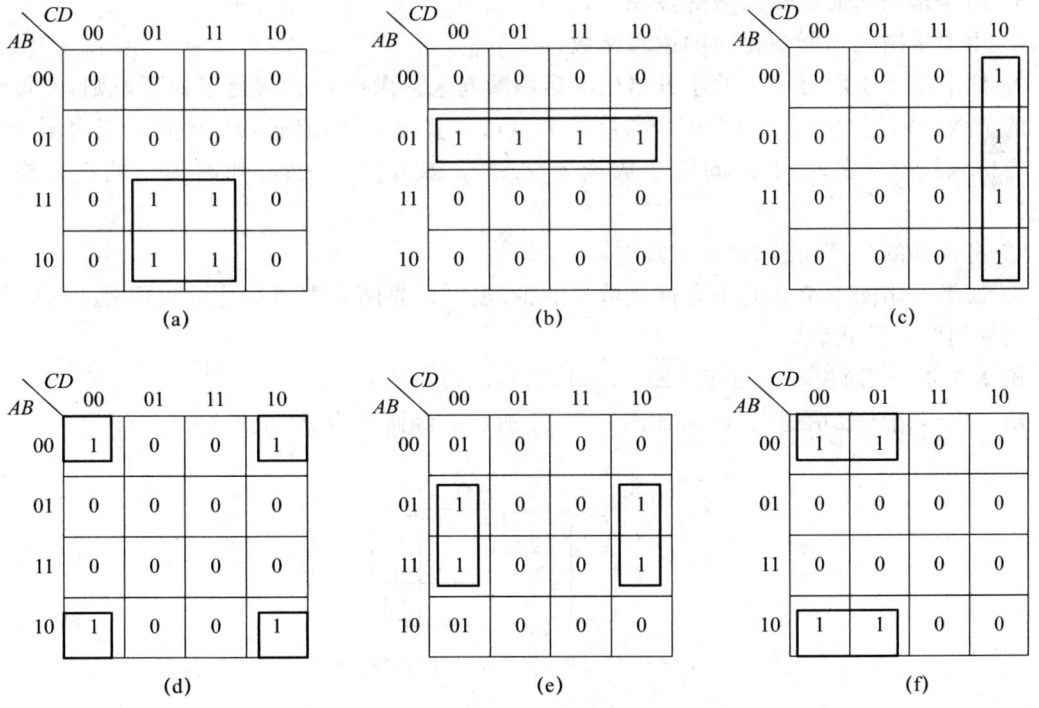

图 2.7.9 4个最小项的合并

① 卡诺圈中小方格的个数必须是 2^i 个，i 为小于或等于 n 的整数。

② 卡诺圈中的 2^i 个最小项合并，将消去 i 个变量，其合并结果等于 $n-i$ 个变量的"与"。例如，$n=4$ 时，$8=2^3$ 个最小项合并，消去 3 个变量，留下 1 个变量。

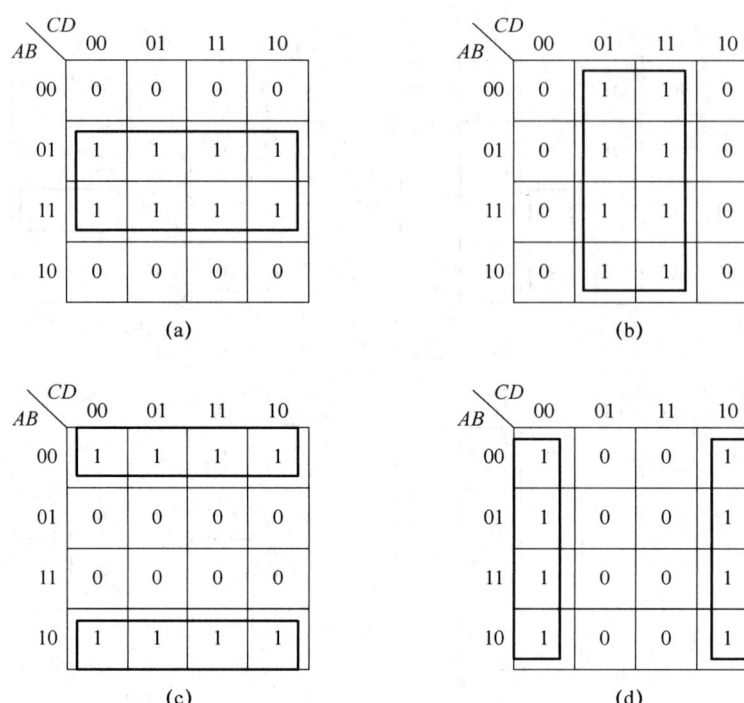

图 2.7.10　8 个最小项的合并

3. 用卡诺图化简逻辑函数的步骤

① 用卡诺图表示所要化简的逻辑函数。

② 把卡诺图中所有填 1 的小方格用卡诺圈圈起来。画圈时必须遵守如下原则：a. 每个圈内 1 的个数必须是 2^i 个；b. 每个圈中某些小方格可以多次被圈，但必须保证每个圈内至少有一个小方格只被圈一次；c. 卡诺圈的个数最少；d. 每个圈应尽量大；e. 所有填 1 的小方格必须圈完。

③ 将合并的"与"项进行"逻辑加"。

④ 如果卡诺图中填 0 的小方格比填 1 的少，也可以先圈 0 求得简化的反函数，再求反，从而得到最简"与或"式。

例 2.7.4　化简逻辑函数 $Y = \Sigma m^3(0,1,2,4,6,7)$。

解　用卡诺图表示逻辑函数，如图 2.7.11 所示。经画圈合并，最后得到

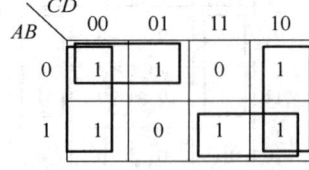

图 2.7.11　例 2.7.4 卡诺图

$$Y = AB + \overline{A}\,\overline{B} + \overline{C}$$

例 2.7.5　化简逻辑函数 $Y = \Sigma m^4(0,2,3,6,7,8,10,11)$。

解　用卡诺图表示逻辑函数，如图 2.7.12 所示。经画圈合并，最后得到

$$Y = \overline{A}C + \overline{B}C + \overline{B}\,\overline{D}$$

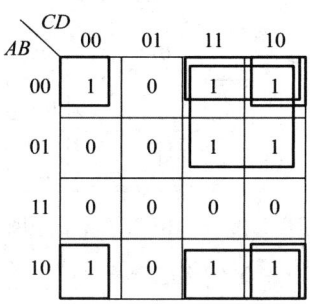

图 2.7.12 例 2.7.5 卡诺图

例 2.7.6 化简逻辑函数 $Y=\sum m^4(0,4,5,6,7,12,14,15)$。

解 如图 2.7.13 所示,用卡诺图表示逻辑函数,0 也可不填。经画圈合并,最后得到

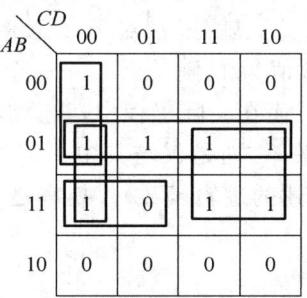

图 2.7.13 例 2.7.6 卡诺图

$$Y=\overline{A}\,\overline{C}\,\overline{D}+B\overline{C}\,\overline{D}+\overline{A}B+BC$$

例 2.7.7 化简逻辑函数 $Y=\sum m^4(1,5,6,7,11,12,13,15)$。

解 如图 2.7.14 所示,用卡诺图表示逻辑函数。根据图中实线所画的圈,最后得到

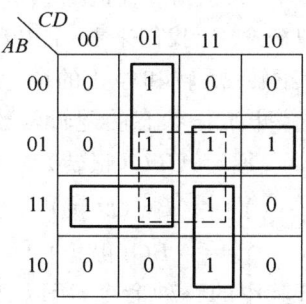

图 2.7.14 例 2.7.7 卡诺图

$$Y=AB\overline{C}+\overline{A}BC+\overline{A}\,\overline{C}D+ACD$$

图中虚线虽圈入 4 个最小项,但这 4 个最小项已全部被圈过。因此,该圈中 4 个最小项所合并的与项 BD 为冗余项。不应出现在表达式中。

例 2.7.8 化简逻辑函数 $Y=\overline{A}C+A\overline{B}+BC+A\overline{C}$。

解 函数 Y 的卡诺图如图 2.7.15 所示。根据图中虚线所画的圈得到

$$Y=A+C$$

本题填 0 的小方格较填 1 的少,所以可用圈 0 法先求出其反函数 $\overline{Y}$,即

$$\overline{Y}=\overline{A}\,\overline{C}$$

再求反,也可得到 Y 的最简"与或"式,即

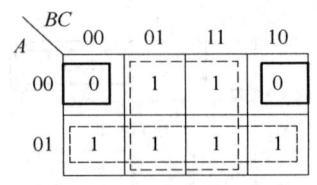

图 2.7.15 例 2.7.8 卡诺图

$$Y = \overline{A}\,\overline{C} = A + C$$

2.8 具有无关项的逻辑函数化简

前面讨论的 n 变量逻辑函数是一种完全定义的逻辑函数,即函数对应任意一组输入变量的组合都有确定的函数值非 0 即 1。这就是说,对于 n 变量逻辑函数,其输入变量组合状态共有 2^n 个;如果其中 m 个组合使函数值为 1,则其余 $2^n - m$ 个组合必使函数值为 0。这样的逻辑函数也称作完全描述的逻辑函数。而在实际工程中,常会遇到这样一些情况:一个 n 变量逻辑函数并不是与 2^n 个组合状态都有关系,而是仅与其中一部分有关。这种逻辑函数称作不完全定义的逻辑函数(或称作非完全描述的逻辑函数)。换言之,它是带有称作无关项的逻辑函数。

2.8.1 无关项

在实际工程中,某些输入变量的组合(最小项)根本不会出现或不允许出现,这些最小项称作约束项。例如,8421BCD 码中的 1010～1111 对应的 6 个最小项就是约束项。对于这些约束项所对应的函数输出值是 0 还是 1 不必去关心。

有时还会遇到另外一种情况,就是在输入变量的某些取值下函数值是 1 还是 0 皆可,并不影响电路的功能。在这些变量取值下,其值等于 1 的那些最小项称为任意项。

为了进一步说明任意项的物理概念,让我们来看一个电动机控制的例子。现以三个逻辑变量 A、B、C 分别表示一台电动机的正转、反转和停止的命令,$A = 1$ 表示正转,$B = 1$ 表示反转,$C = 1$ 表示停止。表示正转、反转和停止工作状态的逻辑函数可写成

$$Y_1 = A\overline{B}\,\overline{C}(正转)$$
$$Y_2 = \overline{A}B\overline{C}(反转)$$
$$Y_3 = \overline{A}\,\overline{B}C(停止)$$

因为任何时候电动机只能执行其中的一种命令,所以 A、B、C 当中出现两个以上为 1 时,电动机将无法工作。为此,将实际的电路设计成当 A、B、C 三个控制变量出现两个以上同时为 1 或者全部为 0 时,电路能自动切断供电电源。那么这时 Y_1、Y_2 和 Y_3 等于 1 还是等于 0 已无关紧要,电动机肯定会受到保护而停止运行。例如,当 $A = B = C = 1$ 时,对应的最小项 ABC(即 m_7)=1。如果把最小项 ABC 写入 Y_1 式中,则当 $A = B = C = 1$ 时 $Y_1 = 1$;如果没有把 ABC 这一项写入 Y_1 式中,则当 $A = B = C = 1$ 时 $Y_1 = 0$。因为这时 $Y_1 = 1$ 还是 $Y_1 = 0$ 都是允许的,所以既可以把 ABC 这个最小项写入 Y_1 式中,也可以不写入。因此,我们把 ABC 称为逻辑函数 Y_1 的任意项。同理,在这个例子中 $\overline{A}\,\overline{B}\,\overline{C}$、$\overline{A}BC$、$A\overline{B}C$、$AB\overline{C}$ 也是 Y_1、Y_2 和 Y_3 的任意项。这种存在任意项的逻辑函数也叫做不完全定义的逻辑函数。

因为使约束项的取值等于 1 的输入变量取值是不允许出现的,所以约束项的值始终为 0,而任意项则不同。在函数的运行过程中,有可能出现使任意项取值为 1 的输入变量取值。

我们将约束项和任意项统称为逻辑函数式中的无关项。这里所说的"无关"是指是否把这些最小项写入逻辑函数式无关紧要,可以写入也可以删除。

在用卡诺图表示带有无关项的逻辑函数时,与无关项相应的小方格内填入"×",意指"可以是 1,也可是 0"。在逻辑函数表达式中,无关项通常用 $\Sigma d^n(\cdots)$ 表示。例如,某逻辑函数 $Y=\overline{A}\,\overline{B}\,C+\overline{A}BC+ABC$,无关项为 $A\overline{B}\,\overline{C}$ 和 $A\overline{B}C$,则其逻辑表达式可写作:$Y=\Sigma m^3(0,1,7)+\Sigma d^3(4,5)$。

2.8.2 带有无关项的逻辑函数化简

如上所述,对于无关项,逻辑函数可以任意取值为 0 或为 1。换言之,无关项可以随意加到函数表达式中或不加到函数表达式中,而不影响函数的实际逻辑功能。也就是说,根据具体情况,对无关项进行适当取舍,再用通常的简化方法进行化简。这便是包含无关项逻辑函数化简的依据。

例 2.8.1 化简逻辑函数 $Y=m^4(0,1,5,7,8,11,14)+\Sigma d^4(3,9,12,15)$。

解 如图 2.7.16 所示,画出 Y 的卡诺图。经画圈合并得

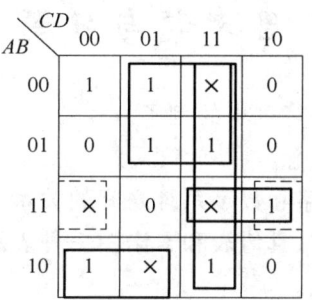

图 2.7.16 例 2.8.1 卡诺图

$$Y=\overline{B}\,\overline{C}+\overline{A}D+CD+ABC$$

如果用虚线卡诺圈代替二变量的实线卡诺圈,则

$$Y=\overline{B}\,\overline{C}+\overline{A}D+CD+AB\overline{D}$$

这两种结果都是正确的。

例 2.8.2 化简逻辑函数 $Y=\Sigma m^4(0,3,4,7,11)+\Sigma d^4(8,9,12,13,14,15)$。

解 由 F 画出的卡诺图如图 2.7.17 所示。经画圈合并得

$$Y=\overline{C}\,\overline{D}+CD$$

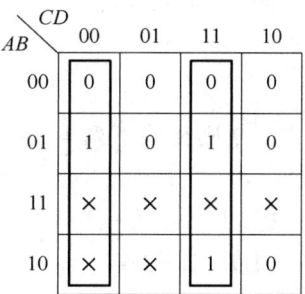

图 2.7.17 例 2.8.2 卡诺图

小 结

本章主要讲了三部分内容:逻辑代数的基本定律、规则和常用公式;逻辑函数的表示方法;逻辑函数的化简方法。

熟练掌握逻辑代数的基本定律和规则,便于进行逻辑运算。至于常用公式,完全可由基本定律导出。掌握尽可能多的常用公式,对提高逻辑运算速度是十分有益的。

本章的重点是逻辑函数的化简。公式法的优点是不受任何条件限制,可化简任何复杂的逻辑函数,但它无固定的规律可循,带有试凑性。化简时不仅要求熟练运用各种公式和定律,而且还需要一定的技巧和经验。卡诺图法的优点是简单、直观,又有一定的化简步骤可循。但逻辑变量多于 5 个时,将失去简单、直观的优点。

逻辑函数表达式的形式间的转换,在数字系统的实际设计时十分有用,应该熟悉这部分的内容。

思考题与习题

2.1 试举出一个"与""或""非"逻辑的例子。

2.2 电平是一个什么样的概念?

2.3 说明数字电路、逻辑电路和数字系统之间的关系。

2.4 一个函数的逻辑表达式、真值表和卡诺图三种表示法是如何互相转换的?

2.5 用真值表验证下列等式。

(1) $\overline{A\overline{B}+C}=(\overline{A}+B)\overline{C}$;

(2) $A\overline{B}+\overline{A}B=(A+B)(\overline{A}+\overline{B})$。

2.6 求下列函数的反函数。

(1) $Y=AB+\overline{A}\,\overline{B}$;

(2) $Y=ABC+AB\overline{C}+A\overline{B}C+\overline{A}BC$;

(3) $Y=A\overline{B}+B\overline{C}+\overline{A}(C+D)$;

(4) $Y=B(AC+\overline{D})(C+D)(A+\overline{B})$。

2.7 求下列函数的对偶式。

(1) $Y=(A+B)(A+\overline{C})(C+DE)+E$;

(2) $Y=\overline{\overline{A\overline{B}} \cdot C\overline{B} \cdot \overline{\overline{A}\,BD}}$;

(3) $Y=\overline{XYZ}+\overline{X}\,\overline{Y}Z$。

2.8 试用逻辑代数的基本公式和规则证明下列等式。

(1) $AB+\overline{A}C+\overline{B}C=AB+C$;

(2) $A\overline{B}+BD+\overline{A}D+DC=A\overline{B}+D$;

(3) $BC+D+\overline{D}(\overline{B}+\overline{C})(AD+B)=B+D$;

(4) $(A+B)(B+C)(A+C)=AB+AC+BC$;

(5) $ABC+\overline{A}\,\overline{B}\,\overline{C}=\overline{A\overline{B}+\overline{B}C+\overline{A}C}$;

(6) $(Y+\overline{Z})(W+X)(\overline{Y}+Z)(Y+Z)=YZ \cdot (W+X)$。

2.9 用公式法将下列函数化简为最简"与或"表达式。
(1) $Y = \overline{A}\,\overline{B} + (AB + A\overline{B} + \overline{A}B)C$；
(2) $Y = (A+B)C + \overline{A}\,\overline{B}D + CD$；
(3) $Y = AB + \overline{A}C + \overline{B}\,\overline{C}$；
(4) $Y = AB + \overline{A}\,\overline{B}C + BC$；
(5) $Y = A(B+\overline{C}) + \overline{A}(B+C) + BCD + \overline{B}\,\overline{C}D$；
(6) $Y = \overline{A}\,\overline{B} + (A+B)C$。

2.10 将下列函数表示成最小项之和的形式以及最大项之积的形式。
(1) $Y = ABC + \overline{A} + \overline{B} + \overline{C}$；
(2) $Y = \overline{\overline{A}(B+\overline{C})}$；
(3) $Y = AB + A\overline{B} + \overline{A}B + \overline{C}D$；
(4) $Y = A(B+CD) + A\overline{B}CD$。

2.11 用卡诺图将下列函数化为最简与或式。
(1) $Y = \sum m^3(0,1,2,4,5,7)$；
(2) $Y = \sum m^4(0,1,2,3,4,6,7,8,9,11,15)$；
(3) $Y = \sum m^4(3,4,5,7,9,13,14,15)$；
(4) $Y = \sum m^4(1,2,3,5,7,8,12,13)$。

2.12 试将下列具有无关项的函数化简为最简"与或"表达式。
(1) $Y = \sum m^4(0,2,7,13,15) + \sum d^4(1,3,5,6,8,10)$；
(2) $Y = \sum m^4(0,3,5,6,8,13) + \sum d^4(1,4,10)$；
(3) $Y = \sum m^4(0,2,3,5,7,8,10,11) + \sum d^4(14,15)$。

2.13 试将下列函数化简,并表示成"与非-与非"形式。
(1) $Y = \sum m^3(0,2,3,7)$；
(2) $Y = \sum m^4(0,2,8,10,14,15)$；
(3) $Y = A\overline{B} + \overline{A}C + B\overline{C} + \overline{A}CD$。

第3章 逻辑门电路

能实现基本逻辑运算和复合逻辑运算的电子电路称为门电路或逻辑门电路。第2章从逻辑层面介绍了逻辑运算方面的内容。其中,所有的逻辑符号都是以黑匣子的方式表示相应的逻辑电路。但是,黑匣子的方式只能建立初步的概念,对于电子设计工作者来说是远远不够的。为了正确地使用集成电路,必须对其内部电路,特别是它对外显现出的外部特性要有一定的了解。本章将揭开黑匣子内部的奥秘,具体介绍几种通用的集成逻辑门电路,如CMOS逻辑门电路、TTL逻辑门电路等。

由于逻辑门电路中的MOS管或BJT管均工作在开关状态,所以在介绍各种逻辑门电路之前,首先要了解这些半导体器件的开关特性,然后以此为基础,再讨论基本逻辑门电路的结构和工作原理。

3.1 CMOS逻辑门电路

CMOS逻辑门电路是目前使用最广泛、占主导地位的集成电路。随着集成制造工艺的不断改进,CMOS电路的集成度、工作速度、功耗和抗干扰能力均远优于TTL电路。因此,几乎所有的CPU、存储器、PLD器件及专用集成电路(ASIC)现在都采用CMOS工艺制造。

3.1.1 MOS管及其开关特性

MOS管按照导电载流子的不同分为N沟道MOS(NMOS)管和P沟道MOS(PMOS)管,按照导电沟道形成机理的不同又分为增强型MOS管和耗尽型MOS管。下面主要以N沟道增强型MOS管为例介绍其工作原理和开关特性。

1. N沟道增强型MOS管的结构和工作原理

N沟道增强型MOSFET的结构示意图、标准符号及简化符号分别如图3.1.1(a)、(b)、(c)所示。它以一块掺杂浓度较低、电阻率较高的P型硅半导体薄片作为衬底,利用扩散的方法在P型硅中形成两个高掺杂的N^+区,并分别引出漏极(drain)和源极(source)两个电极,然后在P型硅表面生长一层很薄的二氧化硅绝缘层,并在二氧化硅的表面安置一个铝电极——栅极(gate),就构成了N沟道增强型MOS管。

如图3.1.2(a)所示,当栅源电压$v_{GS}=0$时,源区(N^+型)、衬底(P型)和漏区(N^+型)就形成两个背靠背的PN结二极管,无论外加漏源电压v_{DS}的极性如何,总有其中一个PN结是反偏的。漏源之间的电阻阻值很大(可高达$10^{12}\ \Omega$数量级),漏极电流$i_D=0$。此时,漏源之间可看成是断开的开关,其等效电路如图3.1.3(a)所示。由于二氧化硅绝缘层的存在,栅极与衬底间的电容不容忽视,图中以C_1表示,C_1的容量约为几皮法。

当$v_{GS} \geqslant V_{TN}$时,栅极上加的正电压足够高,在介质中产生了一个由栅极指向P型衬底的纵向电场,它排斥P型衬底中的空穴远离衬底表面,而吸引电子聚集到栅极下面的衬底表层,形成了一个N型的导电沟道,将漏极和源极两个N型区接通,如图3.1.2(b)所示。若此时漏

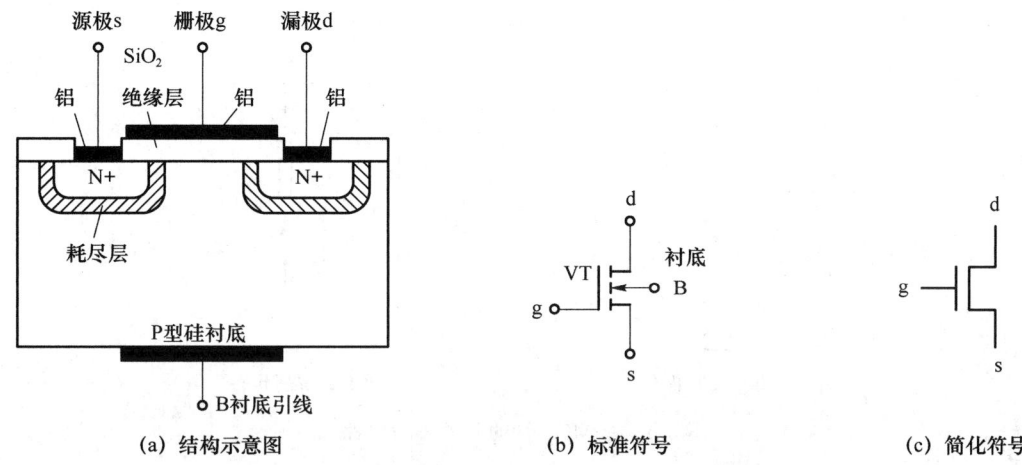

(a) 结构示意图　　(b) 标准符号　　(c) 简化符号

图 3.1.1　N 沟道增强型 MOSFET 结构及符号结构示意图

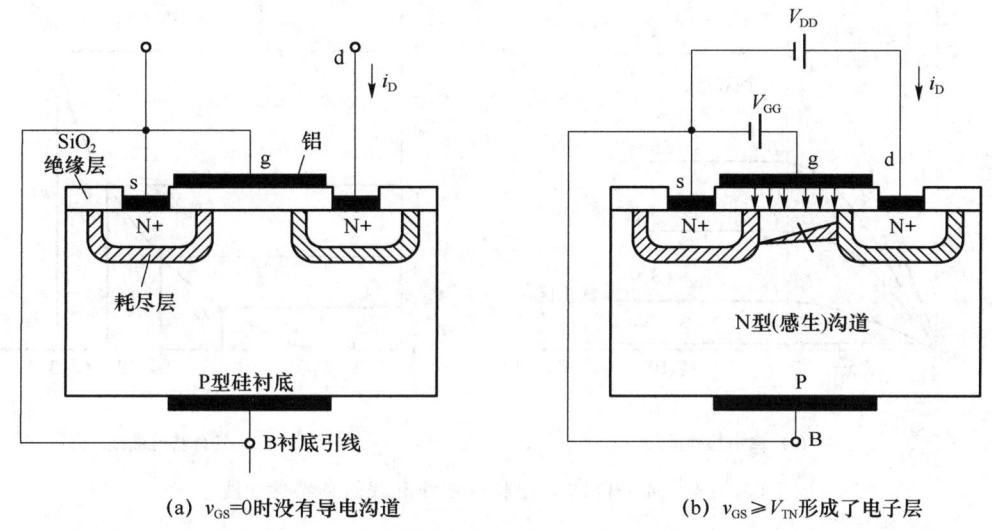

(a) $v_{GS}=0$ 时没有导电沟道　　(b) $v_{GS} \geqslant V_{TN}$ 形成了电子层

图 3.1.2　N 沟道增强型 MOS 管的开关状态

极和源极之间加电压 v_{DS}，就有漏极电流 i_D 产生，使 MOS 管处于导通状态。此时，漏源之间的导通电阻 R_{ON} 很小，可将漏源之间看成是接通的开关，其等效电路如图 3.1.3(b)所示。一般把在漏源电压作用下开始导电时的栅源电压 v_{GS} 叫作开启电压 V_{TN}。这种在 $v_{GS}=0$ 时没有导电沟道，而必须依靠栅源电压的作用才形成感生沟道的 FET 称为增强型 FET。

描述 MOS 管 v_{DS}、i_D 和 v_{GS} 三者关系的输出特性曲线如图 3.1.4(a)所示。

当 $v_{GS}<V_{TN}$ 时，$i_D=0$。MOSFET 工作在截止区。

当 $v_{GS}>V_{TN}$ 时，特性曲线虚线左边的区域称为可变电阻区。在这个区域里，漏源之间可近似等效于可变线性电阻，v_{GS} 越大，该电阻越小。因此，如要得到较小的导通电阻，v_{GS} 的取值应尽可能大。

当 $v_{GS}=V_{GS}>V_{TN}$ 时，外加较小的 v_{DS} 时，漏极电流 i_D 将随 v_{DS} 上升迅速增大。但随着 v_{DS} 上升，使 i_D 趋于饱和(基本不变)，这时输出特性曲线的斜率近似变为 0，即由可变电阻区进入饱和区。该区域用于模拟信号的线性放大，本书不予讨论。

MOSFET 输入栅源电压 v_{GS} 与输出漏极电流 i_D 间的对应关系可用转移特性描述。转移

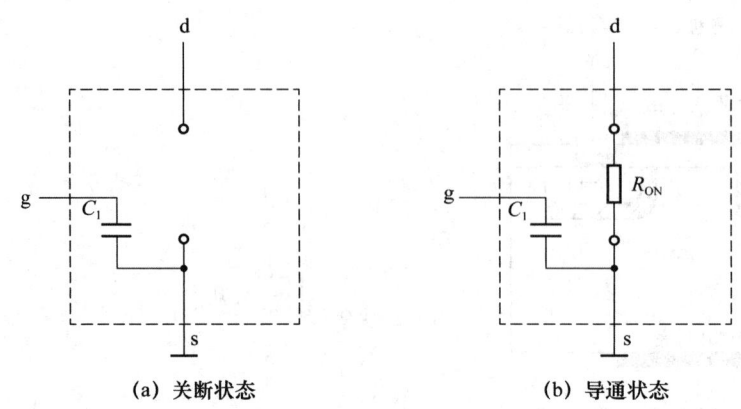

(a) 关断状态　　　　　　　(b) 导通状态

图 3.1.3　MOS 管的开关等效电路

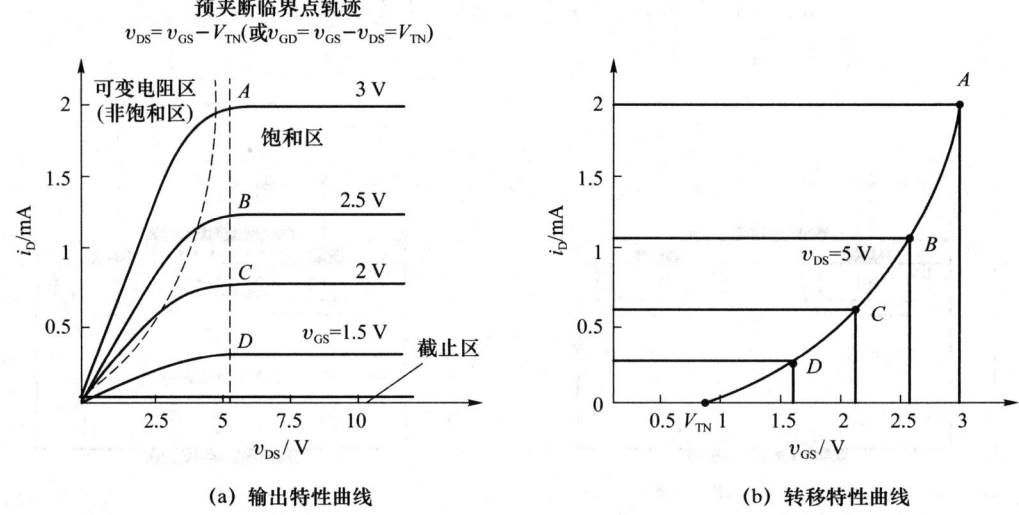

(a) 输出特性曲线　　　　　　　(b) 转移特性曲线

图 3.1.4　MOSFET 输出特性曲线和线转移特性曲线

特性是在漏源电压 v_{DS} 一定的条件下,作为输入的栅源电压 v_{GS} 对作为输出的漏极电流 i_D 的控制特性,即

$$i_D = f(v_{GS})\big|_{v_{DS}=常数}$$

MOSFET 转移特性如图 3.1.4(b)所示。

从转移特性可更清楚地看到,N 沟道增强型 MOS 管导通、截止条件是:

当 $v_{GS} < V_{TN}$ 时,MOSFET 截止,$i_D = 0$;

当 $v_{GS} > V_{TN}$ 时,MOSFET 导通,v_{GS} 越大,漏源之间的导通电阻越小。

2. P 沟道增强型 MOS 管的结构和工作原理

与 N 沟道 MOS 管相反,P 沟道 MOS 管是在 N 型衬底上制作两个高浓度的 P^+ 区,导电沟道为 P 型,载流子为空穴。P 沟道增强型 MOSFET 的结构示意图、标准符号和简化符号如图 3.1.5(a)、(b)和(c)所示。使用时通常将衬底与源极相连,或接电源。为吸引空穴形成导电沟道,栅极接电源负极,与衬底相连的源极接电源的正极,即 v_{GS} 为负值,因此开启电压 V_T 也为负值。而 i_D 的实际方向为流出漏极,与通常的假定方向正好相反。P 沟道增强型 MOS 管的工作原理与 N 沟道增强型 MOS 管相似,这里不再赘述。

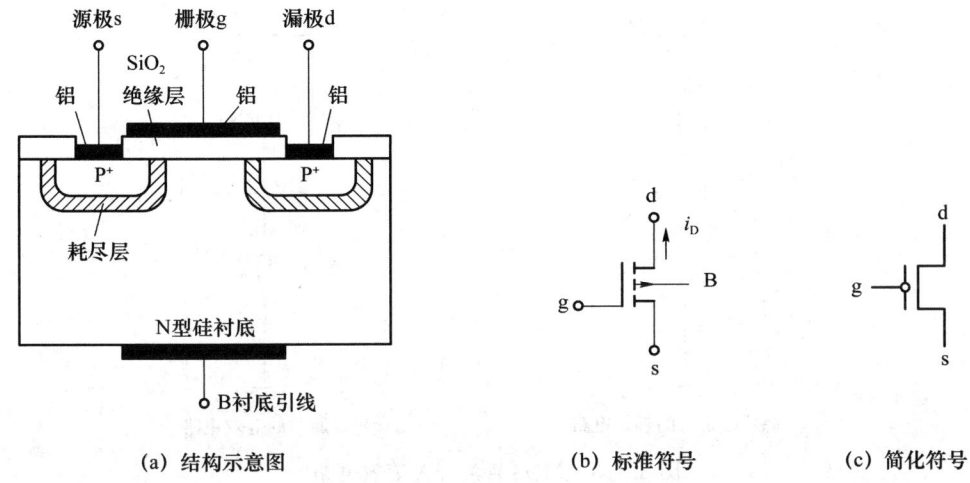

(a) 结构示意图　　　　　　　(b) 标准符号　　　(c) 简化符号

图 3.1.5　P 沟道增强型 MOSFET 结构及符号结构示意图

P 沟道增强型 MOS 管的输出特性和转移特性曲线分别如图 3.1.6(a)、(b)所示。从 P 沟道增强型 MOS 管的转移特性可清楚地看到 P 沟道增强型 MOS 管导通、截止条件是：

当 $|v_{GS}| < |V_T|$ 时，PMOS 截止，$i_D = 0$；

当 $|v_{GS}| > |V_T|$ 时，PMOS 导通。

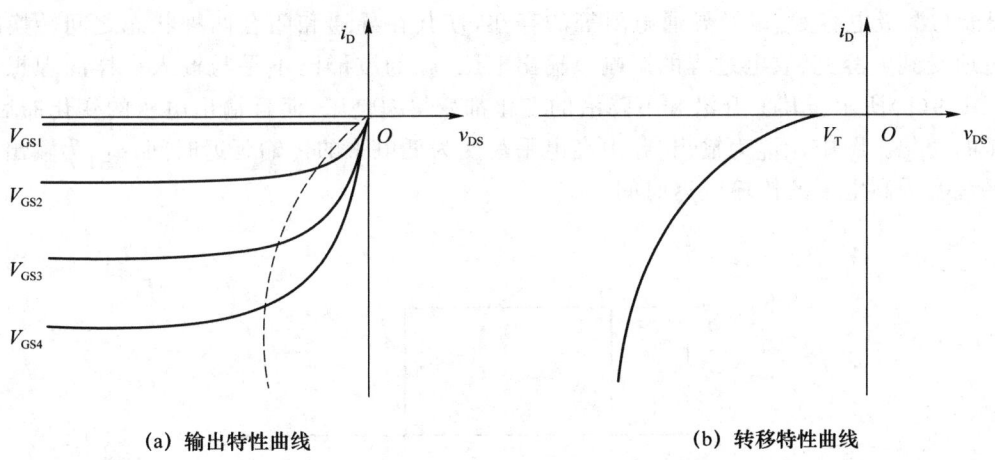

(a) 输出特性曲线　　　　　　　　　(b) 转移特性曲线

图 3.1.6　P 沟道增强型 MOS 管的特性曲线

3. MOS 管开关电路

用 N 沟道增强型 MOS 管构成的开关电路如图 3.1.7 所示。

当输入为低电平（$v_I < V_{TN}$）时，MOS 管截止，相当于开关"断开"，输出为高电平，$v_o \approx V_{DD}$。其等效电路如图 3.1.8(a)所示。

当输入为高电平（$v_I > V_{TN}$，并且 v_I 足够大）时，MOS 管工作在可变电阻区。由于 v_{GS} 的取值足够大，d、s 之间的导通电阻 R_{on} 很小（当 v_I 足够大时，R_{on} 为 25～200 Ω），使得 R_d 远远大于 R_{on}，相当于开关"闭合"，电路输出为低电平，$v_o \approx 0$。其等效电路如图 3.1.8(b)所示。

由此可见，MOS 管相当于一个由 v_{GS} 控制的无触点开关。

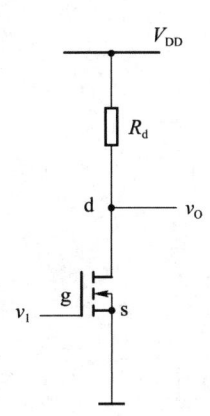

图 3.1.7　MOS 管开关电路

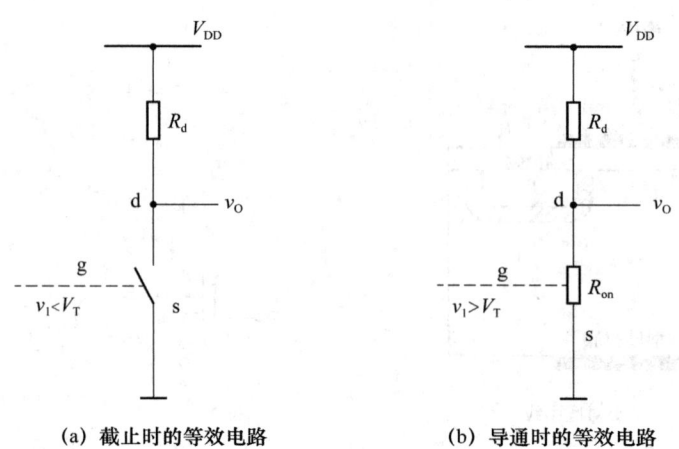

图 3.1.8 MOS管的开关等效电路

MOS管具备触点开关的"断开"和"闭合"两种状态,但在速度和可靠性方面比机械开关优越得多。

4. MOS管开关电路的动态特性

在图 3.1.7 所示 MOS 管开关电路的输入端,加一个理想的脉冲波形,如图 3.1.9(a)所示。由于 MOS 管中栅极与衬底间电容 C_{gb}(即数据手册中的输入电容 C_i)、漏极与衬底间电容 C_{db}、栅极与漏极电容 C_{gd} 以及导通电阻等的存在,使其在导通和闭合两种状态之间转换时,不可避免地受到电容充、放电过程的影响。输出电压 v_O 的波形已不是与输入一样的理想脉冲,如图 3.1.9(b)所示。其上升沿和下降沿的变化都变得缓慢了,而且输出电压的变化滞后于输入电压的变化。图中,t_{pHL} 为输出 v_O 由高电平跳变为低电平的传输延迟时间,t_{pLH} 为输出 v_O 由低电平跳变为高电平的传输延迟时间。

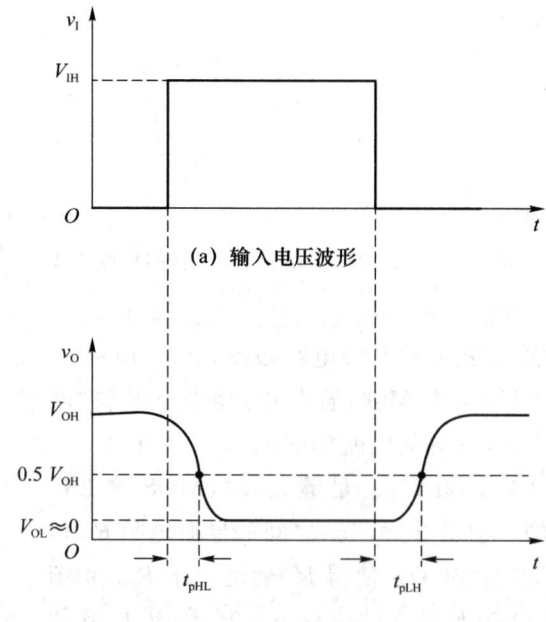

图 3.1.9 MOS管开关电路电压波形

3.1.2 CMOS 反相器

从对图 3.1.7 所示电路的分析可知,电路具有反相器的逻辑功能。电路中 R_d 的作用是:当输入为高电平时,流过导通 NMOS 管的电流很大,R_d 起限流作用,但此时消耗在其上的功率也很大。为了克服这个缺点,用另一个 PMOS 管替代电阻 R_d,就构成了 CMOS 反相器。

由 N 沟道和 P 沟道增强型 MOS 管组成的电路称为互补 MOS 或 CMOS 电路。CMOS 反相器是构成 CMOS 逻辑电路的基本单元电路,下面讨论 CMOS 反相器的工作原理。

CMOS 反相器电路如图 3.1.10 所示,它由两只增强型 MOS 管组成,其中 VT_N 为 N 沟道 MOS 管,VT_P 为 P 沟道 MOS 管。两只 MOS 管的栅极连在一起作为输入端;它们的漏极连在一起作为输出端。为方便叙述,将 N 沟道和 P 沟道增强型 MOS 管的开启电压分别用 V_{TN} 和 V_{TP} 表示。

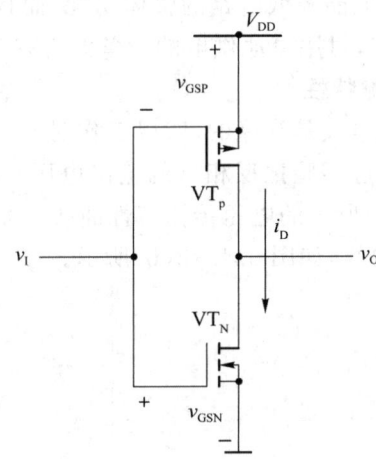

图 3.1.10 CMOS 反相器

1. 工作原理

在以下讨论中,设定 v_I 处于逻辑 0 时,相应的电压近似为 0 V;而当 v_I 处于逻辑 1 时,相应的电压近似为 V_{DD}。

当 $v_I = 0$ 时,有

$$\begin{cases} |v_{GSP}| = V_{DD} > |V_{TP}| \\ v_{GSN} = 0 < V_{TN} \end{cases}$$

故 VT_P 导通,而且导通电阻很低(在 $|v_{GSP}|$ 足够大时可小于 1 kΩ);而 VT_N 关断,内阻很高(可达 $10^8 \sim 10^9$ Ω)。其等效电路如图 3.1.11(a)所示。图中,开关中 K_P 闭合,K_N 断开,电路输出高电平,且输出高电平 $V_{OH} \approx V_{DD}$。

当 $v_I = 1$ 时,则有

$$\begin{cases} v_{GSP} = 0 < |V_{TP}| \\ v_{GSN} = V_{DD} > V_{TN} \end{cases}$$

故 VT_P 关断而 VT_N 导通,其等效电路如图 3.1.11(b)所示。图中开关 K_N 闭合,K_P 断开,输出低电平,且输出低电平 $V_{OL} \approx 0$。

从上述静态分析中可见,无论 v_I 是高电平还是低电平,VT_N 和 VT_P 总有一个是关断的,而且内阻极高,流过 VT_N 和 VT_P 的静态电流极小,所以说 CMOS 反相器的静态功耗极小。

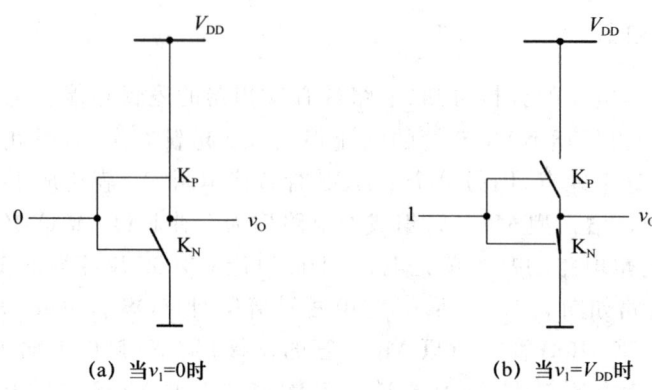

(a) 当 $v_I=0$ 时　　　　　　　　(b) 当 $v_I=V_{DD}$ 时

图 3.1.11　CMOS 反相器等效电路

CMOS 门电路这一工作特点,不但能降低电路的整体功耗,而且能使电路在静态时,自动处于功耗极微的"睡眠"或"待机"状态,对用电池供电的设备尤为有益。

2. 电压传输特性和电流传输特性

由于 MOS 管的栅极与其他电极是绝缘的,所以工作时 CMOS 反相器的输入端基本没有电流流过,而仅对电压敏感。通过实验把反相器的输出电压 v_O 随输入电压 v_I 的变化用曲线描绘出来,就得到如图 3.1.12(a)所示的电压传输特性曲线。而漏极电流 i_D 随输入电压 v_I 变化的曲线则称为电流传输特性曲线,如图 3.1.12(b)所示。

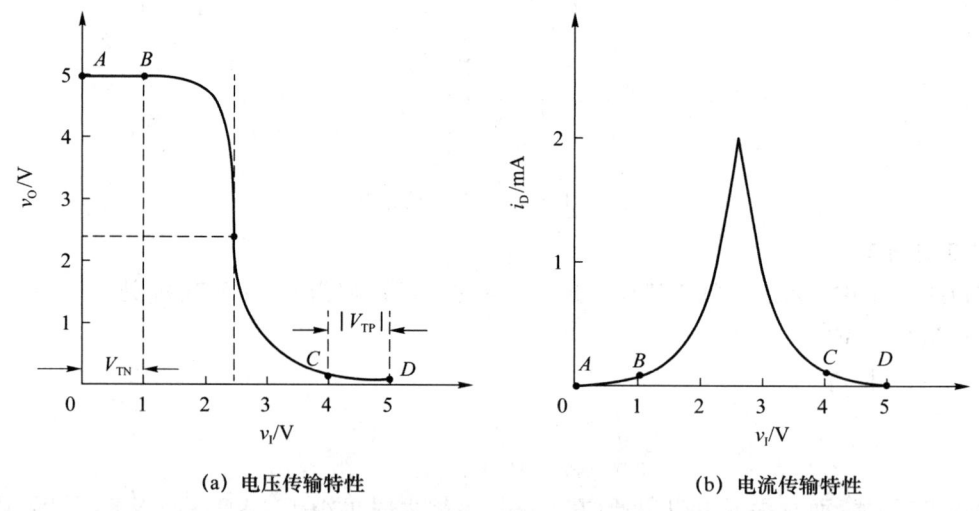

(a) 电压传输特性　　　　　　　　(b) 电流传输特性

图 3.1.12　74HC 系列电路中反相器的传输特性($V_{DD}=5$ V)

在传输特性曲线的 AB 和 CD 段,由于 VT_N 和 VT_P 中总有一管的栅极电压达不到开启电压而关断,所以在图(b)中这两段工作区 $i_D \approx 0$。

在 BC 段,即输入电压处于 $V_{TN} < v_I < V_{DD} - |V_{TP}|$ 的取值区间,$|V_{GSP}| > |V_{TP}|$,$V_{GSN} > V_{TN}$,VT_N 和 VT_P 同时导通,$i_D \neq 0$。当 $v_I = V_{DD}/2$ 时,两管导通电阻相等,i_D 达到峰值。考虑到 CMOS 门电路的这一特点,在应用中不应使之长期工作在电流传输特性曲线的 BC 段,以防止器件因功耗过大而损坏。

3. 输入逻辑电平

由图 3.1.13(a)中的阴影部分可见,当输入电压从 0 V 开始逐渐增加时,输出高电平维持一段时间没有改变。同样,当输入电压由 V_{DD} 开始降低时,输出低电平也维持一段时间没有改变。因此,在反相器的输出逻辑状态没有发生明显改变时,输入高、低电平值允许有一个波动范围。对于不同系列的集成电路,其输入高、低电平所对应的电压范围也不同。因此,各种集成门电路都规定了输入低电平的上限值 $V_{IL(max)}$ 和输入高电平的下限值 $V_{IH(min)}$。

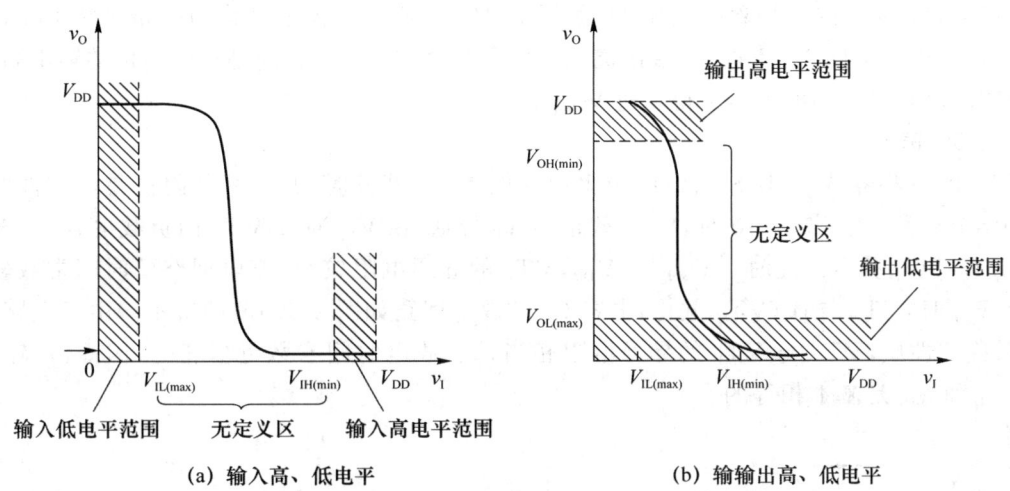

(a) 输入高、低电平

(b) 输输出高、低电平

图 3.1.13 逻辑门电路输入和输出逻辑电平范围

对于图 3.1.10 所示的 CMOS 反相器,其输出高、低电平值也允许有一个波动范围,如图 3.1.13(b)所示。

4. 输出特性

(1) 低电平输出特性

当输入为高电平时,$v_{GSN}=v_I=V_{IH}$,VT_N 管导通,VT_P 管截止,输出为低电平,即 $v_O=V_{OL}$,等效电路如图 3.1.14(a)所示。图中 R_L 为 CMOS 反相器所带负载的等效电阻。此时负载电流 I_{OL} 从负载流向 VT_N 管,称为灌电流。当 v_I 足够大时,VT_N 管工作在输出特性曲线的可变电阻区,v_{GSN} 越大,导通电阻 R_{on} 越小。由于 $V_{OL}=R_{on}I_{OL}$,若 I_{OL} 不变,当 v_I 越小,R_{on} 越大时,V_{OL} 也越高。若 R_{on} 不变,V_{OL} 随着 I_{OL} 增加而提高。因此,为保证电路正常工作,数字集成电路规定了在一定 I_{OL} 条件下,输出低电平的上限值 $V_{OL(max)}$。相同型号的器件的输出低电平

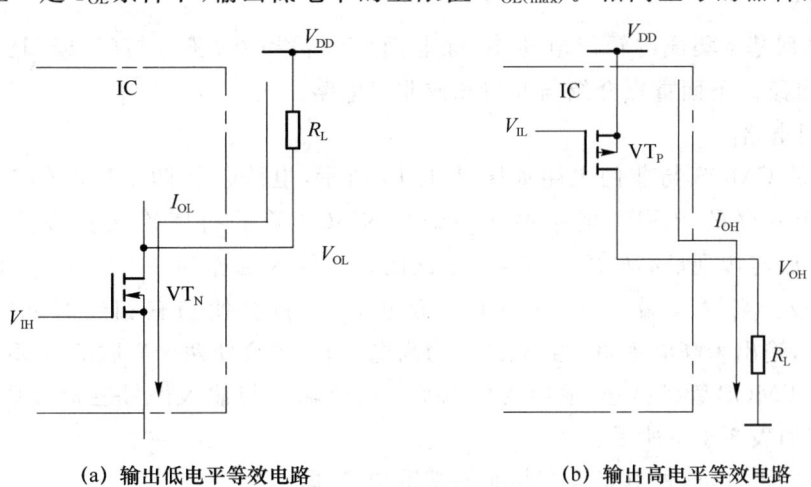

(a) 输出低电平等效电路

(b) 输出高电平等效电路

图 3.1.14 CMOS 反相器的输出特性

的值略有区别,但它们的 V_{OL} 不得超过 $V_{OL(max)}$。

（2）高电平输出特性

当输入为低电平时,VT_N 管截止,VT_P 管导通,输出为高电平,等效电路如图 3.1.14(b)所示。此时负载电流 I_{OH} 从 VT_P 管流向负载,称为拉电流。输出高电平 V_{OH} 的数值等于 V_{DD} 减去 VT_P 的导通压降。随着拉电流 I_{OH} 的增加,V_{OH} 下降。为保证逻辑门电路正常工作,数字集成电路给出了不同 I_{OH} 条件下,输出高电平的下限值 $V_{OH(min)}$,相同型号的器件的输出高电平的值略有区别,但它们的 V_{OH} 不得超过 $V_{OH(max)}$。

5. 工作速度

CMOS 反相器或 CMOS 电路用于驱动其他 MOS 器件时,其负载的阻抗是电容性的,如图 3.1.15(a)所示。当 $v_I=0$ 时,VT_N 截止,VT_P 导通,由 V_{DD} 通过 VT_P 向负载电容 C_L 充电,如图 3.1.15(b)所示。此时,$|V_{GSP}|=V_{DD}$,VT_P 的导通电阻较小,充电回路的时间常数较小。当 $v_I=V_{DD}$ 时,VT_N 导通,VT_P 截止,电容 C_L 的放电回路如图 3.1.15(c)所示。由于电路具有互补对称的性质,VT_N 与 VT_P 的导通电阻相当,充、放电时间参数近似相等,因此,传输延迟时间 t_{pLH} 和 t_{pHL} 是基本相等的。

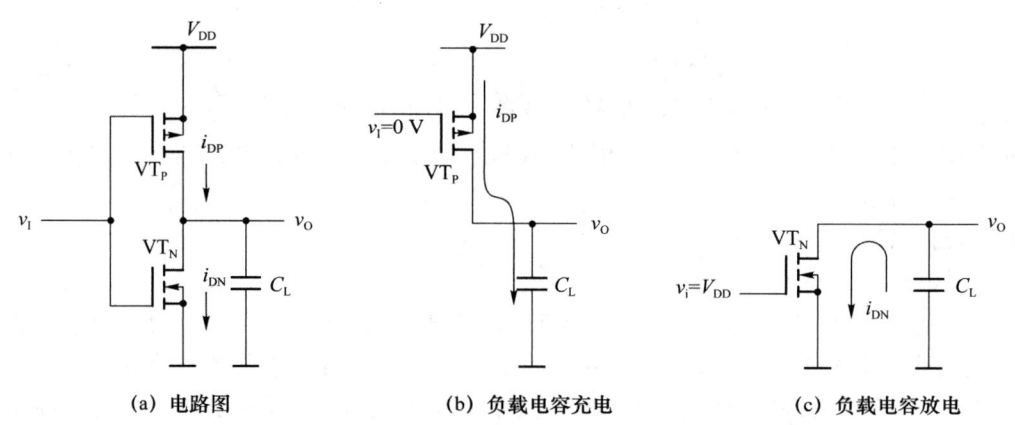

(a) 电路图　　　　　　(b) 负载电容充电　　　　　　(c) 负载电容放电

图 3.1.15　CMOS 反相器带电容负载时的工作情况

3.1.3　CMOS 与非门和或非门

CMOS 系列基本集成逻辑门电路中,除非门（反相器）外,还有与门、或门、与非门、或非门、异或门等电路。下面重点介绍与非门和或非门电路。

1. 与非门电路

2 输入端的 CMOS 与非门电路如图 3.1.16 所示,电路包括两个串联的 N 沟道增强型 MOS 管和两个并联的 P 沟道增强型 MOS 管,NMOS 管的衬底连接到最低电位点"地",PMOS 管的衬底连接到最高电位点 V_{DD}。电路的每个输入端连到一个 N 沟道和一个 P 沟道 MOS 管的栅极。当输入端 A、B 有一个为低电平时,就会使与它相连的 NMOS 管截止,PMOS 管导通,输出为高电平;仅当 A、B 全为高电平时,才会使两个串联的 NMOS 管都导通,使两个并联的 PMOS 管都截止,输出为低电平。电路输出与输入信号逻辑关系及各个 MOS 管的工作状态如表 3.1.1 所示。

从表 3.1.1 可见,这种电路具有与非的逻辑功能,即

$$L=\overline{A \cdot B}$$

显然，n 个输入端的与非门必须有 n 个 NMOS 管串联和 n 个 PMOS 管并联。

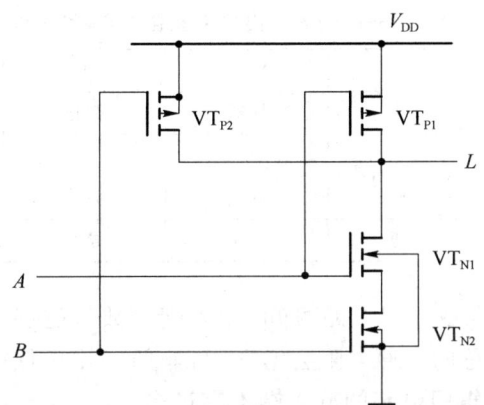

图 3.1.16　CMOS 与非门

表 3.1.1　与非门输入输出关系及各 MOS 管工作状态

A	B	VT_{N1}	VT_{P1}	VT_{N2}	VT_{P2}	L
0	0	截止	导通	截止	导通	1
0	1	截止	导通	导通	截止	1
1	0	导通	截止	截止	导通	1
1	1	导通	截止	导通	截止	0

2. 或非门电路

图 3.1.17 是 2 输入端 CMOS 或非门电路，其中包括两个并联的 N 沟道增强型 MOS 管和两个串联的 P 沟道增强型 MOS 管。

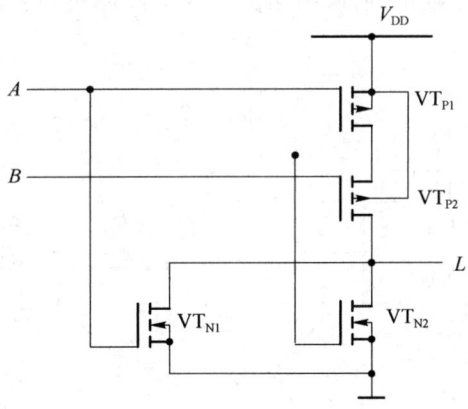

图 3.1.17　CMOS 或非门

输入端 A、B 只要有一个为高电平，就会使与它相连的 NMOS 管导通，而 PMOS 管截止，输出为低电平；仅当 A、B 全为低电平时，两个并联 NMOS 管都截止，两个串联的 PMOS 管都导通，输出为高电平。电路输出与输入信号逻辑关系及各个 MOS 管的工作状态如表 3.1.2 所示。

表 3.1.2 表明，该电路具有或非的逻辑功能，其逻辑表达式为
$$L=\overline{A+B}$$

显然，n 个输入端的或非门必须有 n 个 NMOS 管并联和 n 个 PMOS 管串联。

表 3.1.2 或非门输入输出关系及各 MOS 管工作状态

A	B	VT_{N1}	VT_{P1}	VT_{N2}	VT_{P2}	L
0	0	截止	导通	截止	导通	1
0	1	截止	导通	导通	截止	0
1	0	导通	截止	截止	导通	0
1	1	导通	截止	导通	截止	0

从以上 CMOS 与非门和或非门电路可知，输入端的数目越多，则串联的管子也越多。若串联的管子全部导通，则其总的导通电阻会增加，与非门的输出低电平升高，或非门的输出高电平降低。所以，CMOS 逻辑门电路的输入端不宜过多。

3.1.4 CMOS 传输门

传输门（Transmission Gate，TG）的应用十分广泛，它不仅可以作为基本单元电路构成各种逻辑电路，用于数字信号的传输，而且可以传输模拟信号，因而又称为模拟开关。

1. CMOS 传输门的结构和工作原理

CMOS 传输门由一个 P 沟道和一个 N 沟道增强型 MOS 管并联而成，电路如图 3.1.18(a) 所示。设它们的开启电压 $V_{TN}=|V_{TP}|=V_T$，图中 C 和 $\overline{C}$ 是一对互补的控制信号。CMOS 传输门中的 T_N 和 T_P 的结构是完全对称的，所以栅极的引出端画在符号横线的中间。它们的漏极和源极可以互换，因而，传输门的输入和输出端可以互换使用，可作为信号双向传输器件。图 3.1.18(b) 是它的逻辑符号。

当 C 端接 0 V，$\overline{C}$ 端接 $+V_{DD}$ 时，输入信号 v_I 的取值在 $0 \sim +V_{DD}$ 范围内，$|v_{GSP}|<|V_T|$，$v_{GSN}<V_{TN}$，VT_N 和 VT_P 同时截止，输入和输出之间呈高阻态，传输门的输入和输出之间是断开的，不能传输任何信号。

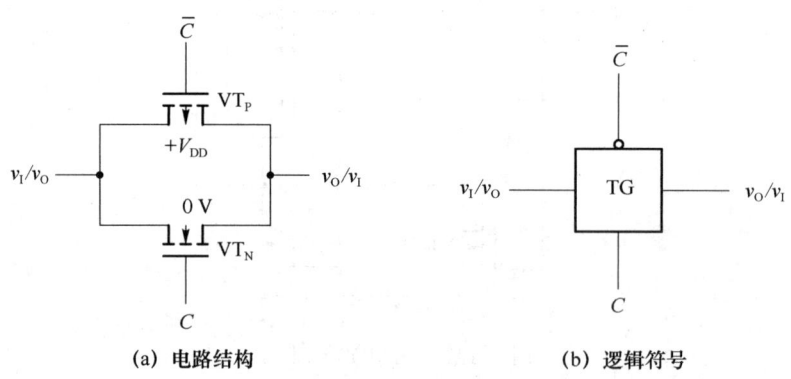

(a) 电路结构 (b) 逻辑符号

图 3.1.18 CMOS 传输门

当 C 端接 $+V_{DD}$，$\overline{C}$ 端接 0 V 时，v_I 在 $0 \sim +(V_{DD}-V_T)$ 的范围内，$v_{GSN}>V_{TN}$，VT_N 导通。v_I 在 $+V_T \sim +V_{DD}$ 的范围内，$|v_{GSP}|>|V_T|$，VT_P 将导通。由此可知，当 v_I 在 $0 \sim +V_{DD}$ 之间变化时，VT_N 和 VT_P 至少有一个导通，使 v_I 与 v_O 之间的导通电阻很小，传输门导通，此时可以实现信号的双向传输。

2. CMOS 传输门的应用

（1）构成 2 选 1 数据选择器

由 CMOS 传输门构成的 2 选 1 数据选择器如图 3.1.19 所示。图中 A、B 为两输入信号，C 为选择控制信号。

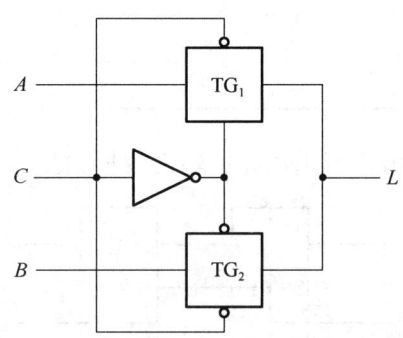

图 3.1.19　传输门构成的数据选择器

当 $C=0$ 时，传输门 TG_1 导通，TG_2 断开，输入的 A 信号被传到输出端，$L=A$；

当 $C=1$ 时，传输门 TG_1 断开，TG_2 导通，输入的 B 信号被传到输出端，$L=B$。

电路在 C 为不同电平时，有选择地将两个输入信号中的一个传送到输出端。

（2）用作模拟开关

当 CMOS 传输门用作模拟开关时，若输入信号的变化范围为 $-V_{SS}$ 到 $+V_{DD}$，则 T_N 和 T_P 的衬底分别接 $-V_{SS}$ 和 $+V_{DD}$。当互补控制端 C 和 $\overline{C}$ 的控制电压分别为 $+V_{DD}$ 和 $-V_{SS}$ 时，传输门导通，电路传送输入信号。当 C 和 $\overline{C}$ 的控制电压分别为 $-V_{SS}$ 和 $+V_{DD}$ 时，传输门断开，电路就不传送输入信号。

例 3.1.1　由 CMOS 传输门构成的电路如图 3.1.20 所示。分析电路，试根据图 3.1.20(b) 所示输入波形，画出输出 L 的波形。

解　电路中，A 是两个传输门的控制信号，B 为输入信号。

当 $A=0$ 时，TG_1 截止，TG_2 导通，$L=\overline{B}$。

当 $A=1$ 时，TG_1 导通，TG_2 截止，$L=B$。

综上所述，可列出电路真值表如表 3.1.3 所示。

从真值表可写出 L 的逻辑函数表达式，即 $L=\overline{A}\,\overline{B}+AB=A\odot B$。电路实现了同或逻辑运算。

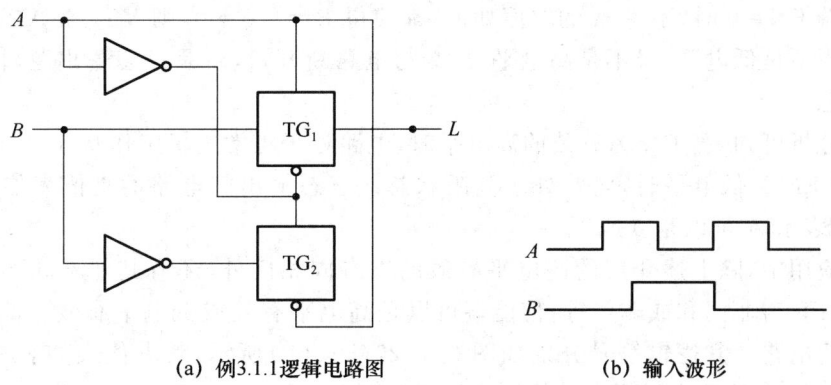

(a) 例 3.1.1 逻辑电路图　　　　(b) 输入波形

图 3.1.20　例 3.1.1 逻辑电路图及输入波形

表 3.1.3 例 3.1.1 电路真值表

A	B	L
0	0	1
0	1	0
1	0	0
1	1	1

根据逻辑功能可对应输入波形画出电路的输出波形如图 3.1.21 所示。

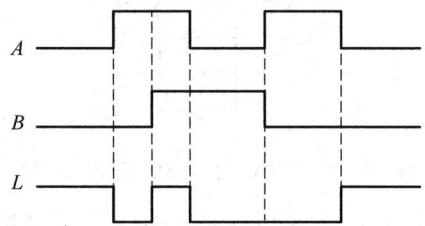

图 3.1.21 例 3.1.1 逻辑电路波形图

3.1.5 CMOS 三态输出和漏极开路输出门电路

在前面讨论的 CMOS 逻辑门电路中,其输出只有高电平和低电平两种状态。就输出端看,在实际数字电路中还有另外两种输出结构的 CMOS 逻辑门电路,即三态输出逻辑(Tristate Logic,TSL)门电路和漏极开路(Open Drain,OD)输出门电路。下面分别讨论这两种门电路的工作原理及应用。

1. CMOS 三态输出门电路

三态输出逻辑门电路的输出,除了具有一般门电路输出的高、低电平两种状态外,还具有高输出阻抗的第三种状态,又称为高阻态。

图 3.1.22(a)所示为高电平使能三态输出同相门电路,其中 A 是输入端,L 为输出端,EN(Enable)是控制信号输入端,也称为使能端,图 3.1.22(b)是它的逻辑符号,图中 EN 输入端没有小圆圈,表示高电平有效。

当使能端 EN=1 时,如果 $A=0$,则 $B=1,C=1$,使得 VT_N 导通,同时 VT_P 截止,输出端 $L=0$;如果 $A=1$,则 $B=0,C=0$,使得 VT_N 截止,VT_P 导通,输出端 $L=1$。

当使能端 EN=0 时,不论 A 的取值如何,都使得 $B=1,C=0$,则 VT_N 和 VT_P 均截止,电路的输出端既不是低电平,又不是高电平,L 端与电路断开,这就是三态输出逻辑门的第三种高阻工作状态。

由以上分析可知:当 EN 为有效的高电平时,电路处于正常逻辑工作状态,$L=A$,输入、输出同相;而当 EN 为低电平时,电路处于高阻状态。三态输出门电路的真值表如表 3.1.4 所示,其中"×"表示 A 可以是 0 或 1。

在实际应用中,除上述介绍的高电平有效的三态同相门外,还有其他不同形式的电路结构,如三态非门、与非门和或非门等;使能端可以是高电平有效或低电平有效。低电平使能反相输出三态门电路及其逻辑符号分别如图 3.1.23(a)、(b)所示,其真值表如表 3.1.5 所示。图 3.1.23(b)中 $\overline{EN}$ 端的小圆圈表示使能信号低电平有效。

表 3.1.4 三态输出门的真值表				表 3.1.5 三态输出非门真值表		
EN	A	L		EN	A	L
1	0	0		0	0	1
1	1	1		0	1	0
0	×	高阻		1	×	高阻

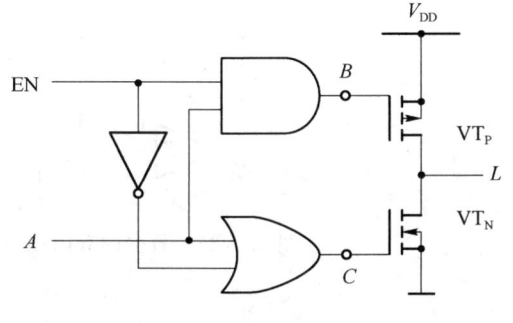
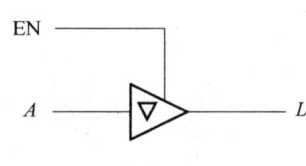

(a) 电路结构　　　　　　　　　　　　(b) 逻辑符号

图 3.1.22　高电平使能三态输出同相门电路及逻辑符号

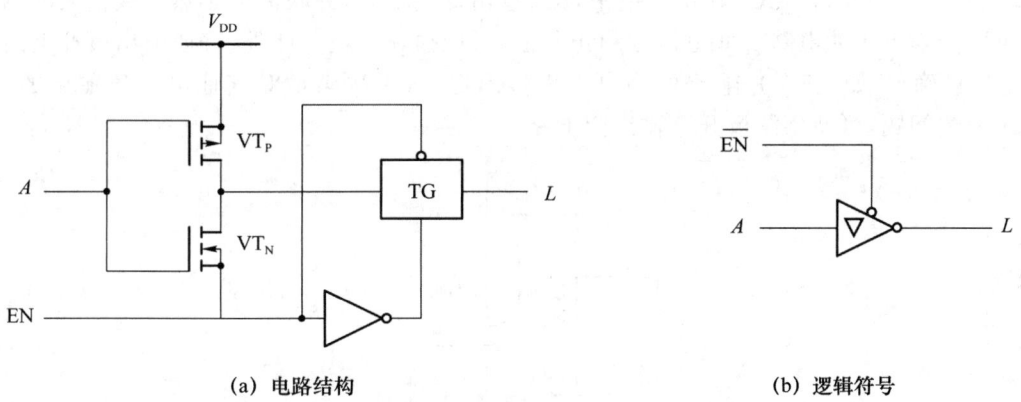

(a) 电路结构　　　　　　　　　　　　(b) 逻辑符号

图 3.1.23　低电平使能反相输出三态门电路及逻辑符号

为了减少复杂的系统中各个单元电路之间的连线,数字系统中信号的传输常常采取一种称为"总线"(bus)的结构形式,以达到在同一导线上分时传递若干路信号的目的。例如,在计算机或微处理机系统中,地址、数据和控制信号均采用了总线方式,实现了内部电路和不同外设地址、数据和控制信号的分时传送。由三态输出门电路构成的总线结构如图 3.1.24 所示,图中的三态输出电路分别属于集成电路 $IC_1 \sim IC_n$,工作时只要控制各个 EN 端的逻辑电平,保证在任何时刻仅有一个三态输出门电路被使能,就可以把各个输出信号按要求顺序送到总线上,而互不干扰。

在总线中,数据往往需要双向传送,如计算机中的随机存取存储器,它不仅需要从数据总线上输入数据,有时还需要将它所存数据输出到总线上。用三态输出门电路实现数据的双向传送的电路如图 3.1.25 所示。电路中,DIR 为传送控制信号。当 DIR=1 时 G_1 工作,G_2 为高阻态,数据线 $D_{O/I}$ 上的数据经 G_1 送到总线上;当 DIR=0 时,G_2 工作而 G_1 为高阻态,来自总线的数据经 G_2 送到 $D_{O/I}$ 线上。

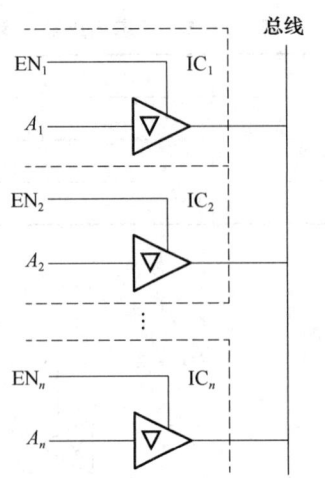
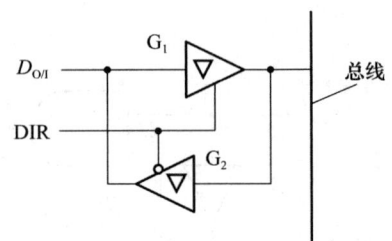

图 3.1.24 用三态输出电路构成总线结构

图 3.1.25 数据的双向传送

2. CMOS 漏极开路输出门电路

CMOS 反相器常被用作电路的输出缓冲器。若将两个 CMOS 反相器输出端并联,则在逻辑上可以实现"与"逻辑功能,但在电路层面,这样使用是不行的。例如,将两反相器输出端并联,如图 3.1.26 所示,当 IC_1 输出高电平,IC_2 输出低电平时,并联输出必然导致很大的电流同时流过两个输出缓冲电路。此电流远超正常值,可能损坏电路。此外,普通输出缓冲电路的电源 V_{DD} 一旦确定(如 +5 V),输出的高电平也就固定了,无法满足对其他电平值输出的需要。为解决上述问题,可使用漏极开路输出门电路。

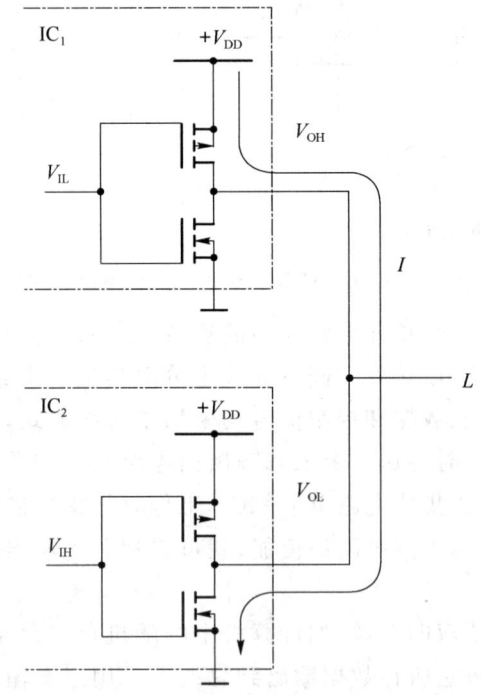

图 3.1.26 普通逻辑门电路输出并联时的情况

漏极开路是指 CMOS 门电路的输出电路只有 NMOS 管,并且它的漏极是开路的。漏极开路的与非门电路及逻辑符号如图 3.1.27(a)和(b)所示,其中图标"◇"表示漏极开路之意。

使用 OD 门时必须在漏极和电源 V_{DD} 之间,外接一个上拉电阻 R_p。将两个门电路输出端接在一起,通过上拉电阻接电源,如图 3.1.28(a)所示,图 3.1.28(b)为其逻辑图。使用 OD 门后,由于上拉电阻 R_p 的限流作用,即使将它们的输出端并联使用,也不会产生大电流造成电路的损坏。

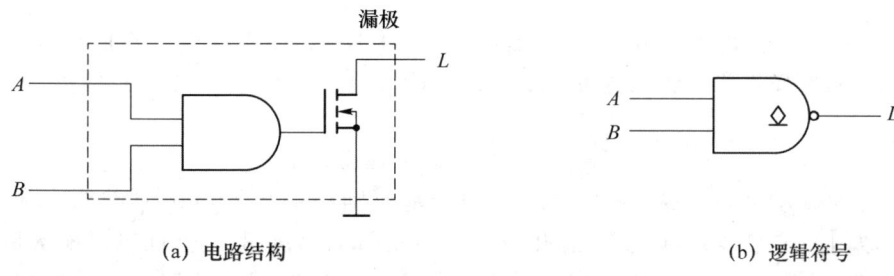

图 3.1.27 漏极开路(OD)与非门

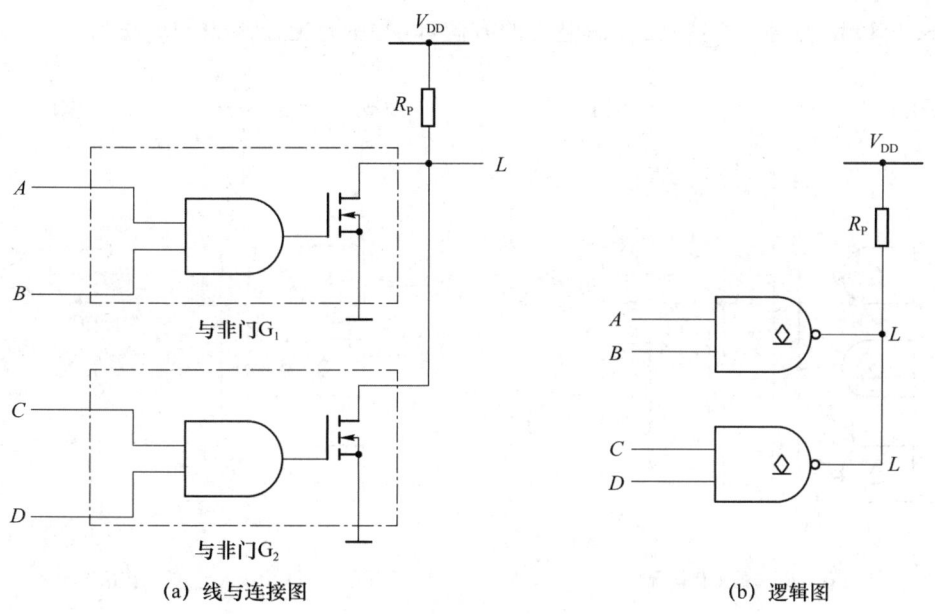

图 3.1.28 漏极开路(OD)与非门的"线与"

另外,从图 3.1.28(a)所示电路看到,当两个与非门的输出全为 1 时,输出为 $L=1$;只要其中一个为 0 时,输出为 $L=0$。OD 门输出端并联使用时,输出符合"与"逻辑功能,$L=\overline{AB} \cdot \overline{CD}$,即实现了"线与"。

在使用 OD 门时,上拉电阻 R_p 阻值的选择很重要。R_p 的大小与工作速度、功耗有关。若 R_p 取值大,由于负载电容和接线电容的存在,所以工作速度低,但功耗也低;否则,速度和功耗都会上升。另外,多个 OD 门的输出端"线与"在一起,当所有 OD 门电路中只有一个导通(输出低电平)时,负载电流将全部流入导通的 OD 电路。因此,R_p 取值不可太小,不能使该 OD 电路的灌电流超出额定值。否则会造成输出低电平的上升,甚至损伤电路,应保证 I_{OL} 不超过额定值 $I_{OL(max)}$。从图 3.1.29(a)可见,R_p 上的压降为 $V_{DD}-V_{OL(max)}$。对于其他截止的 OD 门,流过截止 NMOS 管的漏电流 I_{OZ} 可以忽略,所以流过 R_p 的电流为 $I_{OL(max)}-I_{IL(total)}$,因此 R_p 的最小值 $R_{p(min)}$ 可按下式来确定:

$$R_{p(min)} = \frac{V_{DD} - V_{OL(max)}}{I_{OL(max)} - I_{IL(total)}} \quad (3.1.1)$$

其中：V_{DD}为直流电源电压；$V_{OL(max)}$为驱动门V_{OL}最大值；$I_{OL(max)}$为驱动门I_{OL}最大值；$I_{IL(total)}$为负载门低电平输入电流I_{IL}总和，$I_{IL(total)} = nI_{IL}$，n为CMOS门电路或者TTL或非门的并联输入端数目。

当所有OD门输出均为高电平时，参看图3.1.29(b)，为使得高电平不低于规定的V_{OH}的最小值，则R_p的选择不能过大。因此，R_p的最大值$R_{p(max)}$可按式(3.1.2)来确定：

$$R_{p(max)} = \frac{V_{DD} - V_{OH(min)}}{I_{OZ(total)} + I_{IH(total)}} \quad (3.1.2)$$

其中：$V_{OH(min)}$为驱动门V_{OH}最小值；$I_{OZ(total)}$为全部驱动门输出高电平时的漏电流I_{OZ}总和；$I_{IH(total)}$为负载门高电平输入电流I_{IH}总和，$I_{IH(total)} = nI_{IH}$，n为负载门并联输入端数目。

实际上，R_p的值选在$R_{p(min)}$和$R_{p(max)}$之间，若要求电路速度快，选用R_p的值接近$R_{p(min)}$的标称值。若要求电路功耗小，选用R_p的值接近$R_{p(max)}$的标称值。

式(3.1.1)和式(3.1.2)中已考虑电流的方向，因此所有电流参数均取正值。

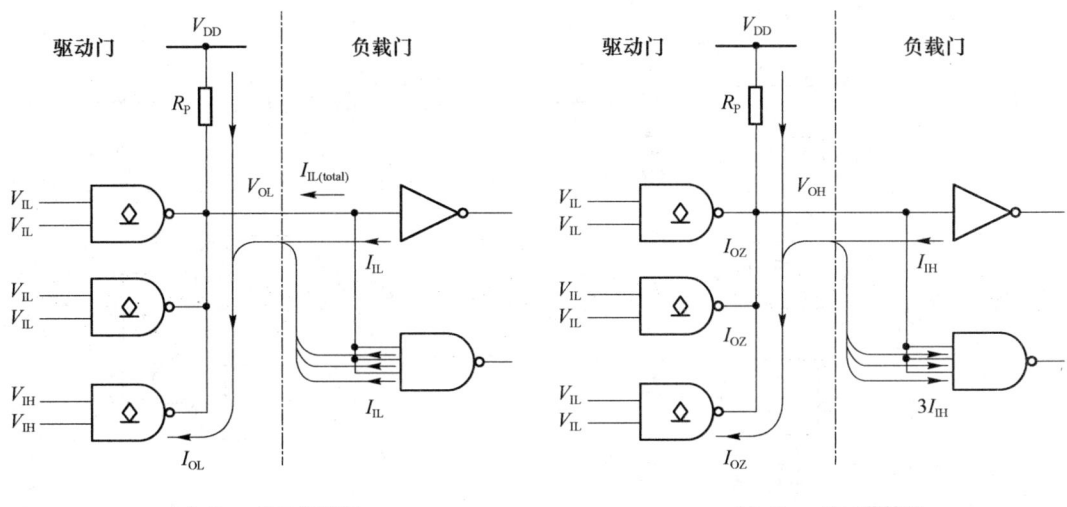

图3.1.29 计算OD门上拉电阻R_p的工作情况

例3.1.2 设74HC03中的3个漏极开路与非门的输出并联，驱动74HC04中的1个反相器和74HC10中的1个三输入与非门，电路如图3.1.29所示，试确定上拉电阻R_p阻值。已知$V_{DD} = 5$ V，OD门输出低电平$V_{OL(max)} = 0.33$ V时的输出电流$I_{OL(max)} = 4$ mA，输出高电平$V_{OH(min)} = 4.4$ V时的漏电流$I_{OZ} = 5$ μA。负载门高电平和低电平输入电流最大值$I_{IH(max)} = I_{IL(max)} = 1$ μA。

解 （1）当OD门线与后输出为低电平时，式(3.1.1)中

$$I_{IL(total)} = nI_{IL(max)} = 4 \times 1 \text{ μA} = 0.004 \text{ mA}$$

得

$$R_{p(min)} = \frac{V_{DD} - V_{OL(max)}}{I_{OL(max)} - I_{IL(total)}} = \frac{5 \text{ V} - 0.33 \text{ V}}{4 \text{ mA} - 0.004 \text{ mA}} \approx 1.17 \text{ k}\Omega$$

（2）当OD门输出为高电平时，式(3.1.2)中

$$I_{OZ(total)} = 3 \times 5 \text{ μA} = 0.015 \text{ mA}$$

$$I_{1H(total)} = 4 \times 1 \mu A = 0.004 \text{ mA}$$

得

$$R_{p(max)} = \frac{V_{DD} - V_{OH(min)}}{I_{OZ(total)} + I_{1H(total)}} = \frac{5 \text{ V} - 4.4 \text{ V}}{0.015 \text{ mA} + 0.004 \text{ mA}} \approx 31.58 \text{ k}\Omega \text{ 根据上述计算}, R_p \text{ 的值可}$$

在 $1.17 \sim 31.58 \text{ k}\Omega$ 之间选取。为使电路有较快的开关速度,可选用一标称值为 $2 \text{ k}\Omega$ 的电阻。

除了可以实现"线与"的逻辑功能外,OD门还用来驱动发光二极管。发光二极管发光时需要的电流较大。图 3.1.30(a)所示为用1个漏极开路反相器驱动发光二极管的电路。发光二极管发光时要求有几毫安的电流通过,74HC/HCT系列CMOS门电路的最大灌电流或拉电流为 4 mA。当输入为高电平时,输出为低电平,此时发光二极管发光,否则输出为高电平时二极管熄灭。若驱动指示灯($12 \text{ V}, 20 \text{ mA}$),则 74HC/HCT 系列门电路不能满足要求,此时可以选用 74AC05 或 74ACT05,其灌电流为 24 mA。

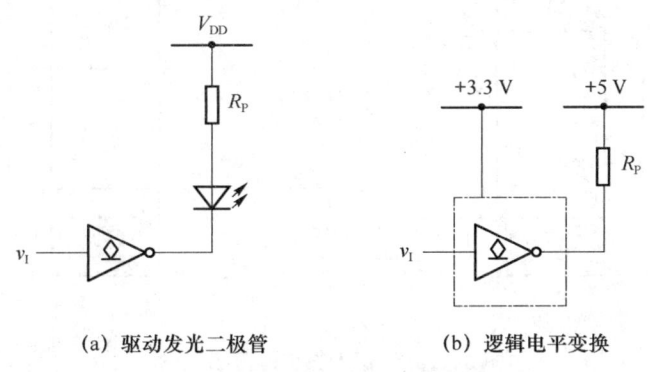

(a) 驱动发光二极管　　　　(b) 逻辑电平变换

图 3.1.30　OD门电路的应用

OD门电路的另一个功能是实现逻辑电平变换。例如,可将 3.3 V 高电平转换为 5 V 高电平,如图 3.1.30(b)所示。

3.1.6　CMOS集成电路的主要技术参数及使用中的几个问题

1. 主要技术参数

设计具体的数字电路时,往往要用到各种数字集成电路。为了取得设计的成功,不仅要知道这些器件的逻辑功能,还需了解它们的主要技术参数。生产逻辑门电路的厂家,通常都会为用户提供逻辑器件的数据手册。对应不同系列的CMOS电路,只要型号最后的两位数字相同,它们的逻辑功能是一样的,但电气性能参数却不同。手册中一般都要给出门电路的电压传输特性 $v_1 - v_O$,输入和输出的高、低电压,噪声容限,传输延迟时间,功耗等。除传输特性外,其他各项技术参数分别介绍如下。

(1) 输入和输出的高、低电平

数字电路中常用高、低电平来描述电路的两个逻辑状态,并规定在正逻辑体制中,逻辑1和0分别用高、低电平表示。当逻辑电路的输入信号在一定范围内变化时,输出电压并不会改变,因此逻辑1或0对应一定的电压范围。不同系列的集成电路,输入和输出为逻辑1或0所对应的电压范围也不同。生产厂家的数据手册中一般都给出四种逻辑电平参数:输入低电平的上限值 $V_{IL(max)}$、输入高电平的下限值 $V_{IH(min)}$、输出低电平的上限值 $V_{OL(max)}$ 和输出高电平的下限值 $V_{OH(min)}$。

(2) 输入噪声容限

数字集成电路的抗干扰能力是使用者经常关心的问题。当把许多集成电路互相连接组成系统时，信号在线路中传送，不可避免会受到相邻连线或电路的干扰。这些噪声会叠加在工作信号上，只要其幅度不超过逻辑电平的允许值，输出逻辑状态就不会受影响。集成电路输入电平所允许的波动范围（即噪声幅度）称为输入噪声容限。电路的噪声容限愈大，其抗干扰能力愈强。

噪声容限定义的示意图如图 3.1.31 所示。

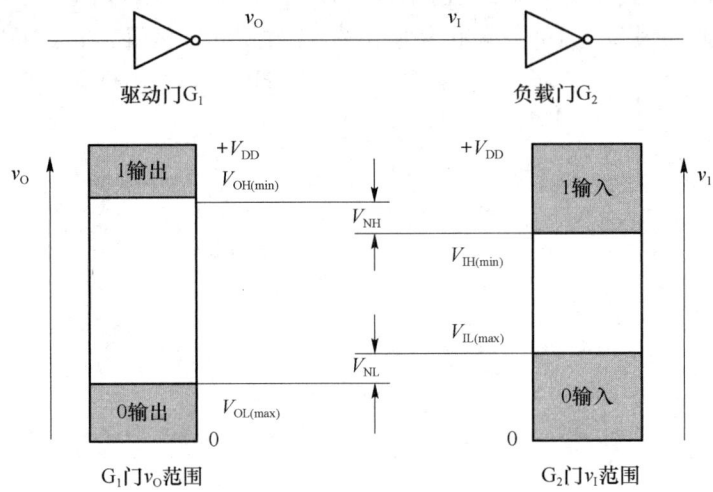

图 3.1.31 输入噪声容限示意图

从图中可见，前级驱动门电路的输出，就是后级负载门电路的输入。输入高电平的噪声容限：

$$V_{NH} = V_{OH(min)} - V_{IH(min)} \tag{3.1.3}$$

V_{NH} 反映了驱动门输出高电平时，容许叠加在其上的负向噪声电压的最大值。类似地，输入低电平的噪声容限：

$$V_{NL} = V_{IL(max)} - V_{OL(max)} \tag{3.1.4}$$

V_{NL} 反映了驱动门输出低电平时，容许叠加在其上的正向噪声电压的最大值。

表 3.1.6 列出几种 CMOS 系列电路的输入和输出电压值及输入噪声容限。

表 3.1.6 几种 CMOS 系列电路的输入和输出电压值及输入噪声容限

参数/单位	类型			
	74HC $\left(\begin{array}{l}V_{DD}=5\text{ V}\\ I_O=0.02\text{ mA}\end{array}\right)$	74HCT $\left(\begin{array}{l}V_{DD}=5\text{ V}\\ I_O=0.02\text{ mA}\end{array}\right)$	74LVC $\left(\begin{array}{l}V_{DD}=3.3\text{ V}\\ I_O=0.1\text{ mA}\end{array}\right)$	74AUC $\left(\begin{array}{l}V_{DD}=1.8\text{ V}\\ I_O=0.1\text{ mA}\end{array}\right)$
$V_{IL(max)}/V$	1.5	0.8	0.8	0.6
$V_{OL(max)}/V$	0.1	0.1	0.2	0.2
$V_{IH(min)}/V$	3.5	2.0	2.0	1.2
$V_{OH(min)}/V$	4.9	4.9	3.1	1.7
V_{NH}/V	1.4	2.9	1.1	0.5
V_{NL}/V	1.4	0.7	0.6	0.4

(3) 传输延迟时间

由于电路内部电阻、电容的存在以及负载电容的影响,在 CMOS 电路中会产生输出信号变化滞后于输入信号的现象。尤其是 CMOS 电路的输出电阻比本章稍后介绍的 TTL 电路的输出电阻大得多(BiCMOS 除外),所以负载电容对传输延迟时间 t_{PLH}、t_{PHL} 以及输出电压过渡过程的上升时间 t_{TLH}、下降时间 t_{THL} 影响更为显著。

传输延迟时间 t_{PHL} 和 t_{PLH} 是以输入、输出波形对应沿上等于最大幅度 50% 的两点间的时间间隔定义的。74HC04 反相器的过渡时间和传输延迟时间如图 3.1.32 所示。

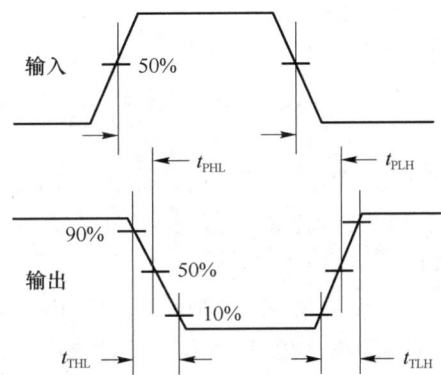

图 3.1.32　74HC04 反相器的过渡时间和传输延迟时间

(4) 功耗

功耗是门电路重要参数之一。功耗分为静态功耗和动态功耗两种。所谓静态功耗是指电路输出没有状态转换时的功耗。静态时,CMOS 电路的电流非常小,使得静态功耗非常低,所以 CMOS 电路广泛应用于要求功耗较低或电池供电的设备,如便携计算机、手机和掌上电脑等。这些设备在没有输入信号时,功耗非常低。

CMOS 电路在输出发生状态转换时的功耗称为动态功耗。它主要由两部分组成。

一部分是电路输出状态转换瞬间 MOS 管的导通功耗。由图 3.1.12 所示的 CMOS 反相器电压和电流传输特性可知,在输出电压由高到低或由低到高变化的过程中,在短时间内,NMOS 和 PMOS 管均导通,从而导致有较大的电流从电源 V_{DD} 经导通的 NMOS 和 PMOS 管流入地。这部分功耗可由下式表示:

$$P_T = C_{PD} V_{DD}^2 f$$

其中,f 为输出信号的转换频率,V_{DD} 为供电电源,C_{PD} 为功耗电容(power dissipation capacitance),与电源电压和工作频率有关,可以在数据手册中查到。

另一部分是因为 CMOS 管的负载通常是电容性的,当输出由高电平到低电平,或者由低电平到高电平转换时,会对电容进行充、放电,这个过程将增加电路的损耗。这部分动态功耗为

$$P_L = C_L V_{DD}^2 f$$

其中,C_L 为负载电容。由此得到 CMOS 电路总的动态功耗为

$$P_D = (C_{PD} + C_L) V_{DD}^2 f \tag{3.1.5}$$

由式(3.1.5)可见,CMOS 动态功耗正比于转换频率和电源电压的平方。当工作频率增加时,CMOS 门的动态功耗会线性增加。一个典型的 CMOS 门电路的静态功耗为 0.01 mW。当工作频率达到 1 MHz 时,功耗增加到 0.5 mW。当频率为 10 MHz 时,功耗为 5 mW。可见,

其功耗主要取决于动态功耗。

(5) 延时-功耗积

从上述对传输延迟时间和功耗的讨论可知,增加电源电压、电路的工作速度变快,都会导致电路的功耗增加。理想的数字系统,不仅要速度快,还要功耗低,而在工程实践中,实现这种理想情况是较难的。高速数字电路往往要以较大的功耗为代价。衡量传输延迟时间和功耗的综合性指标称为延时-功耗积,用符号 DP 表示,单位为焦耳,即

$$DP = t_{pd} P_D$$

其中,$t_{pd} = (t_{PLH} + t_{PHL})/2$,$P_D$ 为门电路的功耗。

(6) 扇入与扇出数

门电路的扇入数取决于它的输入端的个数。例如,一个三输入端的与非门,其扇入数 $N_i = 3$。

门电路的扇出数是指其在正常工作情况下,所能带同类门电路的最大数目。扇出数的计算稍复杂些,要考虑两种情况:一种是拉电流负载;另一种是灌电流负载。

(a) 拉电流工作情况

图 3.1.33(a)所示为拉电流负载的情况,当驱动门的输出端为高电平时,将有电流 I_{OH} 从驱动门流出并流入负载门,负载门的输入电流为 I_{IH}。当负载门的个数增加时,总的拉电流将增加,从而引起输出高电平的降低。但不得低于输出高电平的下限值,这就限制了负载门的个数。这样,输出为高电平时的扇出数可表示为

$$N_{OH} = \frac{I_{OH}(驱动门)}{I_{IH}(负载门)} \tag{3.1.6}$$

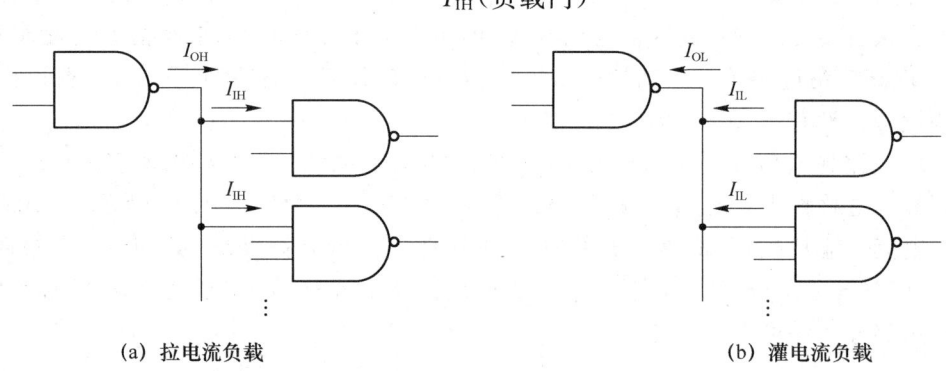

(a) 拉电流负载　　　　　　　　(b) 灌电流负载

图 3.1.33　扇出数的计算

(b) 灌电流工作情况

图 3.1.33(b)所示为灌电流负载的情况,当驱动门的输出端为低电平时,电流 I_{OL} 流入驱动门,它是负载门输入端电流 I_{IL} 之和。当负载门的个数增加时,总的灌电流 I_{OL} 将增加,同时也将引起输出低电平 V_{OL} 的升高。在保证不超过输出低电平的上限值时,驱动门所能驱动同类门的个数由式(3.1.7)决定:

$$N_{OL} = \frac{I_{OL}(驱动门)}{I_{IL}(负载门)} \tag{3.1.7}$$

以上 N_{OH} 和 N_{OL} 的计算公式没有考虑电容性负载。

通常,逻辑器件的数据手册并不给出扇出数,扇出数一般通过计算或用实验的方法求得,并注意在设计时留有余地,以保证数字电路或系统能正常地运行。在实际的工程设计中,如果 $N_{OL} \neq N_{OH}$,则取二者中的最小值。

为了便于比较,表 3.1.7 给出了几种 CMOS 系列二输入与非门的输入和输出电压及电流参数。CMOS 器件有许多不同系列产品,各系列产品的参数也有很多。对于设计者,比较重要的参数是速度和功耗。

表 3.1.7 几种 CMOS 系列二输入与非门的电压与电流参数

参数		系列						
		74HC00	74HCT00	74AHC00	74AHCT00	74LVC00	74ALVC00	74AUC00
$I_{IH(max)}/\mu A$		1	1	1	1	5	5	5
$I_{IL(max)}/\mu A$		−1	−1	−1	−1	−5	−5	−5
$I_{OH(max)}/$ mA	CMOS 负载	−0.02	−0.02	−0.05	−0.05	−0.1	−0.1	−0.1
	TTL 负载	−4	−4	−8	−8	−24	−24	−9
$I_{OL(max)}/$ mA	CMOS 负载	0.02	0.02	0.05	0.05	0.1	0.1	0.1
	TTL 负载	4	4	8	8	24	24	9
$V_{IH(max)}/V$		3.5	2	3.5	2	2	2	1.7
$V_{IL(max)}/V$		1.5	0.8	1.5	0.8	0.8	0.8	0.7
$V_{OH(min)}/$ V	CMOS 负载	4.9	4.9	4.9	4.9	2.8	2.8	2.2
	TTL 负载	4.4	4.4	4.4	4.4	2.2	2	1.8
$V_{OL(max)}/$ V	CMOS 负载	0.1	0.1	0.1	0.1	0.2	0.2	0.2
	TTL 负载	0.33	0.33	0.44	0.44	0.55	0.55	0.6

注:数据前的负号表示电流从器件流出,否则,电流流入器件。

2. CMOS 集成电路应用中的实际问题

(1) 供电电源

每一种系列的数字集成电路对供电电源电压都有一定要求。CMOS 电路的电源电压范围比较宽。表 3.1.8 列出几种 CMOS 电路所能适应的电源电压范围以及器件所能承受的最大电压。

表 3.1.8 几种 CMOS 电路的电源电压

电路系列	74HC	74HCT	4000(B)
电源电压范围/V	2~6	4.5~5.5	3~15
最大额定值/V	7	7	18

从图 3.1.12(b) 所示 CMOS 反相器电流传输特性曲线可以看出,电路逻辑状态翻转时的电流远比静态时的大,而且呈窄脉冲型,具有相当宽的频谱。这在电路工作时会在电源和地线回路上产生强烈的尖峰干扰,可能使电路误动作。防止尖峰干扰的办法,一方面要求供电电源有较小的内阻,且有宽粗的电源线,另一方面可在电源供电电路上接入适当的去耦电容以削去尖峰干扰。对中、小规模集成电路,每 2~5 个芯片,就应在它们的电源线和地线间接入一个容量在 $0.01\ \mu F$ 以上的去耦电容,对于大规模集成电路,每个芯片的电源和地线间,都应接这样的去耦电容。

(2) 集成电路的保护

(a) 静态防护

虽然 CMOS 电路的输入和输出端已经设置了保护电路,但由于保护二极管和限流电阻的

几何尺寸有限,它们所能承受的静电电压和脉冲功率均有一定限度。为了防止由静电电压造成的损坏,应注意以下几点:

① 在储存和运输 CMOS 器件时,应使用厂家提供的防静电塑料包装盒或用金属屏蔽层包装,绝对不能使用易产生高压静电的丝绸、化纤织物。

② 组装、调试时,应使电烙铁和其他工具、仪表、工作台台面有良好的接地。

③ 所有不用的输入端(多余端)绝不能悬空。否则,不但可能受到静电破坏,而且由空间工频电磁场引入的电荷,会严重破坏电路的正常工作状态。多余的输入端可以根据逻辑要求接高电平或低电平,也可以与其他适当的输入端并接在一起,图 3.1.34 给出了几个实例。

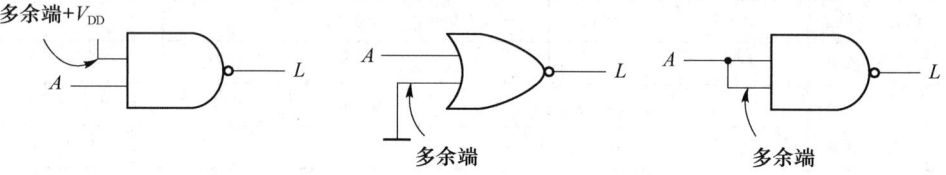

图 3.1.34　多余输入端的处理实例

(b) 外部信号输入的防护

当 CMOS 电路输入端直接与外部输入信号相连时,在输入端应串入电阻 R_p,如图 3.1.35 所示。

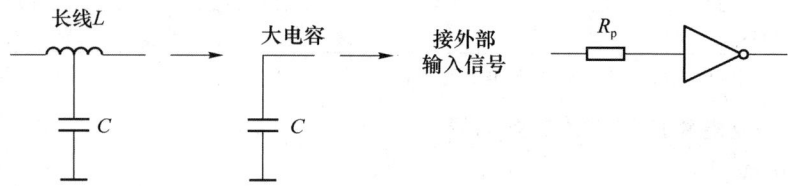

图 3.1.35　外部信号输入的防护

这类输入端有可能接有大电容,也有可能接长线。前者在电源关断时,电容上积存的电荷通过电路内部的保护二极管放电,形成较大的瞬间电流。R_p 可将这个电流限制在容许范围内。

输入端接长线时,长线上不可避免地伴有分布电容和分布电感,所以当输入信号跃变时,若输入阻抗与长线阻抗不相匹配,必然会在输入端产生附加的正、负振荡脉冲。串入 R_p 后,可与电路内部的保护二极管钳位共同作用,使振荡迅速衰减。根据经验,R_p 的阻值选择可按 $R_p = V_{DD}/1\,\text{mA}$ 计算,长线长度大于 10 m 后,每增加 10 m,R_p 阻值应增加 1 kΩ。

R_p 的串入还可在一定程度上防止开机时因各个设备接电顺序不同或因电路板"热插拔"造成的芯片输入端过电流损坏。

(c) 闩锁效应的防护

"闩锁效应"(latch-up)是 CMOS 电路特有的一种现象。这种现象是由于集成电路中各个 PN 结形成的寄生 BJT 所造成的。一旦锁定效应发生,某部分 CMOS 电路将会被锁死,不能翻转,必须切断电源重新启动才能解除。严重时,集成电路可因锁定状态时的电流过大而烧毁。虽然集成电路制造厂家通过种种方法大大减少了 CMOS 电路闩锁效应的发生,但至今仍不能保证所有 CMOS 产品在所有情况下都不发生闩锁效应。

为防止闩锁效应发生,应注意以下几点:

① 外部输入信号必须符合 $-0.5\,\text{V} < v_1 < V_{DD} + 0.5\,\text{V}$ 的条件。

② 在 CMOS 芯片的电源端加 RC 去耦电路,但这不是一个经济有效的方法。

③ 当系统由几个电源分别供电时,应先接通 CMOS 电路的供电电源,再接通输入信号和负载电路的电源。关机时,则应反过来,最后切断 CMOS 电路的电源。

3.2 TTL 逻辑门电路

3.2.1 BJT 的开关特性

BJT 作为开关元件,至今仍用于数字集成电路和数字系统中。BJT 由三层 P 型和 N 型半导体结合在一起而构成,有 NPN 型和 PNP 型两种。其模型示意图如图 3.2.1(a)、(b)所示。NPN 型 BJT 在集成电路中的实际结构示意图如图 3.2.1(c)所示。下面主要介绍 NPN 型 BJT 的开关特性。

NPN 型 BJT 的两个 N 型区分别称为发射区和集电区,中间的 P 型区称为基区。

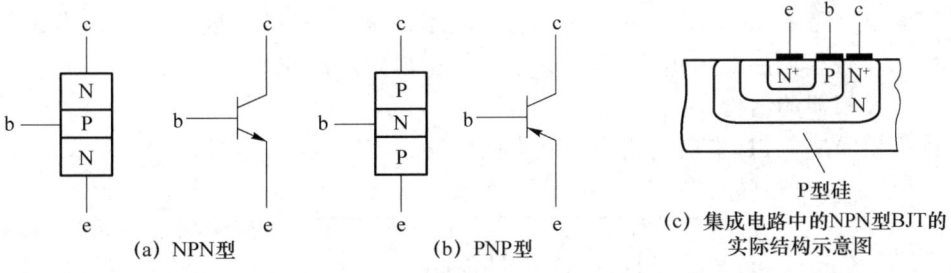

图 3.2.1 BJT 的两种类型

三种杂质半导体区域之间形成了两个 PN 结,发射区与基区间的 PN 结称为发射结,集电区与基区间的 PN 结称为集电结。当这两个 PN 结的偏置条件(正偏或反偏)不同时,BJT 将呈现不同的特性和功能,下面以 NPN 管为例说明。

NPN 管工作时,在集电极和发射极之间外加正向电压,若基极不外加电压或外加电压小于开启电压,则由于发射结反偏,集电极和发射极之间不会有导通电流,三极管工作在截止状态。若基极和发射极之间外加正向电压,且大于开启电压,则发射结处于正偏,发射区有大量的电子注入基区。电子扩散到基区后,少部分电子与基区的多子空穴复合,形成基极电流 I_B,大部分在集电结反偏电压的电场作用下到达集电区,形成集电极电流 I_C。在集电极和发射极的一定电压范围内 I_C 与 I_B 成正比的增加,三极管工作在放大状态。若集电结和发射结均处于正偏,则 I_B 随集电极和发射极之间的电压 v_{CE} 增加而增加,I_C 也增加,但增加不多,基本不变,三极管工作在饱和状态。BJT 在数字电路中只工作在截止和饱和两种状态。

BJT 开关电路如图 3.2.2(a)所示,图中的 BJT 为 NPN 型硅管。当输入电压 $v_i=0$ 时,BJT 的发射结为零偏置($v_{BE}=0$),集电结为反向偏置($v_{BC}<0$),只有很小的集电极漏电流 i_C 流过,故 $i_B=0, i_C\approx 0, v_{CE}\approx V_{CC}$,这时集电极回路中的 c、e 极之间近似于开路,BJT 处于截止状态,与开关断开时的状态一样。其等效电路如图 3.2.2(b)所示。

当 $v_i=5$ V 时,集电结和发射结均处于正向偏置,$i_B>V_{CC}/\beta R_c$,则 BJT 工作饱和状态。此时,$i_C\approx V_{CC}/R_c, v_{CE}\approx 0, v_{BE}\approx 0.7$ V,$v_{CE}\approx 0$,相当开关闭合。其等效电路如图 3.2.2(c)所示。

由此可见,BJT 相当于一个由基极电流所控制的无触点开关,截止相当于开关"断开",而饱和导通相当于开关"闭合"。

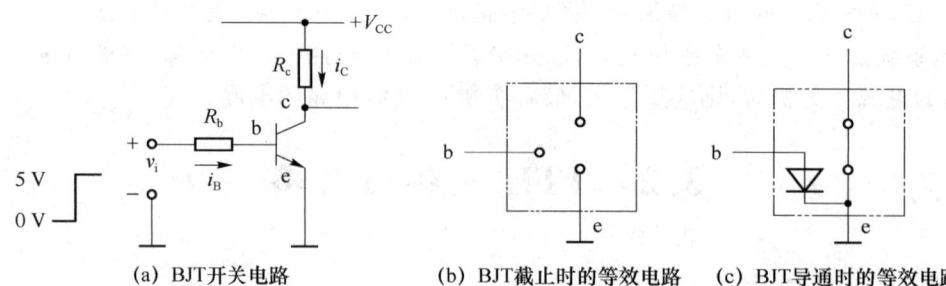

(a) BJT开关电路　　(b) BJT截止时的等效电路　(c) BJT导通时的等效电路

图 3.2.2　BJT 的开关工作状态及等效电路

由于 BJT 在开关运用时满足饱和导通时 $v_{CE}=V_{CES}\approx 0.2\text{ V}$，截止时 $i_C\approx 0$ 的条件，并考虑到上述开关状态下集电结和发射结的偏置关系，所以在分析 BJT 开关电路时可以使用图 3.2.2 所示的开关等效电路。

3.2.2　TTL 反相器

TTL 集成电路于 20 世纪 60 年代问世，是应用最早、技术较为成熟的一种集成电路。尤其是它的中、小规模通用逻辑电路，曾在数字系统中得到广泛应用。

1. TTL 反相器的结构

TTL 反相器是 TTL 集成电路中最基本的电路，其基本电路如图 3.2.3 所示。

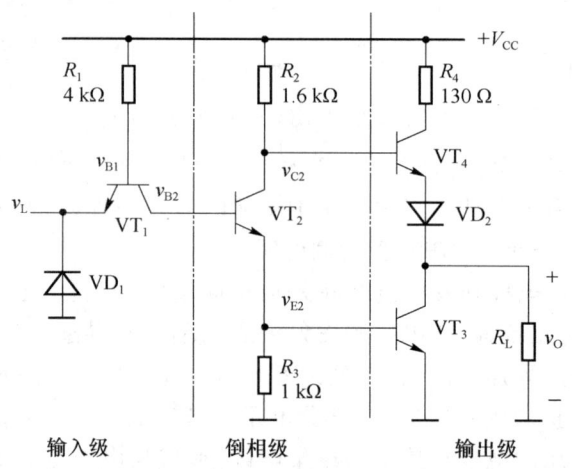

图 3.2.3　TTL 反相器的基本电路

电路由输入级、倒相级和输出级三部分组成。VT_1 组成电路的输入级，VT_3、VT_4 和二极管 VD_2 组成输出级，以及由 VT_2 组成的倒相级作为输出级的驱动电路，将 VT_2 的单端输入信号 v_{B2} 转换为互补的双端输出信号 v_{E2} 和 v_{C2}，以驱动 VT_3 和 VT_4。

2. TTL 反相器的工作原理

设电源电压 $V_{CC}=5\text{ V}$，输入信号的高、低电平分别为 $V_{IH}=3.4\text{ V}$，$V_{IL}=0.2\text{ V}$。PN 结的导通电压为 0.7 V。当 $v_I=V_{IL}$ 时，VT_1 发射结导通，其基极电压为

$$v_{B1}=V_{IL}+V_{ON}=0.9\text{ V} \tag{3.2.1}$$

此时 v_{B1} 加在 VT_1 集电结和 VT_2、VT_3 发射结共 3 个 PN 结上，不足以使任何一个 PN 结导通，故 VT_2、VT_3 都截止。V_{CC} 通过 R_2 向 VT_4 提供基极电流，使 VT_4 和 VD_2 导通，电路输出高电平 V_{OH}。

$$v_O = V_{OH} \approx V_{CC} - V_{BE3} - V_D = 3.6 \text{ V}$$

电路工作状态如图 3.2.4(a)所示。

当 $v_I = V_{IH}$ 时,V_{CC} 通过 R_1 和 VT_1 的集电结向 VT_2、VT_3 提供基极电流,使 VT_2、VT_3 饱和导通。此时

$$v_{B1} = V_{BC1} + V_{BE2} + V_{BE3} = 2.1 \text{ V} \tag{3.2.2}$$

显然 VT_1 的发射结反偏,而集电结正偏。VT_1 处于发射结和集电结倒置的放大状态。由于 VT_2、VT_3 饱和,$v_{E2} = 0.7 \text{ V}$,可以估算出

$$v_{C2} = V_{CES2} + V_{E2} = 0.9 \text{ V} \tag{3.2.3}$$

该电压作用于 VT_4 发射结和二极管 VD_2 两个 PN 结上,故 VT_4、VD_2 都截止,VT_3 导通,使电路输出低电平 $V_{OL} = v_{C3} = V_{CES3} = 0.2 \text{ V}$。电路工作状态如图 3.2.4(b)所示。可见电路实现的是反相器(非门)的逻辑关系。

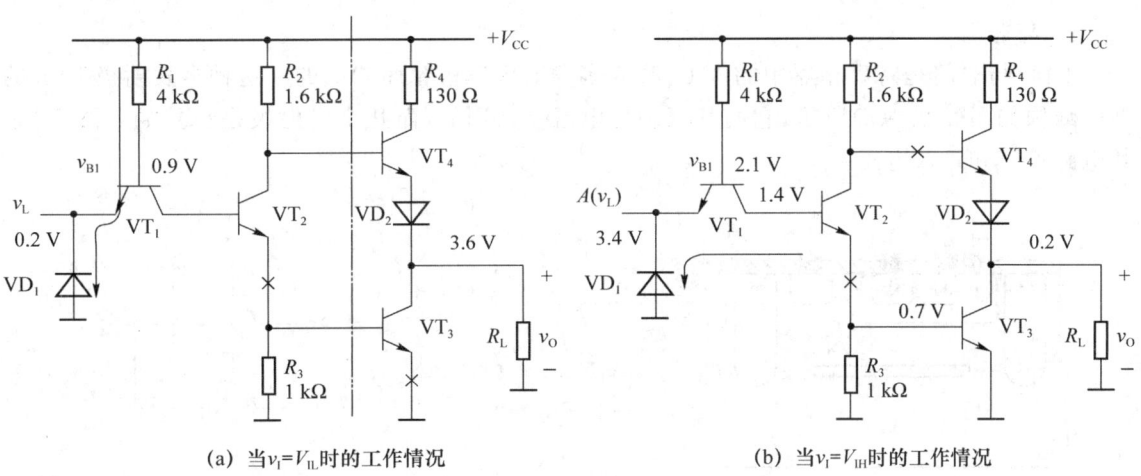

(a) 当 $v_I = V_{IL}$ 时的工作情况　　　　　　(b) 当 $v_I = V_{IH}$ 时的工作情况

图 3.2.4　TTL 反相器工作状态示意图

输入级的作用是用来提高工作速度。当电路的输入电压由高到低变化时,VT_1 由倒置的放大状态转换为放大状态,使 VT_2 的电流加快抽走多余的存储电荷而达到截止。VT_2 的迅速截止一方面使 VT_4 的导通加快,另一方面使 VT_3 的截止加快,从而加快了状态转换。

输出级的两个管子总是一个导通而另一个截止,采用这种推拉式输出级不仅降低了静态功耗,而且还提高了开关速度和带负载能力,当输出为低电平时,VT_4 截止,VT_3 饱和导通,其饱和电流全部用来驱动负载。当输出为高电平时,VT_3 截止,由 VT_4 组成电压跟压器的输出电阻很小,因此带负载能力也较强。当输出端接有电容性负载时,VT_3 或 VT_4 饱和导通电阻很低,对电容充、放电时间常数很小,使输出电压波形的上升沿和下降沿都很好。

3. 电压传输特性

图 3.2.3 所示 TTL 反相器的电压传输特性如图 3.2.5 所示。在曲线的 AB 段 $v_I <$ 0.4 V,$v_{B2} = v_I + v_{CE1}$,这时由于 VT_1 处于饱和导通状态,$v_{CE1} = v_{CES} < 0.2 \text{ V}$,所以 $v_{B2} < 0.6 \text{ V}$,VT_2 和 VT_3 截止而 VT_4 导通,电路输出高电平 V_{OH}。在 BC 段里,v_I 继续上升,$v_{B2} \geqslant 0.7 \text{ V}$,$VT_2$ 导通。随着 v_I 的升高,v_{C2} 和 v_O 线性下降。当输入电压上升到 1.1~1.2 V,即 C 点,v_{B2} 的电压上升到使 VT_2、VT_3 两个发射结开始导电时,VT_3 导通,也处于放大状态,v_O 开始急剧下降。直到 $v_I = 1.4 \text{ V}$,v_{B1} 升到约 2.1 V,VT_2 和 VT_3 饱和,VT_4 截止,输出低电平 V_{OL}。此后 v_I 继续升高,v_O 不再变化,进入 DE 段。

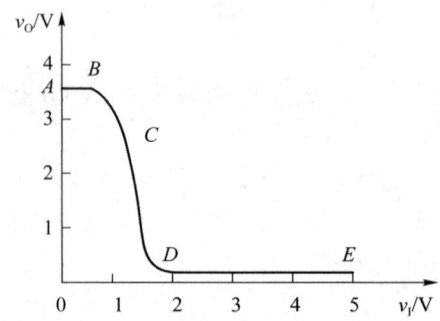

图 3.2.5 反相器的电压传输特性

3.2.3 TTL 与非门及或非门电路

1. 与非门

TTL 与非门是将反相器中的 VT_1 改成多发射极三极管而构成的。这种多发射极 BJT 的剖面结构如图 3.2.6(a)所示,它的基区和集电区是共用的,而几个发射极是独立的。图(b)是其电路符号和等效电路。

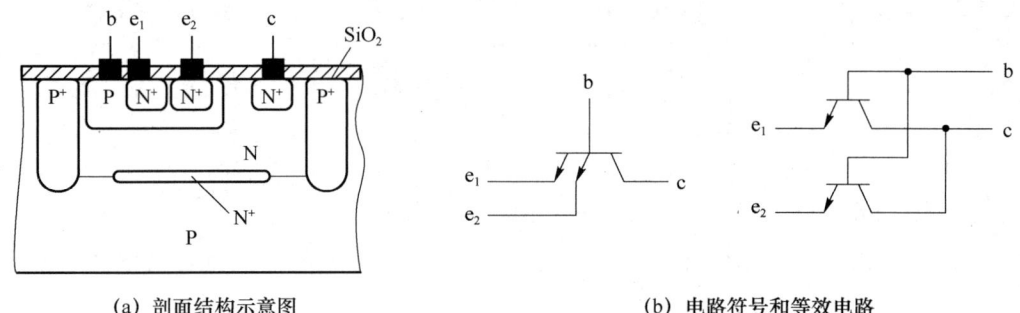

(a) 剖面结构示意图　　　　　　　　(b) 电路符号和等效电路

图 3.2.6　多发射极三极管

图 3.2.7 是二输入端与非门的内部电路图。图中,只要 A、B 当中有一个接低电平,则 VT_1 必有一个发射结导通,并将 VT_1 的基极钳位在 $0.9\,V$。这时 VT_2 和 VT_3 都截止,输出 L 为高电平 V_{OH}。只有当 A、B 同时为高电平时,VT_1 的基极钳位在 $2.1\,V$,这时 VT_2 和 VT_3 都导通,输出 L 为低电平 V_{OL}。电路实现与非功能,即 $L=\overline{A \cdot B}$。

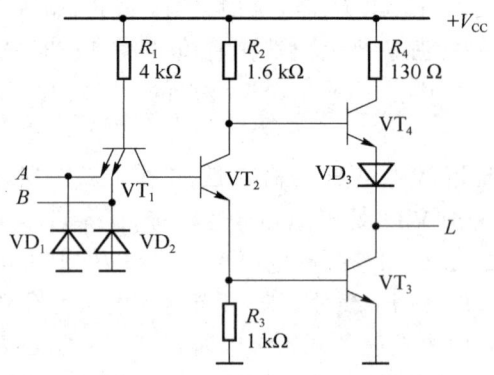

图 3.2.7　二输入端与非门电路图

2. 或非门

图 3.2.8 是一个二输入端或非门电路。图中 VT_{1B}、VT_{2B} 和 R_{1B} 所组成的电路与 VT_{1A}、VT_{2A} 和 R_{1A} 组成的电路完全相同。若 A、B 同为低电平，则 VT_{2A} 和 VT_{2B} 均截止，$v_{E2}=0$，VT_3 截止，同时，v_{C2} 为高电平，使 VT_4 和 VD_3 饱和导通，输出高电平 V_{OH}。若 A、B 中有一个为高电平，则 VT_{2A} 或 VT_{2B} 饱和，VT_3 饱和导通，VT_4 截止，输出低电平 V_{OL}。从而实现"或非"功能，$L=\overline{A+B}$。

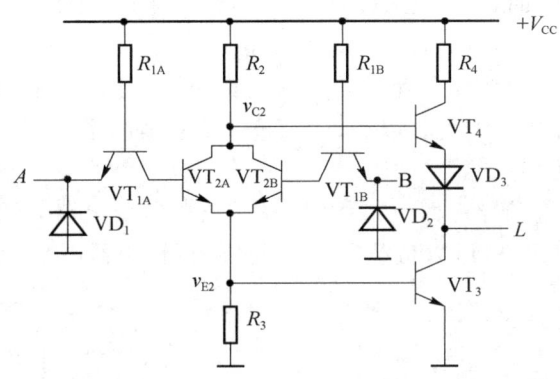

图 3.2.8 二输入端或非门电路

3.2.4 TTL 门电路的输入、输出特性

1. 输入特性

TTL 输入电路是单发射极或多发射极 BJT。由图 3.2.4 可见，无论输入高电平还是低电平，输入电流都不为零。

如果仅考虑输入信号在高、低电平时的情况而忽略电平转换过程（时间一般很短），则可将输入端的等效电路画成如图 3.2.9 所示的形式。

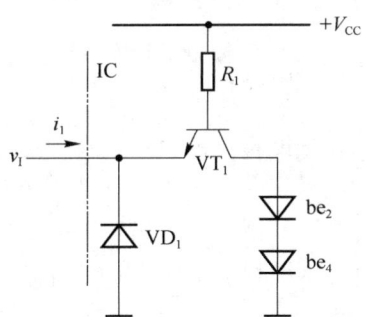

图 3.2.9 TTL 输入电路的等效电路

当 $v_I=V_{IL}$ 时，

$$I_{IL}=-\frac{V_{CC}-v_{BE1}-V_{IL}}{R_1}$$

I_{IL} 为负，表明电流从输入端流出（即前级逻辑输出）。

当 $v_I=V_{IH}$ 时，VT_1 处于倒置运用状态，即集电极 c_1 作发射极使用，v_{C1} 约为 1.4 V，而发射极 e_1 作集电极使用，$v_{e1}=V_{IH}$。因为倒置状态下 BJT 的电流放大系数 β_i 极小（在 0.01 以下），所以高电平输入电流也很小。显然，I_{IH} 对前级输出电路是一种拉电流负载。

TTL 电路无论输入高、低电平,总存在静态输入电流,这是与 MOS 电路的根本不同点。MOS 电路输入端是高阻回路,在电平跃变时,主要考虑输入电容的充放电特性。TTL 输入端是低阻回路,主要考虑输入电流对前级逻辑输出的电流负载特性。

2. 输出特性

TTL 门电路的输出特性也从高、低两种电平输出情况考虑。

(1) 高电平输出特性

如前已述,当 $v_O = V_{OH}$ 时,图 3.2.4(a)中 VT_3 截止,VT_4、VD_2 导通。输出端的等效电路可以画成如图 3.2.10(a)所示的形式。这时是带拉电流负载。VT_4 工作在射极跟随器状态,从输出端向电路内看去,输出电阻很小。若负载电流较小,则对 V_{OH} 影响很小。随着负载电流绝对值加大,R_4 上的压降随之增大。以后,V_{OH} 随 i_L 绝对值的增加几乎线性下降。

(2) 低电平输出特性

当 $v_O = V_{OL}$ 时,VT_3 饱和导通而 VT_4 截止,输出端的等效电路如图 3.2.10(b)所示。由于这时 VT_3 的 c-e 间内阻很小,所以负载电流 i_L 增加时,输出低电平 V_{OL} 升高很少。

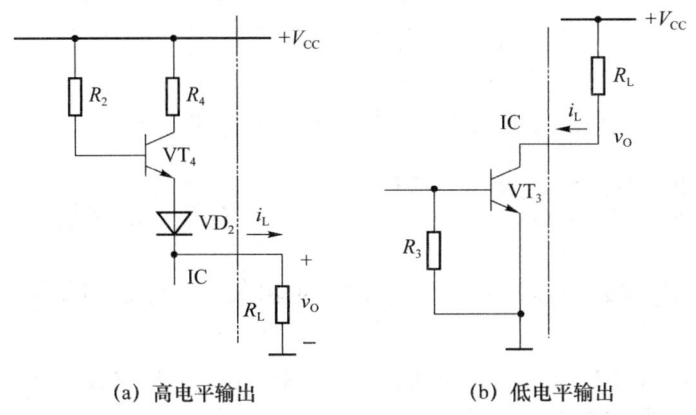

(a) 高电平输出　　　　　　(b) 低电平输出

图 3.2.10　TTL 输出电路的等效电路

3.2.5　TTL 集电极开路输出和三态输出门电路

1. 集电极开路输出电路

与 CMOS 电路类似,TTL 也有集电极开路(Open Collector,OC)输出的门电路,其电路如图 3.2.11 所示。

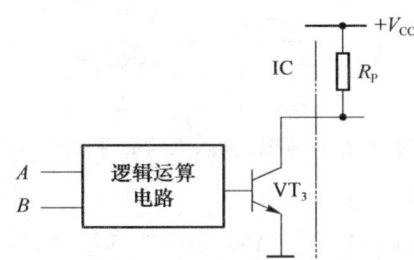

图 3.2.11　OC 输出电路

OC 电路的 R_p 取值同 OD 电路相同。当 OC 电路接若干 TTL 门电路负载时,R_p 的最小值 $R_{p(min)}$ 可由式(3.2.4)确定:

$$R_{p(min)} = \frac{V_{CC} - V_{OL(max)}}{I_{OL(max)} - |I_{IL(total)}|} \tag{3.2.4}$$

其中：V_{CC} 为直流电源电压；$V_{OL(max)}$ 为驱动电路低电平输出电压 V_{OL} 最大值；$I_{OL(max)}$ 为驱动电路低电平输出电流 I_{OL} 最大值；$I_{IL(total)}$ 为 OC 所接电路的灌电流负载时低电平输入电流 I_{IL} 的总值。

R_p 的最大值 $R_{p(max)}$ 可由式（3.2.5）确定：

$$R_{p(max)} = \frac{V_{CC} - V_{IH(min)}}{I_{IH(total)}} \tag{3.2.5}$$

其中：V_{CC} 为直流电源电压；$V_{IH(min)}$ 为负载电路高电平输入电压 V_{IH} 最小值（忽略噪声容限）；$I_{IH(total)}$ 为 OC 所接电路的拉电流负载 I_{IH} 的总值。选择

$$R_{p(min)} \leqslant R_p \leqslant R_{p(max)} \tag{3.2.6}$$

当要求电路速度快一些时，选择 R_p 接近 $R_{p(min)}$，要求功耗低一些时，选择 R_p 接近 $R_{p(max)}$。

2. 三态输出门电路

与 CMOS 三态门一样，TTL 三态门也是在普通门电路的基础上，增加使能控制电路构成的。图 3.2.12 所示为三态输出与非门电路，其中 VT_5、VT_6 和 VT_7 构成使能控制电路，EN 为使能控制输入端，A、B 为与非门的输入端。当 EN＝1 时，VT_5 处于倒置放大状态，VT_6 饱和，VT_7 截止，即其集电极相当于开路。此时电路处于工作状态，$L = \overline{AB}$。当 EN＝0 时，VT_7 导通，使 VT_4 的基极钳制于低电平。同时使能端的低电平信号送到 VT_1 的输入端，迫使 VT_2 和 VT_3 截止。这样 VT_3 和 VT_4 均截止，与输出端 L 相接的上、下两个支路均开路，输出端处于高阻状态。

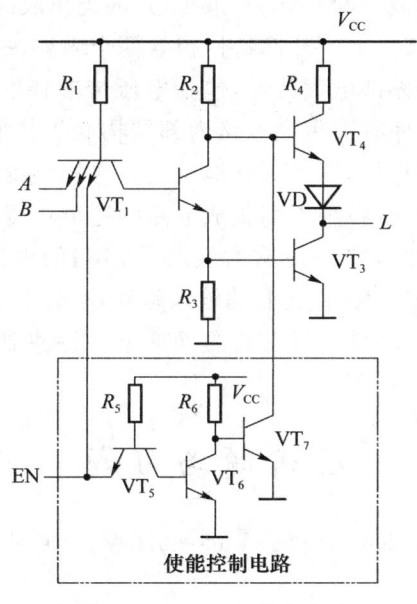

图 3.2.12 三态输出电路

3.2.6 TTL 系列门电路特性参数比较

目前 TTL 系列的使用在逐渐减少。TTL 系列电路的供电电源都是 +5V，并且都是兼容的。但每个系列的速度、功耗等参数各有特点。表 3.2.1 列出了几种 TTL 系列二输入与非门电路输入和输出的高、低电平及电流，传输延迟时间 t_{pd}，功耗 P_D 和延时-功耗积 DP 等特性参数，以作比较。

表 3.2.1　几种 TTL 系列门电路的特性参数比较

参数	系列				
	74S	74LS	74AS	74ALS	74F
$V_{IL(max)}/V$	0.8	0.8	0.8	0.8	0.8
$V_{OL(max)}/V$	0.5	0.5	0.5	0.5	0.5
$V_{IH(min)}/V$	2.0	2.0	2.0	2.0	2.0
$V_{OH(min)}/V$	2.7	2.7	2.7	2.7	2.7
$I_{IL(max)}/mA$	−2.0	−0.4	−0.5	−0.1	−0.6
$I_{OL(max)}/mA$	20	8	20	8	20
$I_{IH(max)}/\mu A$	50	20	20	20	20
$I_{OH(max)}/mA$	−1.0	−0.4	−2.0	−0.4	−1.0
t_{pd}/ns	3	9.5	1.7	4	3
P_D/mW	19	2	8	1.2	4
DP/pJ	57	19	13.6	4.8	12

小　　结

门电路是构成各种复杂数字电路的基本逻辑单元,掌握各种门电路的逻辑功能和电气特性,对于正确使用数字集成电路是十分必要的。

本章重点介绍了目前应用最广的 CMOS 和 TTL 两类集成门电路。在学习这些集成电路时,应将重点放在它们的外部特性上。外部特性包含两个内容:一个是输出与输入间的逻辑关系,即所谓逻辑功能;另一个是外部电气特性,包括电压传输特性、输入特性、输出特性和动态特性等。虽然文中也讲到了一些有关集成电路内部结构和工作原理的内容,但其目的在于帮助读者加深对器件外部特性的理解,以便更好地运用这些外部特性。

在后面的几章我们将会看到,各种数字集成电路的逻辑功能越来越复杂,电路的规模也越来越大。但只要是 CMOS 电路,它们的输入端和输出端的电路结构就和这一章里所讲的 CMOS 门电路相同;只要是 TTL 电路,它们的输入端和输出端电路结构就和这一章里所讲的 TTL 电路相同。本章所讲的各种类型门电路的外部电气特性对于那些逻辑功能更复杂的集成电路也同样适用。

思考题与习题

3.1　已知题图 3.1 所示各 MOS 管的 $|V_T|=0.5\,V$,忽略电阻上的压降,试分别确定它们的工作状态(导通或截止)。

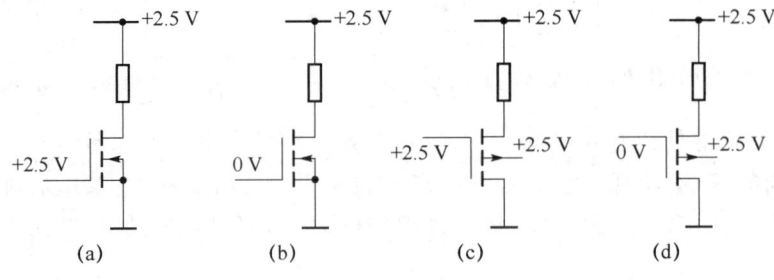

题图 3.1

3.2 CMOS集成芯片4007中包含两个互补对和一个反相器如题图3.2所示,试分别连接:(1)三个反相器;(2)三输入端或非门;(3)三输入端与非门。

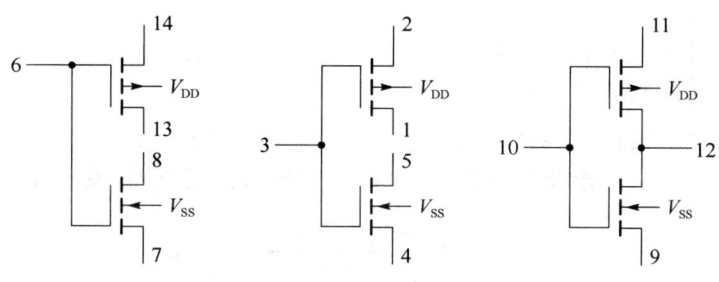

题图 3.2

3.3 试分析题图3.3所示CMOS逻辑门电路,写出其输出表达式。

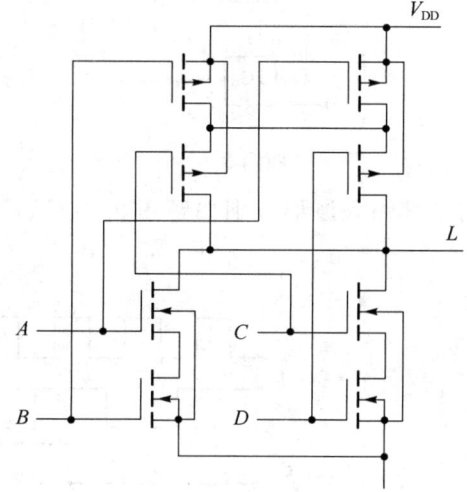

题图 3.3

3.4 试分析题图3.4所示的CMOS逻辑门电路,写出其逻辑表达式。

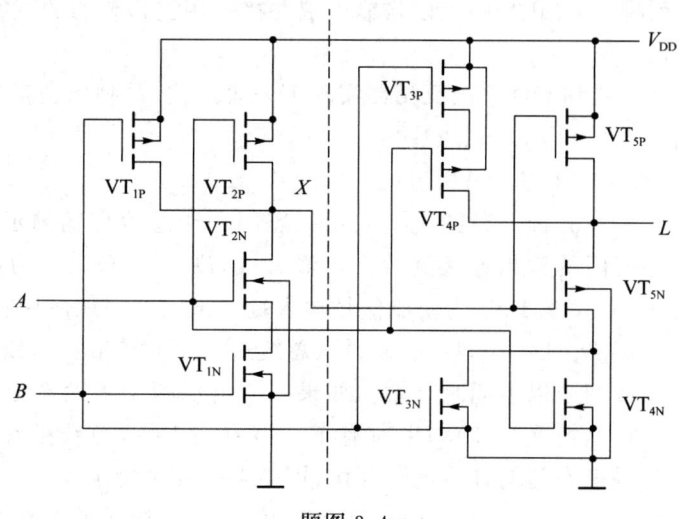

题图 3.4

3.5 为什么说 74LVC 系列 CMOS 与非门在＋3.3 V 电源工作时,输入端在以下四种接法下都属于逻辑 0(74LVC 系列输入输出电压值参考表 3.1.6):

(1) 输入端接地;

(2) 输入端接低于 0.8 V 的电源;

(3) 输入端接同类与非门的输出低电平 0.2 V;

(4) 输入端到地之间接 10 kΩ 的电阻。

3.6 由 CMOS 构成的电路如题图 3.5 所示,试列出其真值表,说明该电路的逻辑功能。

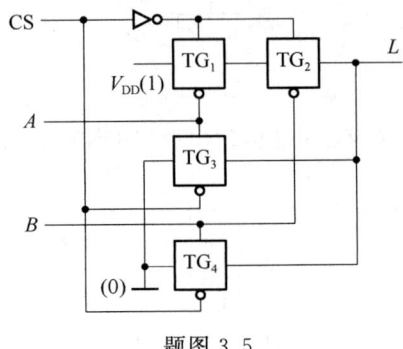

题图 3.5

3.7 三态门构成的电路及其输入波形分别如题图 3.6(a)、(b)所示。试分析电路,画出输出 L 的波形。

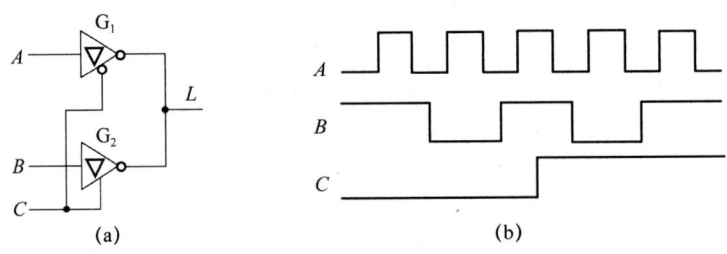

题图 3.6

3.8 试判断下列哪些 CMOS 门可以将输出端并接使用:(1)普通的互补输出;(2)漏极开路输出;(3)三态输出。

3.9 试用普通反相器和 OD 输出反相器实现下列表达式,并画出逻辑电路图。

(1) $L = A\overline{B}C$;

(2) $L = AB\overline{C}\,\overline{D}$。

3.10 题图 3.7 表示三态门用于总线传输的示意图,图中 n 个三态门的输出连接到数据传输总线,$D_1, D_2, \cdots, D_n$ 为数据输入端,EN_1,$EN_2, \cdots, EN_n$ 为使能信号输入端。试问:(1)如何控制 EN 信号,以便数据 $D_1, D_2, \cdots, D_n$ 能通过该总线进行正常传输;(2)EN 信号能否有两个或两个以上同时有效? 如果 EN 出现两个或两个以上有效,可能发生什么情况? (3)如果所有 EN 信号均无效,总线处在什么状态? (4)如果三态门的开通比断开快,可能发生什么情况?

3.11 由 OD 异或门和 OD 与非门构成的电路及其输入电压波形分别如题图 3.8(a)、(b)所示。

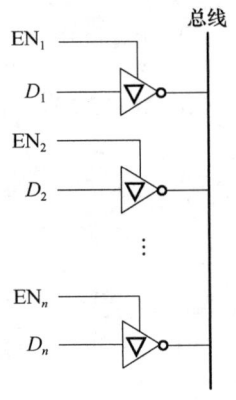

题图 3.7

(1) 试写出输出与输入的逻辑关系式,画出输出电压波形;

(2) 已知输出低电平 $V_{OL(max)}=0.33$ V 时的最大输出电流 $I_{OL(max)}=4$ mA,输出高电平 $V_{OH(min)}=4.4$ V 时的漏电流 $I_{OZ}=5$ μA,计算 $R_{p(min)}$ 和 $R_{p(max)}$。

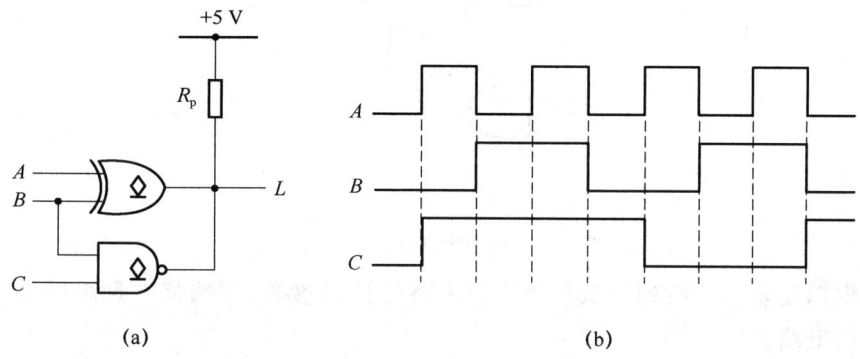

题图 3.8

3.12 用 74HC03 中 2 个漏极开路与非门及 74HC00 中的 4 个与非门构成的电路如题图 3.9 所示。试确定上拉电阻 R_p 的取值范围。已知 $V_{DD}=5$ V,OD 门输出低电平 $V_{OL(max)}=0.33$ V 时的输出电流 $I_{OL(max)}=4$ mA,输出高电平 $V_{OH(min)}=4.4$ V 时的漏电流 $I_{OZ}=5$ μA。负载门高电平和低电平输入电流最大值 $I_{IH(max)}=I_{IL(max)}=1$ μA。

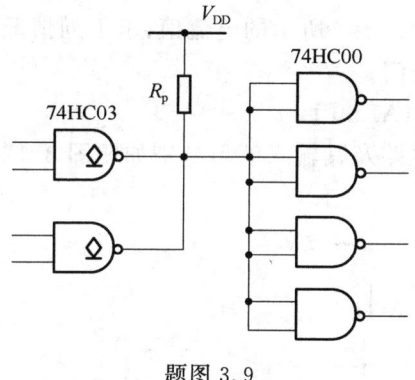

题图 3.9

3.13 试分析题图 3.10(a)、(b)所示的 CMOS 电路,说明它们的逻辑功能。

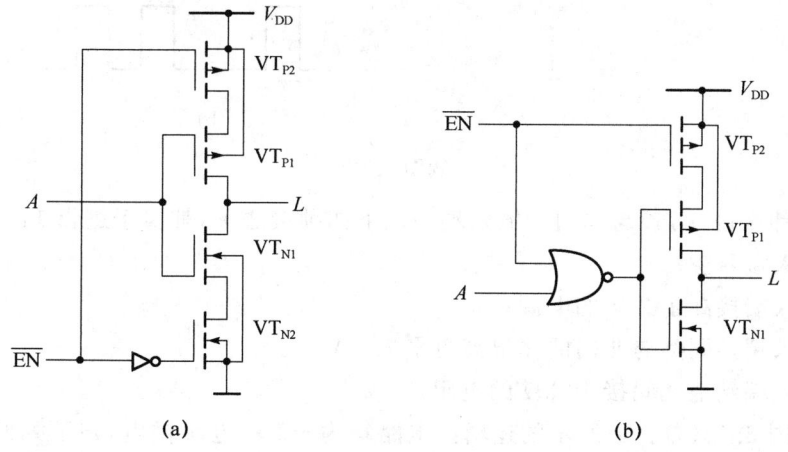

题图 3.10

3.14 逻辑门电路如题图 3.11 所示，试写出 EN 为不同电平时的输出逻辑表达式。

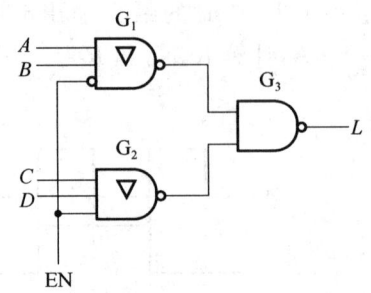

题图 3.11

3.15 根据题表 3.1 所列的三种逻辑门电路的技术参数，试选择一种最适合工作在高噪声环境下的门电路。

题表 3.1 逻辑门电路的技术参数表

逻辑门	$V_{OH(min)}/V$	$V_{OL(max)}/V$	$V_{IH(min)}/V$	$V_{IL(max)}/V$
A	2.4	0.4	2	0.8
B	3.5	0.2	2.5	0.6
C	4.2	0.2	3.2	0.8

3.16 根据表 3.1.7 和表 3.2.1 所示的电流值，求下列情况下逻辑门的扇出数：
　　(1) 74LVC 门驱动同类门；
　　(2) 74AHCT 门驱动 74ALS 门。

3.17 BJT($\beta=50$) 开关电路及其输入波形分别如题图 3.12(a)、(b) 所示。试画出当加入图示 v_I 信号时的 v_O 波形。

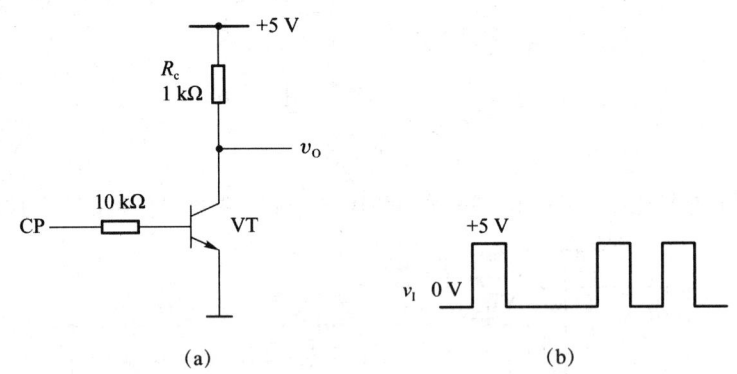

题图 3.12

3.18 为什么说 TTL 与非门的输入端在以下四种接法下，都属于逻辑 1：
　　(1) 输入端悬空；
　　(2) 输入端接高于 2 V 的电源；
　　(3) 输入端接同类与非门的输出高电平 3.6 V；
　　(4) 输入端到地之间接 10 kΩ 的电阻。

3.19 题图 3.13(a)、(b) 所示的逻辑门电路均为 +5 V 电源供电，在下列两种情况下，分别讨论题图 3.13(a)、(b) 的输出各是什么电平？

(1) 两个电路均为 CMOS 门；
(2) 两个电路均为 74LS 系列 TTL 门。

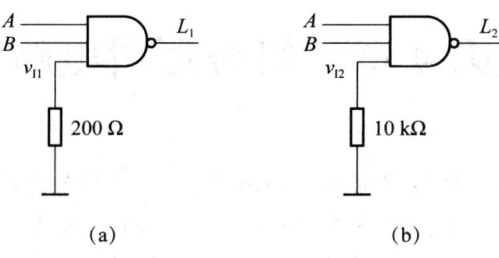

题图 3.13

3.20 由 OC 门组成的逻辑电路如题图 3.14 所示，试写出电路的输出逻辑表达式。

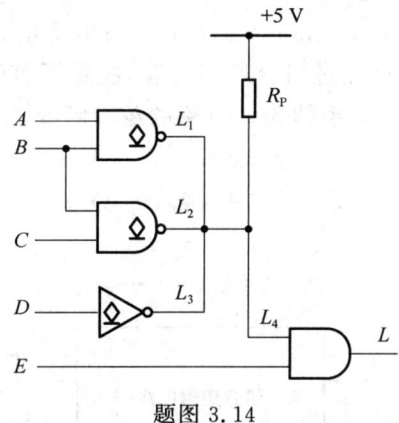

题图 3.14

3.21 已知 OC 反相器驱动发光二极管的电路如题图 3.15 所示。OC 反相器的 $V_{OL}=0.3\ V$，$I_{OL(max)}=8\ mA$，发光二极管正向导通压降 $V_F=1.7\ V$，正向电流 $I_D=5\ mA$。试确定上拉电阻 R 的值。

3.22 题图 3.16 所示为集电极开路门 74LS03 驱动 5 个 CMOS 逻辑门。已知 OC 门输出管截止时的漏电流 $I_{OZ}=0.2\ mA$；负载门的参数为：$V_{IH(min)}=4\ V$，$V_{IL(max)}=1\ V$，$I_{IL}=I_{IH}=1\ \mu A$。试计算上拉电阻的值。

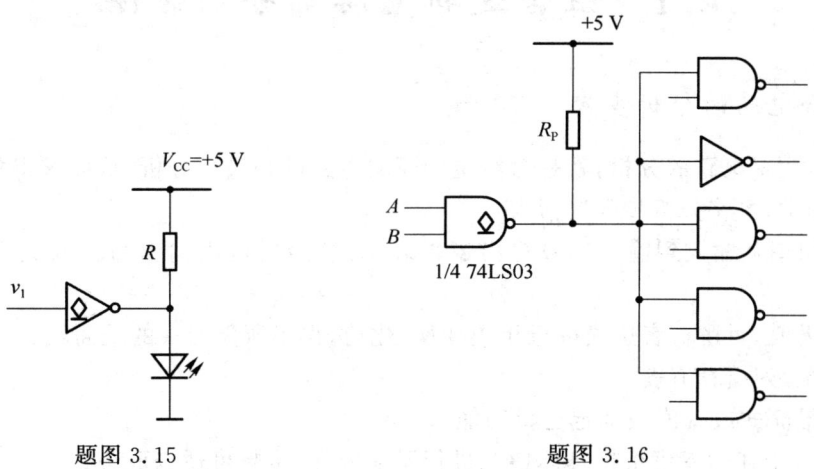

题图 3.15   题图 3.16

第4章 组合逻辑电路

根据逻辑功能的不同,可把数字电路分为两类:一类是组合逻辑电路,简称组合电路;另一类是时序逻辑电路,简称时序电路。本章分析组合电路,时序电路将在后续章节进行讨论。

组合逻辑电路任何时刻的输出仅仅取决于该时刻的输入,与电路原来的状态无关。各种门电路本质上也是组合电路;本章讨论的组合电路或者任何复杂的组合电路均由门电路组成。

图4.0.1为组合逻辑电路的总体框图,表示了一个 n 输入、m 输出的组合逻辑电路,其中:$A_1,A_2,\cdots,A_n$ 为 n 个输入变量;$Y_1,Y_2,\cdots,Y_m$ 为 m 个输出变量。图4.0.1所示的组合逻辑电路在任意一个时刻,n 个输入变量经过组合逻辑运算,决定了该时刻的 m 个输出变量的取值。输入变量和输出变量之间的逻辑关系即为该电路的逻辑函数。

$$Y_1 = f_1(A_1, A_2, \cdots, A_n)$$
$$Y_2 = f_2(A_1, A_2, \cdots, A_n)$$
$$\vdots$$
$$Y_m = f_m(A_1, A_2, \cdots, A_n)$$

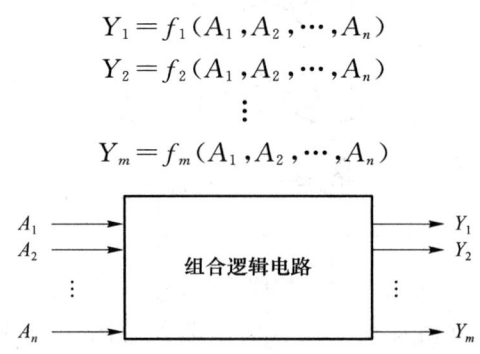

图 4.0.1 组合逻辑电路的总体框图

本章首先介绍组合电路的分析方法、设计方法以及常用的组合电路,如译码器、编码器、数据选择器、加法器等;然后讨论组合逻辑电路的竞争-冒险问题。

4.1 组合逻辑电路的分析方法

4.1.1 组合电路的分析步骤

所谓组合逻辑电路的分析,就是对给定的逻辑电路(图)进行分析,从而求得相应的逻辑功能的过程。通常,可将分析步骤概括为:

① 按逻辑图从输入到输出逐级写出逻辑表达式,最后得出输出与输入关系的总逻辑表达式;

② 根据需要,对逻辑表达式进行相应变换、化简,得出所需形式的最简式;

③ 视情况,列出真值表;

④ 根据最简式或真值表确定逻辑功能。

需要指出,上述步骤可根据具体情况进行灵活处理,步骤可适当取舍。

4.1.2 分析举例

例 4.1.1 分析图 4.1.1 所示的逻辑电路图，说明电路的逻辑功能。

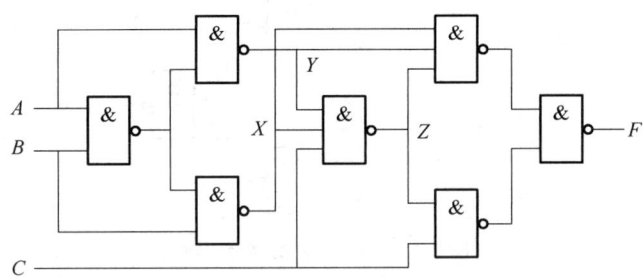

图 4.1.1 例 4.1.1 的逻辑电路图

解 （1）根据所示逻辑电路图，逐层推导得到函数表达式。

$$X = \overline{ABB} = \overline{AB} = \overline{A} + \overline{B}$$
$$Y = \overline{\overline{ABA}} = \overline{\overline{AB}} = \overline{A} + B$$
$$Z = \overline{XYC} = \overline{ABC + \overline{A}\,\overline{B}C} = A \oplus B + \overline{C}$$
$$F = \overline{\overline{XYZ} \cdot \overline{ZC}}$$
$$ = XYZ + ZC$$
$$ = (AB + \overline{A}\,\overline{B})(A \oplus B + \overline{C}) + (A \oplus B + \overline{C})C$$
$$ = (AB + \overline{A}\,\overline{B})\overline{C} + (\overline{A}B + A\overline{B})C$$
$$ = \overline{A}\,\overline{B}\,\overline{C} + AB\overline{C} + \overline{A}BC + A\overline{B}C$$

（2）由此得到该电路的真值表，如表 4.1.1 所示。

表 4.1.1 例 4.1.1 的真值表

A	B	C	F
0	0	0	1
0	0	1	0
0	1	0	0
0	1	1	1
1	0	0	0
1	0	1	1
1	1	0	1
1	1	1	0

（3）从真值表可知，所有能够使输出为 1 的输入组合中，1 的个数都是偶数（全 0 当偶数情况对待），因此，该电路是一个 3 变量的检偶电路。

例 4.1.2 分析图 4.1.2 所示的逻辑电路图，说明电路的逻辑功能。

解 （1）这是一个 3 输入、2 输出的组合逻辑电路，逐层推导得到函数表达式，并通过化简变形，得到利于列写真值表的形式。

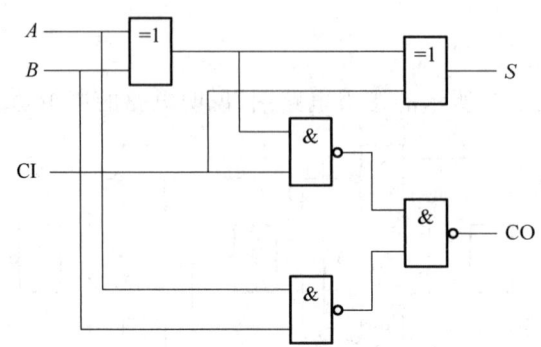

图 4.1.2　例 4.1.2 的逻辑电路图

$$S = A \oplus B \oplus CI$$
$$CO = \overline{\overline{(A \oplus B)CI} \cdot \overline{AB}}$$
$$= (A \oplus B)CI + AB$$
$$= A\overline{B}CI + \overline{A}BCI + AB$$

(2) 该逻辑电路的真值表,如表 4.1.2 所示。

表 4.1.2　例 4.1.2 的真值表

A	B	CI	S	CO
0	0	0	0	0
0	0	1	1	0
0	1	0	1	0
0	1	1	0	1
1	0	0	1	0
1	0	1	0	1
1	1	0	0	1
1	1	1	1	1

(3) 观察逻辑电路的真值表,可以看出,输出 S 的功能为 3 变量检奇电路,输出 CO 是 3 变量多数表决器。

但是,既然是一个电路,应该完成的是一个整体的功能,这就需要找到 3 个输入和 2 个输出之间的系统关系,而不能割裂联系。这是一个 1 位二进制数的全加器,用于完成 1 位二进制数的加法。输入变量中,A 和 B 分别为参与加法的两个 1 位二进制数,CI 为低位向本位的进位;输出变量中,S 为相加后本位的结果,CO 为本位向高位的进位。

4.2　编　码　器

为了便于区分客观世界的不同事物,常以代号(码)来表示它们,这个表示不同事物的过程称作编码。在数字系统中,编码是指用二进制数码来表示确定的信息符号。这些信息符号通常是十进制数 0,1,…,9;字母 A,B,…,Z;运算符+,-,×,>等。在二值逻辑电路中,不同事物或者不同的信息符号都是以高、低电平的形式表示的,实际上,编码就是把输入的每个高、低电平信号编成一个对应的二进制代码。实现编码操作的逻辑电路称作编码器。

按照输出的代码种类不同,编码器可分为二进制编码器和二-十进制编码器;按是否有优先权编码,可分为普通编码器和优先编码器。

4.2.1 二进制编码器

1. 编码器工作原理

这里应该说明两个问题:一是如何确定编码器的代码位数;二是如何确定编码的有效电平。

设有 n 个待编码对象,用 $I_0,I_1,\cdots,I_i,\cdots,I_{n-1}$ 表示它们,也就是说编码器有 n 个输入端 $I_0 \sim I_{n-1}$;那么编码器输出二进制代码的位数 m 应满足:

$$2^m \geqslant n \tag{4.2.1}$$

例如,$n=4$ 时,$m=2$;$n=8$ 时,$m=3$;$n=10$ 时,$m=4$;$n=16$ 时,$m=4$。这就是说,当有 4 个输入端时,编码器应有 2 个输出端;当有 8 个输入端时,应有 3 个输出端;而 10 个输入端和 16 个输入端均要求 4 个输出端。对应地,有 4 线-2 线二进制编码器,8 线-3 线二进制编码器,16 线-4 线二进制编码器,10 线-4 线二进制编码器。

如果令 $I_i=1(i=0,1,\cdots,n-1)$ 为编码有效电平,则 $I_i=0$ 为无效电平;亦可令 $I_i=0$ 为有效电平,则 $I_i=1$ 为无效电平。对于一个编码器来说,一旦确定了有效电平,在编码过程中就应该不再改变,否则会造成逻辑上的混乱。编码有效电平也称作编码信号。

2. 8 线-3 线二进制编码器

由式(4.2.1)可知,这种编码器应有 8 个输入,分别记作 $I_0 \sim I_7$;输出应是 $m=3$ 位代码,记作 $Y_2Y_1Y_0$。规定编码有效电平 $I_i=1$。输入与输出的对应关系如表 4.2.1 所示。

表 4.2.1 输入-输出对应关系

输入								输出		
I_0	I_1	I_2	I_3	I_4	I_5	I_6	I_7	Y_2	Y_1	Y_0
1	0	0	0	0	0	0	0	0	0	0
0	1	0	0	0	0	0	0	0	0	1
0	0	1	0	0	0	0	0	0	1	0
0	0	0	1	0	0	0	0	0	1	1
0	0	0	0	1	0	0	0	1	0	0
0	0	0	0	0	1	0	0	1	0	1
0	0	0	0	0	0	1	0	1	1	0
0	0	0	0	0	0	0	1	1	1	1

由表 4.2.1 可以得到对应的逻辑表达式:

$$\begin{cases} Y_2 = \overline{I}_0\overline{I}_1\overline{I}_2\overline{I}_3 I_4\overline{I}_5\overline{I}_6\overline{I}_7 + \overline{I}_0\overline{I}_1\overline{I}_2\overline{I}_3\overline{I}_4 I_5\overline{I}_6\overline{I}_7 + \overline{I}_0\overline{I}_1\overline{I}_2\overline{I}_3\overline{I}_4\overline{I}_5 I_6\overline{I}_7 + \overline{I}_0\overline{I}_1\overline{I}_2\overline{I}_3\overline{I}_4\overline{I}_5\overline{I}_6 I_7 \\ Y_1 = \overline{I}_0\overline{I}_1 I_2\overline{I}_3\overline{I}_4\overline{I}_5\overline{I}_6\overline{I}_7 + \overline{I}_0\overline{I}_1\overline{I}_2 I_3\overline{I}_4\overline{I}_5\overline{I}_6\overline{I}_7 + \overline{I}_0\overline{I}_1\overline{I}_2\overline{I}_3\overline{I}_4\overline{I}_5 I_6\overline{I}_7 + \overline{I}_0\overline{I}_1\overline{I}_2\overline{I}_3\overline{I}_4\overline{I}_5\overline{I}_6 I_7 \\ Y_0 = \overline{I}_0 I_1\overline{I}_2\overline{I}_3\overline{I}_4\overline{I}_5\overline{I}_6\overline{I}_7 + \overline{I}_0\overline{I}_1\overline{I}_2 I_3\overline{I}_4\overline{I}_5\overline{I}_6\overline{I}_7 + \overline{I}_0\overline{I}_1\overline{I}_2\overline{I}_3\overline{I}_4 I_5\overline{I}_6\overline{I}_7 + \overline{I}_0\overline{I}_1\overline{I}_2\overline{I}_3\overline{I}_4\overline{I}_5\overline{I}_6 I_7 \end{cases}$$

$$\tag{4.2.2}$$

从表 4.2.1 可以看出,在 8 个输入中,只有一个输入为有效电平 1,而其余输入均为无效电平 0。例如,对于 Y_2,$I_4=1$ 和 $I_0=I_1=I_2=I_3=I_4=I_5=I_6=I_7=0$ 是等效的,因此有

$$I_4=\overline{\overline{I_0+I_1+I_2+I_3+I_5+I_6+I_7}}=\overline{\overline{I_0}\,\overline{I_1}\,\overline{I_2}\,\overline{I_3}\,\overline{I_5}\,\overline{I_6}\,\overline{I_7}}$$

同理可得

$$I_5=\overline{\overline{I_0+I_1+I_2+I_3+I_4+I_6+I_7}}=\overline{\overline{I_0}\,\overline{I_1}\,\overline{I_2}\,\overline{I_3}\,\overline{I_4}\,\overline{I_6}\,\overline{I_7}}$$
$$I_6=\overline{\overline{I_0+I_1+I_2+I_3+I_4+I_5+I_7}}=\overline{\overline{I_0}\,\overline{I_1}\,\overline{I_2}\,\overline{I_3}\,\overline{I_4}\,\overline{I_5}\,\overline{I_7}}$$
$$I_7=\overline{\overline{I_0+I_1+I_2+I_3+I_4+I_5+I_6}}=\overline{\overline{I_0}\,\overline{I_1}\,\overline{I_2}\,\overline{I_3}\,\overline{I_4}\,\overline{I_5}\,\overline{I_6}}$$

将上述条件代入式(4.2.2)中的 Y_2 表达式,则

$$Y_2=I_4+I_5+I_6+I_7$$

用同样的方法可求得 Y_1 和 Y_0 的表达式:

$$Y_1=I_2+I_3+I_6+I_7$$
$$Y_0=I_1+I_3+I_5+I_7$$

因此,式(4.2.2)可化简为

$$\begin{cases} Y_2=I_4+I_5+I_6+I_7 \\ Y_1=I_2+I_3+I_6+I_7 \\ Y_0=I_1+I_3+I_5+I_7 \end{cases} \quad (4.2.3)$$

由式(4.2.3)可知,这个编码器只需用 3 个或门就可实现,其逻辑图如图 4.2.1 所示。

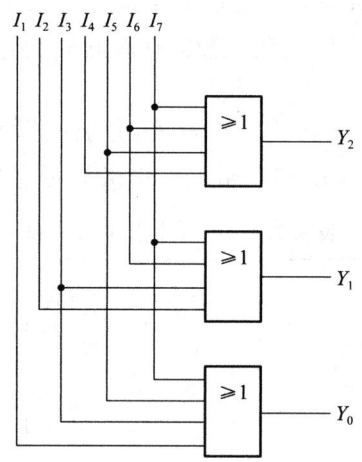

图 4.2.1 8 线-3 线编码

4.2.2 二进制优先编码器

在数字系统中,常常有几个输入信号同时发出服务请求,因此必须依据轻重缓急安排好这些输入请求的操作次序。也就是说,赋给它们不同级别的优先权。按优先权进行编码的逻辑电路称作优先编码器。下面以 8 线-3 线优先编码器 74LS148 为例进行分析。

1. 优先编码器 74LS148

优先编码器 74LS148 的逻辑图如图 4.2.2 所示。图中虚线框内部分是编码器的主体电路,$\overline{I_0} \sim \overline{I_7}$ 为 8 个输入端,$\overline{Y_0} \sim \overline{Y_2}$ 为 3 个输出端。附加的门 G_1,G_2 和 G_3 构成控制电路,其目的是扩展电路的功能和增加使用的灵活性。其中 $\overline{E_I}$ 为激活(或称作选通)输入端,只有当 $\overline{E_I}=0$ 时,编码器才正常编码;而当 $\overline{E_I}=1$ 时,所有输出端均被封锁在高电平,即编码被禁止;也就是说,激活端 $\overline{E_I}$ 低电平有效。$\overline{E_O}$ 为激活(选通)输出端,$\overline{Y_{EX}}$ 为扩展端,$\overline{E_O}$ 和 $\overline{Y_{EX}}$ 端用于扩展编

码功能。

由图 4.2.2 可以写出编码器的逻辑表达式：

$$\begin{cases} \overline{Y}_2 = \overline{(I_4+I_5+I_6+I_7)E_{\mathrm{I}}} \\ \overline{Y}_1 = \overline{(I_2\overline{I}_4\overline{I}_5+I_3\overline{I}_4\overline{I}_5+I_6+I_7)E_{\mathrm{I}}} \\ \overline{Y}_0 = \overline{(I_1\overline{I}_2\overline{I}_4\overline{I}_6+I_3\overline{I}_4\overline{I}_6+I_5\overline{I}_6+I_7)E_{\mathrm{I}}} \end{cases} \quad (4.2.4)$$

激活输出端 $\overline{E}_{\mathrm{O}}$ 的逻辑表达式为

$$\overline{E}_{\mathrm{O}} = \overline{\overline{I}_0\overline{I}_1\overline{I}_2\overline{I}_3\overline{I}_4\overline{I}_5\overline{I}_6\overline{I}_7 E_{\mathrm{I}}} \quad (4.2.5)$$
$$= I_0+I_1+I_2+I_3+I_4+I_5+I_6+I_7+\overline{E}_{\mathrm{I}}$$

式(4.2.5)表明，只有当所有的编码输入均为高电平，即没有编码输入，且 $\overline{E}_{\mathrm{I}}=0$ 时，激活输出端 $\overline{E}_{\mathrm{O}}=0$。因此，$\overline{E}_{\mathrm{O}}$ 的低电平输出表示编码器无编码输入，但未被禁止。

扩展端 $\overline{Y}_{\mathrm{EX}}$ 的逻辑表达式为

$$\overline{Y}_{\mathrm{EX}} = \overline{\overline{\overline{I}_0\overline{I}_1\overline{I}_2\overline{I}_3\overline{I}_4\overline{I}_5\overline{I}_6\overline{I}_7 E_{\mathrm{I}}} \cdot E_{\mathrm{I}}} \quad (4.2.6)$$
$$= \overline{(I_0+I_1+I_2+I_3+I_4+I_5+I_6+I_7)E_{\mathrm{I}}}$$

式(4.2.6)表明，只要有一个输入端为低电平，且 $\overline{E}_{\mathrm{I}}=0$，则 $\overline{Y}_{\mathrm{EX}}$ 为低电平。因此，$\overline{Y}_{\mathrm{EX}}$ 的低电平输出表示编码器工作在有编码输入的状态。

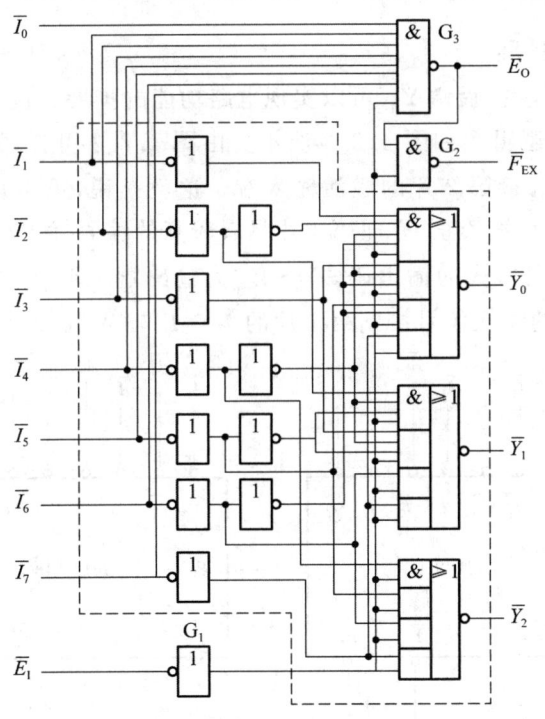

图 4.2.2 优先编码器

根据式(4.2.4)、式(4.2.5)和式(4.2.6)可以列出编码器 74LS148 的功能表，如表 4.2.2 所示。由表 4.2.2 不难看出，在 $\overline{E}_{\mathrm{I}}=0$ 时的正常工作状态下，允许 $\overline{I}_0 \sim \overline{I}_7$ 中同时有多个输入端为有效电平，即同时可有几个编码输入信号。此编码器的有效电平为低电平。但由于赋予输入端不同级别的优先权，$\overline{I}_7$ 的优先权最高，$\overline{I}_0$ 的优先权最低，所以编码器只能按优先权的高低顺序进行编码。这就是说，当 $\overline{I}_7=0$ 时，无论其他输入端有无编码输入信号（即为低电平），

编码器只对 $\overline{I_7}$ 进行编码,即输出 $\overline{Y_2}\overline{Y_1}\overline{Y_0}=000$;当 $\overline{I_7}=1,\overline{I_6}=0$ 时,无论其余输入端是否为低电平,只对 $\overline{I_6}$ 进行编码,输出 $\overline{Y_2}\overline{Y_1}\overline{Y_0}=001$。其余的输入状态的编码情况可作类似分析。

表 4.2.2 74LS148 编码器的功能表

	输入								输出				
$\overline{E_I}$	$\overline{I_0}$	$\overline{I_1}$	$\overline{I_2}$	$\overline{I_3}$	$\overline{I_4}$	$\overline{I_5}$	$\overline{I_6}$	$\overline{I_7}$	$\overline{Y_2}$	$\overline{Y_1}$	$\overline{Y_0}$	$\overline{E_O}$	$\overline{Y_{EX}}$
1	×	×	×	×	×	×	×	×	1	1	1	1	1
0	1	1	1	1	1	1	1	1	1	1	1	0	1
0	×	×	×	×	×	×	×	0	0	0	0	1	0
0	×	×	×	×	×	×	0	1	0	0	1	1	0
0	×	×	×	×	×	0	1	1	0	1	0	1	0
0	×	×	×	×	0	1	1	1	0	1	1	1	0
0	×	×	×	0	1	1	1	1	1	0	0	1	0
0	×	×	0	1	1	1	1	1	1	0	1	1	0
0	×	0	1	1	1	1	1	1	1	1	0	1	0
0	0	1	1	1	1	1	1	1	1	1	1	1	0

2. 74LS148 的功能扩展

利用激活输出端 $\overline{E_O}$ 和扩展端 $\overline{Y_{EX}}$ 可以实现电路功能的扩展。例如,用两片 74LS148 构成 16 线-4 线优先编码器的逻辑图如图 4.2.3 所示。由图 4.2.3 可知,第 1 片的激活端 $\overline{E_I}$ 接低电平,而其激活输出端 $\overline{E_O}$ 接第 2 片的激活输入端。这就是说,第 1 片编码时,由于其激活输出端为高电平,故使第 2 片被禁止,亦即第 1 片具有较高的编码优先权。$G_0 \sim G_3$ 为输出门,输出门的类型不同将有不同形式的输出码,$Z_3 \sim Z_0$ 为输出端。$\overline{A_{15}} \sim \overline{A_0}$ 为 16 个信号输入端。将优先权高的 $\overline{A_{15}} \sim \overline{A_8}$ 的输入信号接到第 1 片的 $\overline{I_7} \sim \overline{I_0}$ 输入端,而将优先权低的 $\overline{A_7} \sim \overline{A_0}$ 接

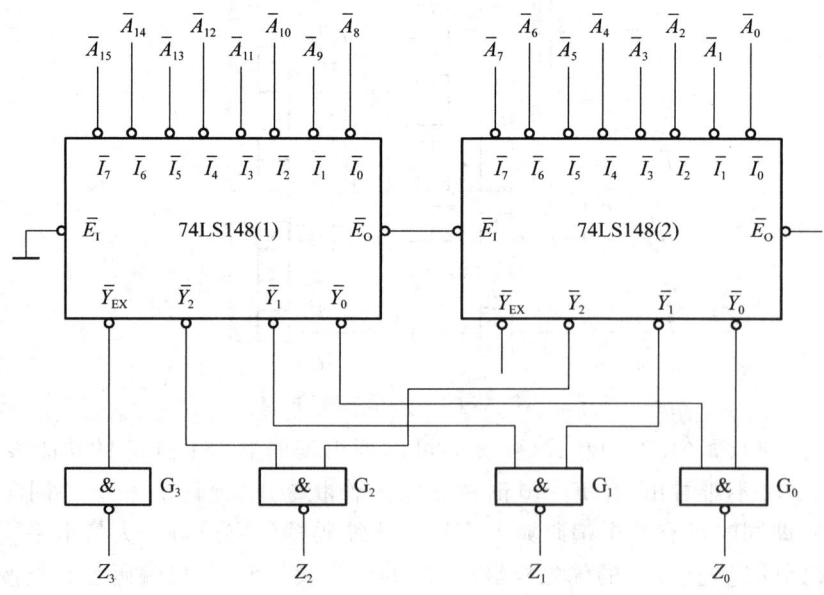

图 4.2.3 16 线-4 线优先编码

到第 2 片的 $\bar{I}_7 \sim \bar{I}_0$。

当 $\bar{A}_{15} \sim \bar{A}_8$ 中的任一输入端为低电平时，片 1 将有编码输出。例如，$\bar{A}_{12}=0$ 时，由表 4.2.2 可知，片 1 的 $\bar{Y}_{EX}=0$，则 $Z_3=1$，$\bar{Y}_2\bar{Y}_1\bar{Y}_0=011$。同时，片 1 的 $\bar{E}_O=1$，将片 2 禁止，使其输出为 $\bar{Y}_2\bar{Y}_1\bar{Y}_0=111$。于是最后输出为 $Z_3Z_2Z_1Z_0=1100$。又如，当 $\bar{A}_9=0$ 时，最后输出为 1001。不难得出，对输入 $\bar{A}_{15} \sim \bar{A}_8$ 的编码输出为 $Z_3Z_2Z_1Z_0=1111 \sim 1000$。

当 $\bar{A}_{15} \sim \bar{A}_8$ 全部为高电平，即无编码输入时，片 1 的输出 $\bar{Y}_2\bar{Y}_1\bar{Y}_0=111$，$\bar{Y}_{EX}=1$，且它的 $\bar{E}_O=0$，故片 2 的 $\bar{E}_I=0$，处于编码工作状态，对 $\bar{A}_7 \sim \bar{A}_0$ 的低电平信号按优先权进行编码。例如，$\bar{A}_3=0$ 时，由表 4.2.2 可知，片 2 的输出 $\bar{Y}_2\bar{Y}_1\bar{Y}_0=100$。于是，最后的输出为 $Z_3Z_2Z_1Z_0=0011$。通过类似分析，可以得出 $\bar{A}_7 \sim \bar{A}_0$ 的编码输出为 $0111 \sim 0000$。

4.2.3 二-十进制优先编码器 74LS147

二-十进制优先编码器 74LS147 的逻辑图如图 4.2.4 所示。它被设计为有 $\bar{I}_9 \sim \bar{I}_0$ 10 个输入端，其中 $\bar{I}_9$ 的优先权最高，$\bar{I}_0$ 的优先权最低，但是实际电路图中仅有 $\bar{I}_9 \sim \bar{I}_1$ 9 个输入端，省去 $\bar{I}_0$ 输入端的理由将在后面说明；$\bar{Y}_3 \sim \bar{Y}_0$ 为 4 个输出端，并以反码形式的 BCD 码输出。

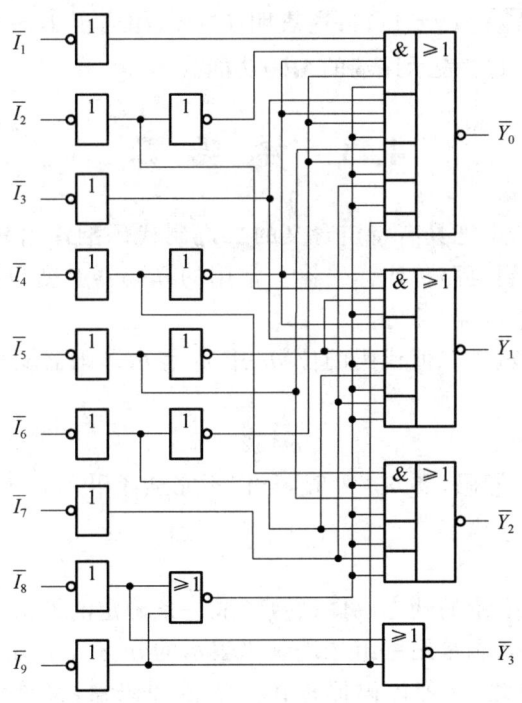

图 4.2.4　二-十进制优先编码器 74LS147

由图 4.2.4 不难得出其逻辑表达式

$$\begin{cases} \bar{Y}_3 = \overline{I_8 + I_9} \\ \bar{Y}_2 = \overline{I_7\bar{I}_8\bar{I}_9 + I_6\bar{I}_8\bar{I}_9 + I_5\bar{I}_8\bar{I}_9 + I_4\bar{I}_8\bar{I}_9} \\ \bar{Y}_1 = \overline{I_7\bar{I}_8\bar{I}_9 + I_6\bar{I}_8\bar{I}_9 + I_3\bar{I}_4\bar{I}_5\bar{I}_8\bar{I}_9 + I_2\bar{I}_4\bar{I}_5\bar{I}_8\bar{I}_9} \\ \bar{Y}_0 = \overline{I_9 + I_7\bar{I}_8\bar{I}_9 + I_5\bar{I}_6\bar{I}_8\bar{I}_9 + I_3\bar{I}_4\bar{I}_6\bar{I}_8\bar{I}_9 + I_1\bar{I}_2\bar{I}_4\bar{I}_6\bar{I}_8\bar{I}_9} \end{cases} \quad (4.2.7)$$

由式(4.2.7)可以得到二-十进制编码器 74LS147 的功能表，如表 4.2.3 所示。

表 4.2.3 74LS147 编码器的功能表

输入									输出			
$\overline{I}_1$	$\overline{I}_2$	$\overline{I}_3$	$\overline{I}_4$	$\overline{I}_5$	$\overline{I}_6$	$\overline{I}_7$	$\overline{I}_8$	$\overline{I}_9$	$\overline{Y}_3$	$\overline{Y}_2$	$\overline{Y}_1$	$\overline{Y}_0$
1	1	1	1	1	1	1	1	1	1	1	1	1
×	×	×	×	×	×	×	×	0	0	1	1	0
×	×	×	×	×	×	×	0	1	0	1	1	1
×	×	×	×	×	×	0	1	1	1	0	0	0
×	×	×	×	×	0	1	1	1	1	0	0	1
×	×	×	×	0	1	1	1	1	1	0	1	0
×	×	×	0	1	1	1	1	1	1	0	1	1
×	×	0	1	1	1	1	1	1	1	1	0	0
×	0	1	1	1	1	1	1	1	1	1	0	1
0	1	1	1	1	1	1	1	1	1	1	1	0

由表 4.2.3 看出，如果有输入端 $\overline{I}_0$，则 $\overline{I}_0=0$，$\overline{I}_9\sim\overline{I}_1$ 均为 1 时，将有 $\overline{Y}_3\overline{Y}_2\overline{Y}_1\overline{Y}_0=1111$；而表中 $\overline{I}_9\sim\overline{I}_1$ 均为 1 时，$\overline{Y}_3\overline{Y}_2\overline{Y}_1\overline{Y}_0=1111$；这表明 $\overline{I}_0=0$，相当于 $\overline{I}_9\sim\overline{I}_1$ 均为 1 的情况，故可以略去 $\overline{I}_0$ 端，用 $\overline{I}_9\sim\overline{I}_1$ 均为 1 来表示该端的编码功能。

4.3 译 码 器

译码是编码的逆过程，即把具有特定含义的二进制代码翻译出来，转换成高、低电平输出信号。实现译码功能的逻辑电路称作译码器。常用的译码器有变量译码器（二进制译码器）、二-十进制译码器和显示译码器三种。

如果用 n 表示译码器输入二值代码的位数，用 m 表示译码器输出端的个数，则 n 和 m 应满足式(4.3.1)，即

$$m \leqslant 2^n \tag{4.3.1}$$

当 $m=2^n$ 时，称作完全译码；当 $m<2^n$ 时，称作不完全译码。

4.3.1 变量译码器

变量译码器是将输入变量的状态翻译（转换）成一条确定的输出线上的高电平或低电平的一类译码器。输入变量的状态是用一组二进制码表示的，n 位二进制码表示 2^n 个状态，即 n 个输入变量有 2^n 个状态。因此，这种译码器称作二进制译码器，又称作 n 线-2^n 线译码器，如 2 线-4 线译码器、3 线-8 线译码器等。常用的集成变量译码器有双 2 线-4 线译码器 74LS149、3 线-8 线译码器 74LS138、4 线-16 线译码器 74LS154 等。下面以 3 线-8 线译码器 74LS138 为例进行介绍。

1. 3 线-8 线译码器 74LS138

译码器 74LS138 的逻辑图如图 4.3.1 所示，电路的主体是与非门。它有 3 个变量输入端 $A_0\sim A_2$，8 个输出端 $\overline{Y}_0\sim\overline{Y}_7$，$E_1$、$\overline{E}_{2A}$ 和 $\overline{E}_{2B}$ 这三个控制端统称作"片选"输入端，或称作激活端，利用片选作用可以扩展译码器功能，例如，可将两片 74LS138 扩展成 4 线-16 线译码器。

当附加控制门 G_S 的输出 $E=1$ 时，可以由图 4.3.1 写出译码器的输出 $\overline{Y}_0\sim\overline{Y}_7$ 的逻辑函数

表达式：

$$\begin{cases} \overline{Y}_0 = \overline{\overline{A}_2 \overline{A}_1 \overline{A}_0} = \overline{m}_0 \\ \overline{Y}_1 = \overline{\overline{A}_2 \overline{A}_1 A_0} = \overline{m}_1 \\ \overline{Y}_2 = \overline{\overline{A}_2 A_1 \overline{A}_0} = \overline{m}_2 \\ \overline{Y}_3 = \overline{\overline{A}_2 A_1 A_0} = \overline{m}_3 \\ \overline{Y}_4 = \overline{A_2 \overline{A}_1 \overline{A}_0} = \overline{m}_4 \\ \overline{Y}_5 = \overline{A_2 \overline{A}_1 A_0} = \overline{m}_5 \\ \overline{Y}_6 = \overline{A_2 A_1 \overline{A}_0} = \overline{m}_6 \\ \overline{Y}_7 = \overline{A_2 A_1 A_0} = \overline{m}_7 \end{cases} \quad (4.3.2)$$

由式(4.3.2)不难看出，译码输出是 A_2, A_1, A_0 这三个输入变量的最小项的非。因此，也将这类译码器称作最小项译码器。

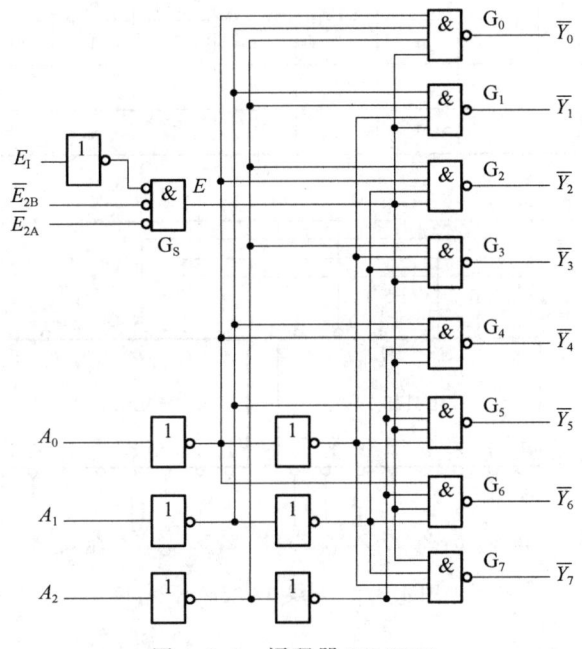

图 4.3.1 译码器 74LS138

译码器 74LS138 的功能表如表 4.3.1 所示。

由表 4.3.1 看出，$A_2A_1A_0$ 为不同代码（状态）时，输出 $\overline{Y}_0 \sim \overline{Y}_7$ 中有一确定输出线为低电平。例如，当 $A_2A_1A_0 = 010$ 时，输出 $\overline{Y}_2 = 0$。

2. 译码器 74LS138 的功能扩展

将两片 3 线-8 线译码器 74LS138 构成 4 线-16 线译码器，接线图如图 4.3.2 所示。图中 $D_0 \sim D_3$ 为 4 个输入端，$\overline{Z}_0 \sim \overline{Z}_{15}$ 为 16 个译码输出端。片 1 的 E_I 接高电平(+5 V)，$\overline{E}_{2A}$ 和 $\overline{E}_{2B}$ 端接在 D_3 输入端上；片 2 的 E_I 也接在 D_3 端上，$\overline{E}_{2A}$ 和 $\overline{E}_{2B}$ 端接低电平。

当 $D_3 = 0$ 时，由表 4.3.1 可知，片 2 被禁止，其输出 $\overline{Z}_8 \sim \overline{Z}_{15}$ 均为 1；而片 1 的 E_I 为高电平，处于译码工作状态，将 $D_3D_2D_1D_0 = 0000 \sim 0111$ 这 8 个代码分别译成 $\overline{Z}_0 \sim \overline{Z}_7$ 8 个低电平信号输出。当 $D_3 = 1$ 时，由表 4.3.1 可知，片 1 被禁止，其输出 $\overline{Z}_0 \sim \overline{Z}_7$ 均为 1；而片 2 的 E_I 为

高电平,处于译码工作状态,将 $D_3D_2D_1D_0=1000\sim1111$ 这 8 个代码分别译成 $\overline{Z}_8\sim\overline{Z}_{15}$ 8 个低电平信号输出。这样就将两个 3 线-8 线译码器扩展成了一个 4 线-16 线译码器。

表 4.3.1 74LS138 译码器的功能表

输入					输出							
E_I	$\overline{E}_{2A}+\overline{E}_{2B}$	A_2	A_1	A_0	$\overline{Y}_0$	$\overline{Y}_1$	$\overline{Y}_2$	$\overline{Y}_3$	$\overline{Y}_4$	$\overline{Y}_5$	$\overline{Y}_6$	$\overline{Y}_7$
0	×	×	×	×	1	1	1	1	1	1	1	1
×	1	×	×	×	1	1	1	1	1	1	1	1
1	0	0	0	0	0	1	1	1	1	1	1	1
1	0	0	0	1	1	0	1	1	1	1	1	1
1	0	0	1	0	1	1	0	1	1	1	1	1
1	0	0	1	1	1	1	1	0	1	1	1	1
1	0	1	0	0	1	1	1	1	0	1	1	1
1	0	1	0	1	1	1	1	1	1	0	1	1
1	0	1	1	0	1	1	1	1	1	1	0	1
1	0	1	1	1	1	1	1	1	1	1	1	0

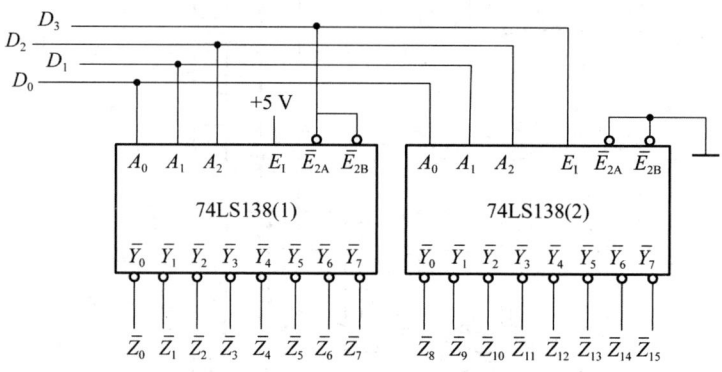

图 4.3.2 4 线-16 线译码器

4.3.2 二-十进制译码器

把 8421BCD 的 10 个代码译成十进制码(10 个高或低电平输出信号)的译码器称作二-十进制译码器。它是码制变换译码器的一种,除此而外,码制变换译码器常用的还有余三码到十进制码译码器、余三循环码到十进制码译码器等。

在 8421BCD 码中,从 1010 到 1111 这 6 个码是不应该出现的,依据对这 6 个码的处理方法不同,可分为部分译码和完全译码两种电路。

1. 部分译码

部分译码也称作不完全译码。这种译码器的输入端只出现规定的前 10 种代码,而不出现其他 6 种不采用的代码。将不采用的代码作为无关项,利用无关项简化逻辑函数,以便减少门的输入端数和接线。

部分译码的二-十进制译码器的逻辑图如图 4.3.3 所示。其输出 $\overline{Y}_0\sim\overline{Y}_9$ 的逻辑表达式为

$$\begin{cases} \overline{Y}_0 = \overline{\overline{A}_3 \overline{A}_2 \overline{A}_1 \overline{A}_0} & \overline{Y}_5 = \overline{A_2 \overline{A}_1 A_0} \\ \overline{Y}_1 = \overline{\overline{A}_3 \overline{A}_2 \overline{A}_1 A_0} & \overline{Y}_6 = \overline{A_2 A_1 \overline{A}_0} \\ \overline{Y}_2 = \overline{\overline{A}_2 A_1 \overline{A}_0} & \overline{Y}_7 = \overline{A_2 A_1 A_0} \\ \overline{Y}_3 = \overline{\overline{A}_2 A_1 A_0} & \overline{Y}_8 = \overline{A_3 \overline{A}_0} \\ \overline{Y}_4 = \overline{A_2 \overline{A}_1 \overline{A}_0} & \overline{Y}_9 = \overline{A_3 A_0} \end{cases} \qquad (4.3.3)$$

其功能表如表 4.3.2 所示。

不采用的码在正常工作时不会出现,但在开机或有干扰时则可能出现,常称它为伪输入(码)。一旦出现伪输入,译码器可能有一个以上的输出为 0。例如,当输入端出现 $A_3 A_2 A_1 A_0 =$ 1111 时,译码器的输出 $\overline{Y}_7$ 和 $\overline{Y}_9$ 均为 0,这是不允许的,也是这种译码器的缺点。

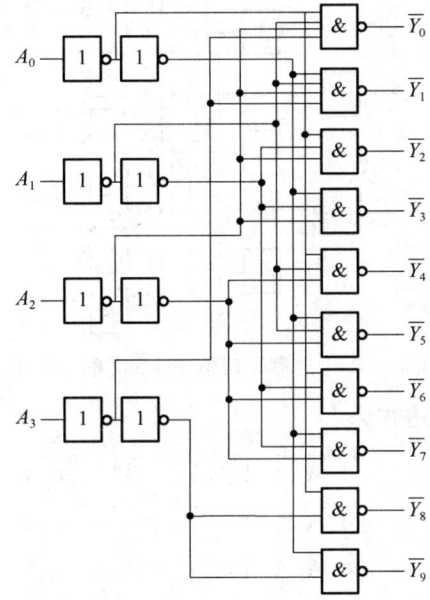

图 4.3.3 部分译码的二-十进制译码

表 4.3.2 二-十译码器功能表

十进制数	输入				输出									
	A_3	A_2	A_1	A_0	$\overline{Y}_0$	$\overline{Y}_1$	$\overline{Y}_2$	$\overline{Y}_3$	$\overline{Y}_4$	$\overline{Y}_5$	$\overline{Y}_6$	$\overline{Y}_7$	$\overline{Y}_8$	$\overline{Y}_9$
0	0	0	0	0	0	1	1	1	1	1	1	1	1	1
1	0	0	0	1	1	0	1	1	1	1	1	1	1	1
2	0	0	1	0	1	1	0	1	1	1	1	1	1	1
3	0	0	1	1	1	1	1	0	1	1	1	1	1	1
4	0	1	0	0	1	1	1	1	0	1	1	1	1	1
5	0	1	0	1	1	1	1	1	1	0	1	1	1	1
6	0	1	1	0	1	1	1	1	1	1	0	1	1	1
7	0	1	1	1	1	1	1	1	1	1	1	0	1	1
8	1	0	0	0	1	1	1	1	1	1	1	1	0	1
9	1	0	0	1	1	1	1	1	1	1	1	1	1	0

2. 完全译码

完全译码是指对 16 种输入代码都进行翻译处理,不再把不采用的代码作为无关项处理,而是按最小项译码,但这时的输出全为高电平。

完全译码的二-十进制译码器 74LS42 的逻辑电路图如图 4.3.4 所示。

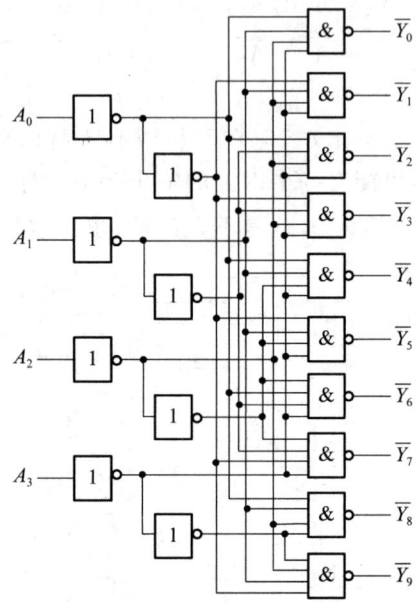

图 4.3.4 二-十进制译码器 74LS42 的逻辑电路图

其输出 $\overline{Y}_0 \sim \overline{Y}_9$ 的逻辑表达式为

$$\begin{cases} \overline{Y}_0 = \overline{\overline{A}_3 \overline{A}_2 \overline{A}_1 \overline{A}_0} & \overline{Y}_5 = \overline{\overline{A}_3 A_2 \overline{A}_1 A_0} \\ \overline{Y}_1 = \overline{\overline{A}_3 \overline{A}_2 \overline{A}_1 A_0} & \overline{Y}_6 = \overline{\overline{A}_3 A_2 A_1 \overline{A}_0} \\ \overline{Y}_2 = \overline{\overline{A}_3 \overline{A}_2 A_1 \overline{A}_0} & \overline{Y}_7 = \overline{\overline{A}_3 A_2 A_1 A_0} \\ \overline{Y}_3 = \overline{\overline{A}_3 \overline{A}_2 A_1 A_0} & \overline{Y}_8 = \overline{A_3 \overline{A}_2 \overline{A}_1 \overline{A}_0} \\ \overline{Y}_4 = \overline{\overline{A}_3 A_2 \overline{A}_1 \overline{A}_0} & \overline{Y}_9 = \overline{A_3 \overline{A}_2 \overline{A}_1 A_0} \end{cases} \quad (4.3.4)$$

译码器 74LS42 的功能表如表 4.3.3 所示。

表 4.3.3 完全译码的二-十进制译码器 74LS42 功能表

十进制数	输入				输出									
	A_3	A_2	A_1	A_0	$\overline{Y}_0$	$\overline{Y}_1$	$\overline{Y}_2$	$\overline{Y}_3$	$\overline{Y}_4$	$\overline{Y}_5$	$\overline{Y}_6$	$\overline{Y}_7$	$\overline{Y}_8$	$\overline{Y}_9$
0	0	0	0	0	0	1	1	1	1	1	1	1	1	1
1	0	0	0	1	1	0	1	1	1	1	1	1	1	1
2	0	0	1	0	1	1	0	1	1	1	1	1	1	1
3	0	0	1	1	1	1	1	0	1	1	1	1	1	1
4	0	1	0	0	1	1	1	1	0	1	1	1	1	1
5	0	1	0	1	1	1	1	1	1	0	1	1	1	1
6	0	1	1	0	1	1	1	1	1	1	0	1	1	1
7	0	1	1	1	1	1	1	1	1	1	1	0	1	1
8	1	0	0	0	1	1	1	1	1	1	1	1	0	1

续表

十进制数	输入				输出									
	A_3	A_2	A_1	A_0	$\overline{Y}_0$	$\overline{Y}_1$	$\overline{Y}_2$	$\overline{Y}_3$	$\overline{Y}_4$	$\overline{Y}_5$	$\overline{Y}_6$	$\overline{Y}_7$	$\overline{Y}_8$	$\overline{Y}_9$
9	1	0	0	1	1	1	1	1	1	1	1	1	1	0
伪码	1	0	1	0	1	1	1	1	1	1	1	1	1	1
	1	0	1	1	1	1	1	1	1	1	1	1	1	1
	1	1	0	0	1	1	1	1	1	1	1	1	1	1
	1	1	0	1	1	1	1	1	1	1	1	1	1	1
	1	1	1	0	1	1	1	1	1	1	1	1	1	1
	1	1	1	1	1	1	1	1	1	1	1	1	1	1

由上述分析可知，不完全译码的二-十进制译码器，对于 6 个伪码可以接收，将在其输出端译成低电平。例如，$A_3A_2A_1A_0=1101$，将使 $\overline{Y}_9=0$。从这个意义上看，不完全译码器也称不拒绝伪码的译码器。而完全译码器对于 6 个伪码，其输出全部为高电平，故也称它为拒绝伪码的译码器。

4.3.3 显示译码器

显示译码器是将输入的 8421BCD 代码译成显示器所需要的驱动信号，以便使显示器用十进制数字显示出 8421BCD 代码所表示的数值的一种译码器。它和显示器一起构成了数字设备的显示电路。

1. 数码显示器

数码显示器是用来显示数字、文字和符号等的器件，目前广泛采用的是七段字符显示器。常见的七段字符显示器有半导体数码管和液晶显示器两种。半导体数码管的每个线段都是一个发光二极管(light emitting diode)，因此常称作 LED 数码管。它分共阴极和共阳极两种形式。

将 7 个发光二极管(LED)拼成图 4.3.5 所示的字形，集成封装成芯片，就称为 LED 七段数码管，图中，7 个 LED 管分别标注为 a、b、c、d、e、f、g。

要让组成数码管的 LED 管能够正常点亮，自然需要对这些 LED 管分别上电，根据数码管电源接入方式的不同，LED 数码管又分为共阳极和共阴极两种类型。图 4.3.6 所示为这两类数码管的引脚排布图和等效电路结构。

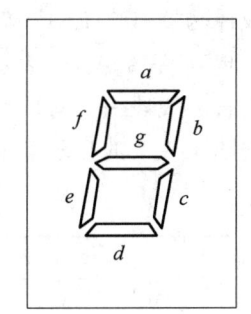

图 4.3.5 七段数码管的字形排列

如图 4.3.6(a)所示，数码管有 10 个引脚，其中，上、下排中各有 1 个 COM 端，表示数码管上各个 LED 管的共接端，其余 8 个引脚分别接 LED 管的另一端，除了表示字形的 a、b、c、d、e、f、g 外，还常常在芯片右下角增设了一个小数点，用 DP 表示，以方便组成多位数的显示。如果是共阳极结构，则 COM 端接正电压(+5 V)，如图 4.3.6(b)所示；如果是共阴极结构，则 COM 端接地(GND)，如图 4.3.6(c)所示。

此外，还有一种常用的七段字符显示器采用了液晶显示器(liquid crystal display，LCD)来显示字符，这样的数码管被称为 LCD 数码管。液晶是一种既具有液体的流动性，又具有光学

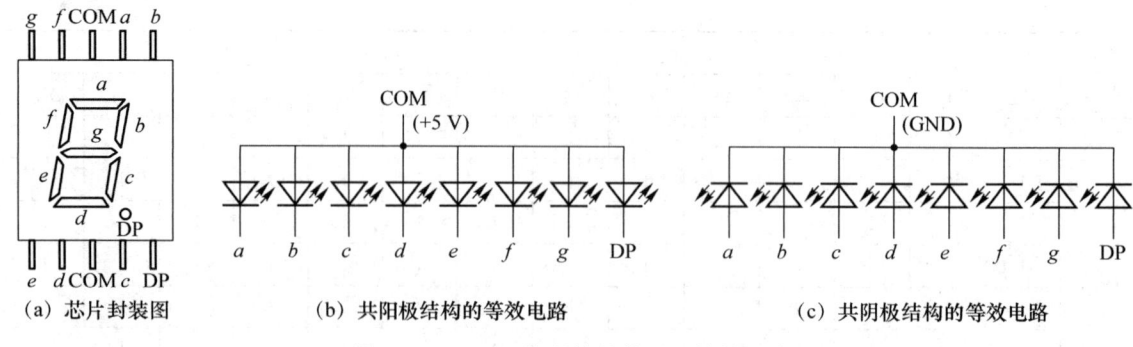

图 4.3.6　LED 数码管的外形和等效电路

特性的有机化合物,根据外加电场的不同,其透明度和外显颜色会发生变化,由此可以用来显示字符、图案等信息。

结合图 4.3.6 所示的显示译码单元的整体结构,假设使用了共阴极七段数码管,可知,如果输入 BCD 码为 0011,则表示第 3 路输出信号出现,那么使显示译码器的输出端为: $a=b=c=d=g=1, f=e=0$,则数码管上,对应的 LED 管 a、b、c、d、g 亮,f、e 灭,就形成了字形"3"。

七段数码管的示意图如图 4.3.7 所示。对于不同输入的 8421BCD 代码,显示器相应的段将发光,显示所对应的十进制数码。

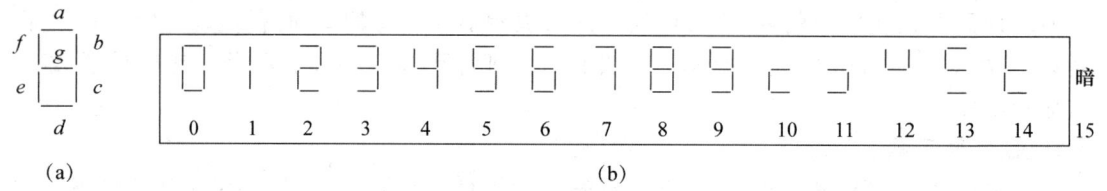

图 4.3.7　七段数码显示器

2. 显示译码器

适用于七段共阴极数码显示器的集成译码器有 74LS48,适用于七段共阳极数码显示器的集成译码器有 74LS47 等型号。下面以 74LS48 为例进行分析。

现以 $A_3A_2A_1A_0$ 表示显示译码器输入的 8421BCD 代码,以 $a \sim g$ 表示译码器的输出并与数码管的线段一一对应,还规定用 1 表示数码管的线段的点亮状态,用 0 表示线段熄灭状态。根据图 4.3.7 的显示字形要求,8421BCD 代码七段显示译码器的功能表如表 4.3.4 所示。

表 4.3.4　七段显示译码器的功能表

十进制数	输入				输出						
	A_3	A_2	A_1	A_0	a	b	c	d	e	f	g
0	0	0	0	0	1	1	1	1	1	1	0
1	0	0	0	1	0	1	1	0	0	0	0
2	0	0	1	0	1	1	0	1	1	0	1
3	0	0	1	1	1	1	1	1	0	0	1
4	0	1	0	0	0	1	1	0	0	1	1
5	0	1	0	1	1	0	1	1	0	1	1
6	0	1	1	0	0	0	1	1	1	1	1

续 表

十进制数	输入				输出						
	A_3	A_2	A_1	A_0	a	b	c	d	e	f	g
7	0	1	1	1	1	1	1	0	0	0	0
8	1	0	0	0	1	1	1	1	1	1	1
9	1	0	0	1	1	1	1	1	0	1	1
10	1	0	1	0	0	0	0	0	1	0	1
11	1	0	1	1	0	0	1	1	0	0	1
12	1	1	0	0	0	1	0	0	0	1	1
13	1	1	0	1	1	0	0	1	0	1	1
14	1	1	1	0	0	0	0	1	1	1	1
15	1	1	1	1	0	0	0	0	0	0	0

由表 4.3.4,可以画出 $a\sim g$ 的卡诺图,如图 4.3.8 所示。

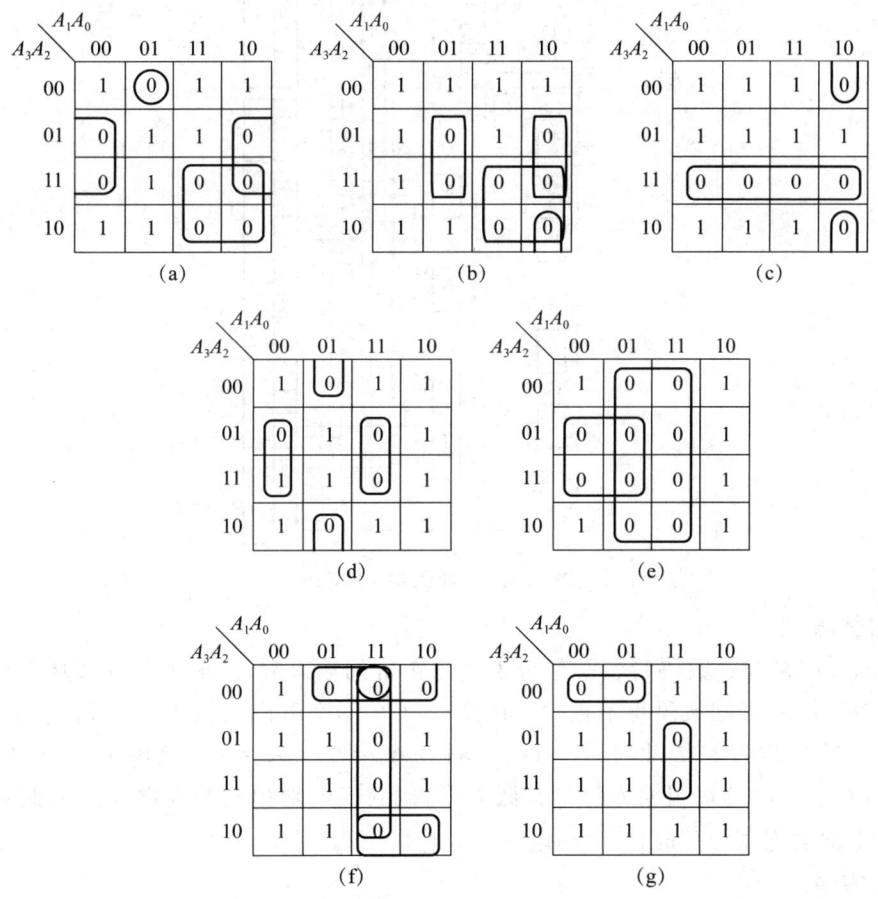

图 4.3.8 显示译码器的卡诺图

由图 4.3.8 可以看出,圈 0 要比圈 1 方便;通过圈 0 化简得到 $a\sim g$ 的逻辑表达式为

$$\begin{cases} a=\overline{\overline{A_3}\,\overline{A_2}\,\overline{A_1}A_0+A_2\overline{A_0}+A_3A_1} \\ b=\overline{\overline{A_2}\,\overline{A_1}A_0+A_2A_1\overline{A_0}+A_3A_1} \\ c=\overline{\overline{A_3}A_2+\overline{A_2}A_1\overline{A_0}} \\ d=\overline{\overline{A_2}\,\overline{A_1}A_0+A_2A_1A_0+\overline{A_2}\,\overline{A_1}A_0} \\ e=\overline{\overline{A_2}\,\overline{A_1}+A_0} \\ f=\overline{A_1A_0+\overline{A_2}A_1+\overline{A_3}\,\overline{A_2}A_0} \\ g=\overline{\overline{A_3}\,\overline{A_2}\,\overline{A_1}+A_2A_1A_0} \end{cases} \qquad (4.3.5)$$

以式(4.3.5)为基础,附加一些控制功能设计的显示译码器 74LS48 的逻辑图如图 4.3.9 所示。如果不考虑图中控制门 $G_1 \sim G_4$ 的作用,即门 G_3 和 G_4 输出高电平时,$a \sim g$ 与 A_3,A_2,A_1,A_0 之间的关系与式(4.3.5)完全相同。由图可知,除了主体电路外,还设置了控制门 $G_1 \sim G_4$ 相应的控制端。下面将介绍它们的功能。

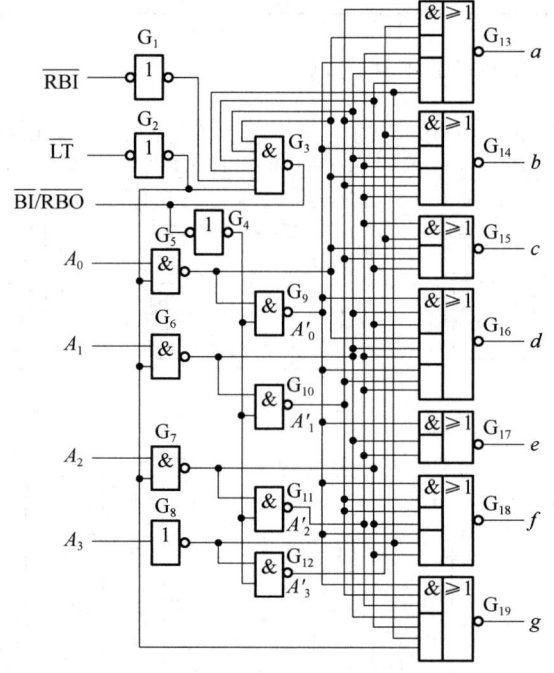

图 4.3.9 译码器 74LS48

(1) 测试端 $\overline{LT}$

测试端 $\overline{LT}$ 用来检查数码管各段是否为发光正常的输入端,低电平有效,即 $\overline{LT}=0$ 时,数码管各线段应被点亮,否则数码管不正常。由图 4.3.9 不难看出,当 $\overline{LT}=0$ 时,门 G_2 输出为 0,则门 $G_3 \sim G_7$ 输出均为 1;因此门 $G_9 \sim G_{11}$ 的输出 $A'_0=A'_1=A'_2=0$。又由于 $A'_0 \sim A'_2$ 均为 0,使得与或非门 $G_{13} \sim G_{19}$ 的每组输入都含有低电平,故它们的输出均为高电平。因此数码管的各线段 $a \sim g$ 全部被点亮。平时 $\overline{LT}$ 为高电平。

(2) 灭零输入 $\overline{RBI}$

灭零输入 $\overline{RBI}$ 的作用是把不希望显示的零熄灭。例如,一个 6 位的数字显示电路,整数部分为 4 位,小数部分为 2 位,当显示 13.8 这个数时,将出现"0013.80"的字样。使人看了很不习惯,这时就需要将有效数字前、后多余的零熄灭,$\overline{RBI}$ 就是实现此功能的。

由表 4.3.4 可知,当 $A_3=A_2=A_1=A_0=0$ 时,$a\sim f$ 为高电平,g 为低电平,应该显示"0"字符。如果需要将这个"0"熄灭,则可令 RBI=0。由于这时 $A_3\sim A_0$ 均为 0,$\overline{LT}=1$,使得门 G_3 的全部输入均为高电平,故门 G_3 输出为低电平;从而使门 G_4 输出为低电平,进而使 $A_3'\sim A_0'$ 均为 1。这样就使与非门 $G_{13}\sim G_{19}$ 都有一个与门的输入全为高电平,故 $a\sim g$ 全为低电平,使原本应显示的"0"熄灭。

(3) 熄灭输入/灭零输出 $\overline{BI}/\overline{RBO}$

$\overline{BI}/\overline{RBO}$ 作为输入端使用时,称熄灭输入。无论 $A_3\sim A_0$ 处于什么状态,只要是 $\overline{BI}=0$,数码管的各段将同时熄灭。这是因为当 $\overline{BI}=0$ 时,门 G_4 输出为低电平,使 $A_3'\sim A_0'=1$,$a\sim g$ 同时输出低电平,故数码管熄灭。

$\overline{BI}/\overline{RBO}$ 作为输出端使用时,称灭零输出。当 $\overline{LT}=1$ 时,由图 4.3.9 可以得出

$$\overline{RBO}=\overline{\overline{A_3}\,\overline{A_2}\,\overline{A_1}\,\overline{A_0}}\cdot RBI$$

由上式可以看出,只有当 $A_3\sim A_0=0$,且 $\overline{RBI}=0$ 时,$\overline{RBO}$ 才为低电平。这就是说,$\overline{RBO}=0$ 表示译码器已将原本应该显示的零熄灭了。

4.4 数据选择器与数据分配器

在数字系统中,常常需要把多路数据经由一条线路进行传送。这就要在数据发送端用数据选择器对多路数据进行选择,以便每个时刻线路上只传送一路数据。在接收端使用数据分配器对数据进行分路,还原成多路数据。下面分别介绍数据选择器和数据分配器。

4.4.1 数据选择器

能从多个输入数据中选出某一个数据的逻辑电路称为数据选择器,也叫多路选择器(multiplexer)或多路开关,常用 MUX 表示。常见的数据选择器有 4 选 1,8 选 1 和 16 选 1 三种形式。下面以双 4 选 1 数据选择器 74LS153 为例进行说明。74LS153 的逻辑图如图 4.4.1 所示,其中:$D_0\sim D_3$ 为数据输入端;A_0,A_1 为地址输入端;Y 为数据输出端;$\overline{E}$ 为激活端。

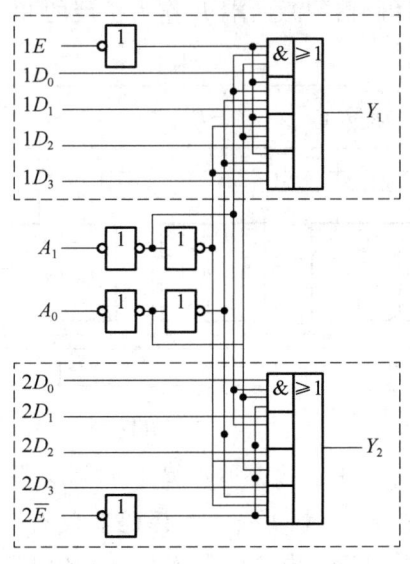

图 4.4.1 数据选择器 74LS153

当激活端 $\overline{E}=0$ 时，由图 4.4.1 不难得出输出的逻辑表达式为

$$Y = \overline{A}_1\overline{A}_0 D_0 + \overline{A}_1 A_0 D_1 + A_1 \overline{A}_0 D_2 + A_1 A_0 D_3 = \sum_{i=0}^{3} m_i D_i \qquad (4.4.1)$$

其中：m_i 为地址变量 A_1，A_0 构成的最小项；D_i 为第 i 端的输入数据。

由式(4.4.1)可知，当 $A_1 A_0 = 00$ 时，$Y = D_0$；当 $A_1 A_0 = 01$ 时，$Y = D_1$；当 $A_1 A_0 = 10$ 时，$Y = D_2$；当 $A_1 A_0 = 11$ 时，$Y = D_3$。这就是说，在 $A_1 A_0$ 的控制下，依次选中 $D_0 \sim D_3$ 端的数据送至输出端。

4 选 1 数据选择器的功能表如表 4.4.1 所示。

仿照 4 选 1 数据选择器，2^n 选 1 数据选择器的输出逻辑表达式可以写作：

$$Y = \sum_{i=0}^{2^n-1} m_i D_i \qquad (4.4.2)$$

其中：m_i 为地址变量 A_{n-1}，A_{n-2}，…，A_1，A_0 构成的最小项；D_i 为 2^n 个输入数据中的第 i 个输入数据。

表 4.4.1　4 选 1 数据选择器的功能表

$\overline{E}$	A_1	A_0	D_0	D_1	D_2	D_3	Y
1	×	×	×	×	×	×	0
0	0	0	D_0	×	×	×	D_0
0	0	1	×	D_1	×	×	D_1
0	1	0	×	×	D_2	×	D_2
0	1	1	×	×	×	D_3	D_3

$\overline{E}$ 为激活控制端，低电平有效，即 $\overline{E}=0$ 时，数据选择器正常工作。利用激活端 $\overline{E}$ 可以扩展数据选择器的功能。图 4.4.2 是用一片 2 线-4 线译码器和 4 片 8 选 1 数据选择器构成的 32 选 1 数据选择器的连线图。地址代码高两位 $S_4 S_3$ 作为 2 线-4 线译码器的输入代码，其输出作为 8 选 1 数据选择器的片选信号，分别连到它们的激活端。4 片 8 选 1 数据选择器的输出直接 4 "线与"在一起。2 线-4 线译码器的激活端 $\overline{E}$ 作为扩展的 32 选 1 数据选择器的激活端。

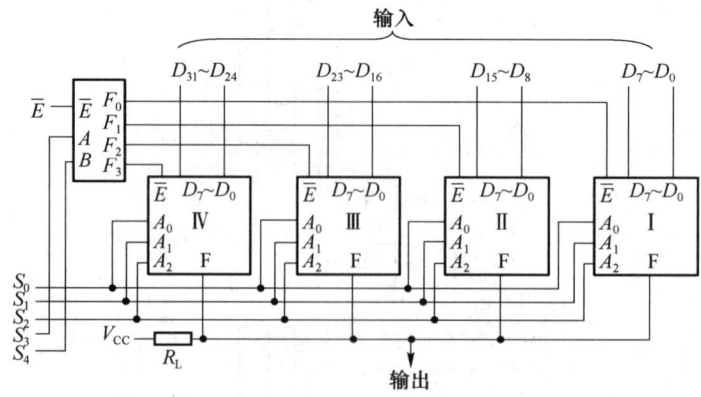

图 4.4.2　扩展的 32 选 1 数据选择器

在 $\overline{E}=0$ 的情况下，当 $S_4 S_3 = 00$ 时，2 线-4 线译码器仅有 $F_0 = 0$，I 片数据选择器被选中，其他三片禁止；再根据 $S_2 S_1 S_0$ 的状态，由片 I 选择 $D_0 \sim D_7$ 中某一个经"线与"后输出。例如，

$S_4S_3S_2S_1S_0=00011$ 时,数据 D_3 被选中后输出。当 $S_4S_3=01$ 时,选中片Ⅱ,其他片禁止,输出将从 $D_8 \sim D_{15}$ 选择。其他情况,依此类推。

4.4.2 数据分配器

将一个输入数据有选择地分配给任一个输出通道的逻辑电路称为数据分配器。它也称为多路分配器(demultiplexer),常用 DEMUX 表示。其电路结构与数据选择器正好相反,它是一种单路输入、多路输出的逻辑器件,从哪一路输出由地址变量决定。

图 4.4.3 为四路数据分配器的逻辑图,图中 D 为数据输入端,A_1,A_0 为地址端,$Y_0 \sim Y_3$ 为数据输出端。

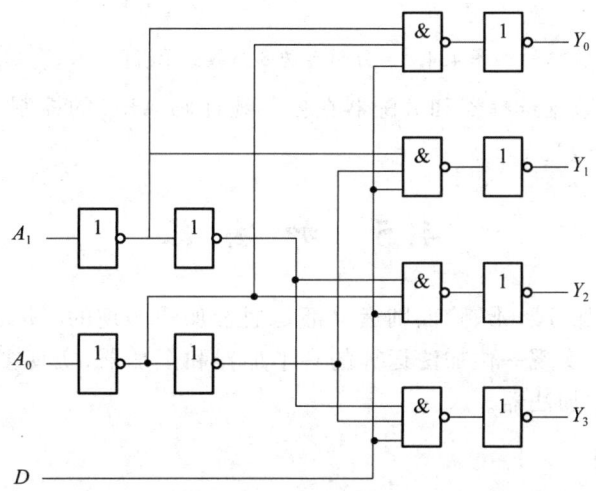

图 4.4.3 四路数据分配

由图 4.4.3 不难求出分配器的输出表达式:

$$\begin{cases} Y_0 = \overline{A_1}\overline{A_0}D = m_0 D \\ Y_1 = \overline{A_1}A_0 D = m_1 D \\ Y_2 = A_1\overline{A_0}D = m_2 D \\ Y_3 = A_1 A_0 D = m_3 D \end{cases} \quad (4.4.3)$$

其中,$m_i (i=0 \sim 3)$ 是地址变量组成的 4 个最小项。其功能表如表 4.4.2 所示。

表 4.4.2 数据分配器功能表

A_1	A_0	Y_0	Y_1	Y_2	Y_3
0	0	D	0	0	0
0	1	0	D	0	0
1	0	0	0	D	0
1	1	0	0	0	D

数据分配器常与数据选择器联合使用,实现多通道数据的分时传送。在数据发送端,数据选择器将各路数据分时地送上公共传输线;在接收端,数据分配器将公共传输线上的数据同步分配到相应的输出端。分时传送 8 路数据的示意图如图 4.4.4 所示。

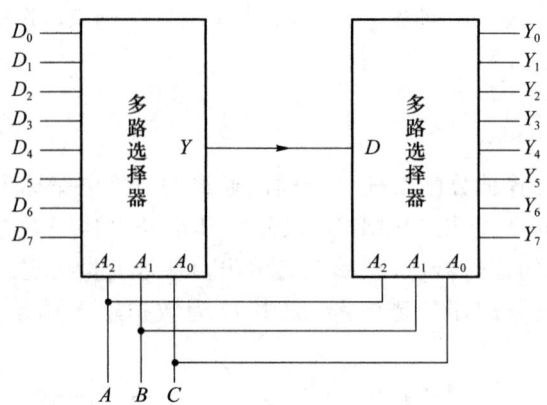

图 4.4.4 分时传送 8 路数据示意图

由图 4.4.4 可知,数据选择器和分配器在公共地址码 ABC 的控制下,通过公共传输线将 D_i 传送到 Y_i 端($i=0\sim 7$)。

4.5 加法器

在数字计算机中,加、减、乘、除四则运算都是通过加法实现的。因此,加法器是构成算术运算单元的基本电路。实现一位加法运算的有半加器和全加器;实现多位加法运算的有串行进位加法器和超前进位加法器。

4.5.1 一位加法器

一位加法器分为半加器和全加器。

1. 半加器

不考虑低位进位直接将两个 1 位二进制数相加的运算称为半加。实现半加的逻辑电路称为半加器,通常用符号 HA(half adder)表示。

根据二进制数加法的运算规则可以列出半加器的功能表,如表 4.5.1 所示。其中 A_i,B_i 是两个加数,S_i 是相加的和,C_{i+1} 是向高位的进位。

表 4.5.1 半加器功能表

A_i	B_i	S_i	C_{i+1}
0	0	0	0
0	1	1	0
1	0	1	0
1	1	0	1

由表 4.5.1 可以推导出半加器的输出逻辑表达式:

$$\begin{cases} S_i = \overline{A_i}B_i + A_i\overline{B_i} = A_i \oplus B_i \\ C_{i+1} = A_i B_i \end{cases} \quad (4.5.1)$$

由式(4.5.1)可知,半加器仅需要一个异或门和一个与门就可构成。其逻辑图与符号如图 4.5.1 所示。

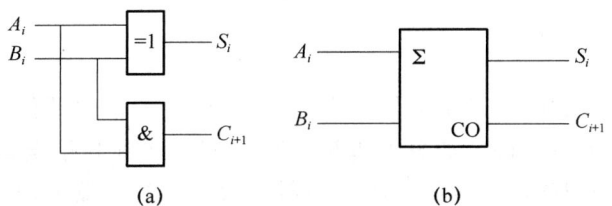

图 4.5.1 半加器

2. 全加器

在进行两个 1 位二进制数相加时,需考虑来自低位的进位。实际进行的是三个 1 位数的相加运算,称为全加。实现全加运算的逻辑电路称为全加器,通常用符号 FA(full adder)表示。

依照二进制数的加法规则可列出全加器的功能表,如表 4.5.2 所示。

表 4.5.2 全加器功能表

C_i	A_i	B_i	S_i	C_{i+1}
0	0	0	0	0
0	0	1	1	0
0	1	0	1	0
0	1	1	0	1
1	0	0	1	0
1	0	1	0	1
1	1	0	0	1
1	1	1	1	1

由表 4.5.2 可以求出输出 S_i 和 C_{i+1} 的逻辑表达式(由等于 0 的最小项构成):

$$\begin{cases} S_i = \overline{A_i}\,\overline{B_i}C_i + \overline{A_i}B_i\overline{C_i} + A_i\overline{B_i}\,\overline{C_i} + A_iB_iC_i \\ C_{i+1} = \overline{A_i}B_iC_i + A_i\overline{B_i}C_i + A_iB_i\overline{C_i} + A_iB_iC_i = A_iB_i + A_iC_i + B_iC_i \end{cases} \quad (4.5.2)$$

按照式(4.5.2)画出的全加器的逻辑图如图 4.5.2(a)所示,图 4.5.2(b)为其符号。实际上,图 4.5.2 所示逻辑图是双全加器 74LS183 逻辑图的一半。全加器的电路结构还有其他形式,读者请参阅有关资料。

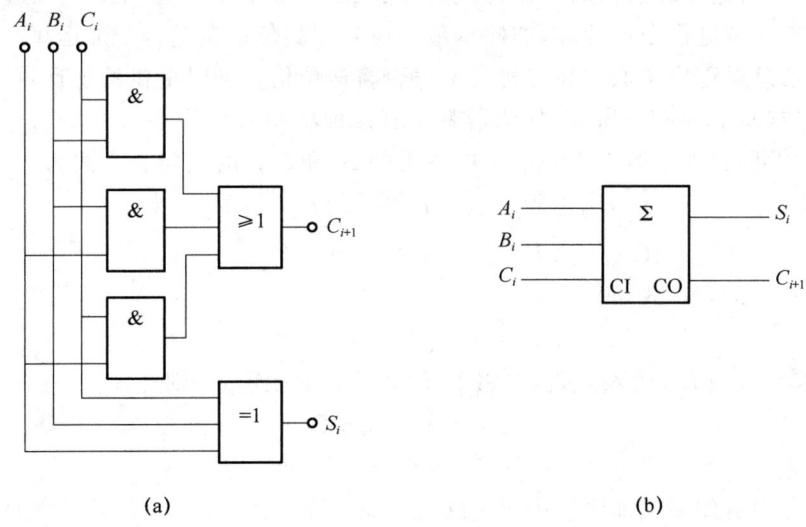

图 4.5.2 全加器

4.5.2 串行进位加法器

两个多位二进制数相加时,除了最低位之外,每一位相加都包括低位进位,因此必须用全加器。按加法规则,只需将低位全加器的进位输出端 C_{i+1} 接到高位全加器的进位输入端 C_i,就可以构成多位二进制加法器。这就是用全加器构成多位加法器的原理。按此原理,用全加器接成 4 位加法器的电路如图 4.5.3 所示。图中,最低位全加器的进位输入端 C_i 接低电平。从图 4.5.3 不难看出,每位的相加结果必须等到低它一位的进位产生以后才能得出。因此,这种结构形式的加法器称为串行进位加法器,也叫作行波进位加法器。

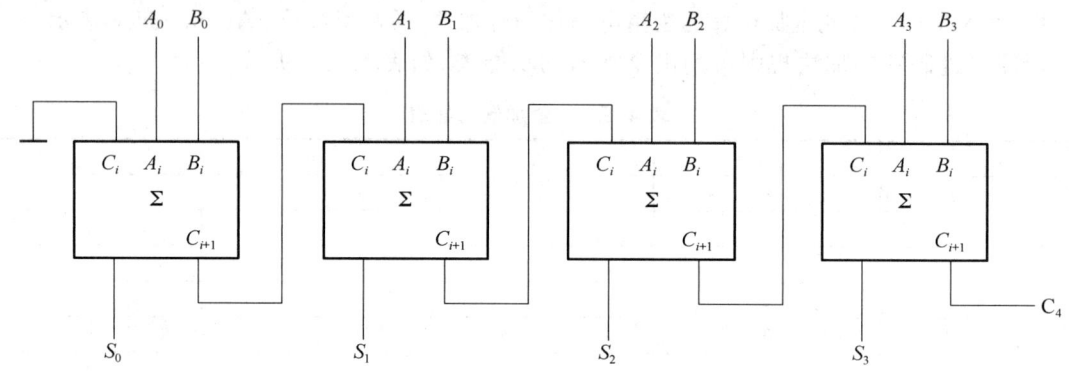

图 4.5.3 4 位串行进位加法器

由于这种加法器的进位方式是串行进位,所以它的运算速度低。在最坏情况下,做一次加法运算需要 4 个全加器的传输延迟时间。例如,$A=1111$,$B=0001$,这两个数相加,各位都有进位,完成加法运算所需的时间正好等于 4 个全加器的传输延迟时间。但是,由于这种加法器的电路结构较为简单,所以在运算速度要求不高的情况下,仍可以采用。属于这类的集成加法器有 T692,T1283。

4.5.3 超前进位加法器

如上所述,串行进位加法器的工作特点是,低位加运算后的进位与高一位进行全加运算,其进位再和更高一位进行全加运算,如此从最低位到最高位逐位进行全加运算。简言之,这种加法器的进位信息是逐位从低向高传送的。可否将进位信号同时提供给加运算的各位呢?一种称为超前进位(carry look-ahead)加法器就具有这种功能。

由表 4.5.2 可知,根据等于 1 的最小项写出的 S_i 和 C_{i+1} 的逻辑表达式为

$$\begin{cases} S_i = \overline{A_i}\overline{B_i}C_i + A_i\overline{B_i}\overline{C_i} + \overline{A_i}B_i\overline{C_i} + A_iB_iC_i \\ C_{i+1} = A_iB_i\overline{C_i} + A_iB_iC_i + \overline{A_i}B_iC_i + A_i\overline{B_i}C_i \end{cases}$$

用卡诺图化简 C_{i+1} 的表达式,得

$$C_{i+1} = A_iB_i + (A_i + B_i)C_i$$

令 $G_i = A_iB_i$,$P_i = A_i + B_i$,代入 C_{i+1},并将 S_i 的表达式变换形式,则

$$\begin{cases} S_i = A_i \oplus B_i \oplus C_i \\ C_{i+1} = G_i + P_iC_i \end{cases} \tag{4.5.3}$$

现在,将式(4.5.3)看作多位加法器中第 i 位的全加运算。其中,S_i 表示第 i 位的全加和,C_i 表示第 i 位的进位输入信号,C_{i+1} 表示第 i 位的进位输出信号,即向高一位的进位信号。

当 $i=0\sim3$ 时,由式(4.5.3)可以得到 $0\sim3$ 位的全加和、进位输入信号以及第 3 位的进位输出信号分别为

$$\begin{cases} S_0 = A_0 \oplus B_0 \oplus C_0 \\ C_0 = C_0 \end{cases} \quad (4.5.4)$$

$$\begin{cases} S_1 = A_1 \oplus B_1 \oplus C_1 \\ C_1 = G_0 + P_0 C_0 \end{cases} \quad (4.5.5)$$

$$\begin{cases} S_2 = A_2 \oplus B_2 \oplus C_2 \\ C_2 = G_1 + P_1 C_1 = G_1 + P_1(G_0 + P_0 C_0) \\ \quad = G_1 + P_1 G_0 + P_1 P_0 C_0 \end{cases} \quad (4.5.6)$$

$$\begin{cases} S_3 = A_3 \oplus B_3 \oplus C_3 \\ C_3 = G_2 + P_2 C_2 = G_2 + P_2(G_1 + P_1 G_0 + P_1 P_0 C_0) \\ \quad = G_2 + P_2 G_1 + P_2 P_1 G_0 + P_2 P_1 P_0 C_0 \end{cases} \quad (4.5.7)$$

$$\begin{aligned} C_4 &= G_3 + P_3 C_3 = G_3 + P_3(G_2 + P_2 G_1 + P_2 P_1 G_0 + P_2 P_1 P_0 C_0) \\ &= G_3 + P_3 G_2 + P_3 P_2 G_1 + P_3 P_2 P_1 G_0 + P_3 P_2 P_1 P_0 C_0 \end{aligned} \quad (4.5.8)$$

其中,G_i 称为进位生成函数,P_i 称为进位传送函数。由式(4.5.4)~式(4.5.8)可以看出,每一位的进位输入信号均由低位的生成函数和传送函数构成。这就是说,第 i 位的进位输入信号是由 0 位到 $i-1$ 位的各位状态所决定。如果设计一个电路直接产生进位输入信号,不必等待低位加算后的进位,而是各位同时实现全加运算。换言之,进位输入信号是超前低位全加运算,先到达该位的。故称为超前进位。

根据式(4.5.4)~式(4.5.8)构成的 4 位超前进位加法器 74LS283,如图 4.5.4 所示。由

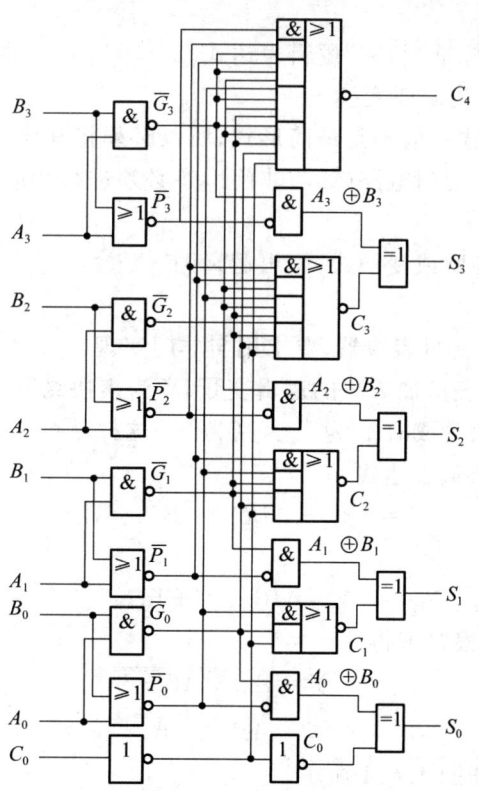

图 4.5.4 4 位超前进位加法器 74LS283 的逻辑电路图

图 4.5.4 不难看出，$P_0\overline{G_0}=(A_0+B_0)\overline{A_0B_0}=(A_0+B_0)(\overline{A_0}+\overline{B_0})=A_0\overline{B_0}+\overline{A_0}B_0=A_0\oplus B_0$，则 $S_0=A_0\oplus B_0\oplus C_0$，与式(4.5.4)相同；同理可以得出 $P_1\overline{G_1}=A_1\oplus B_1$，进位信号 $C_1=\overline{\overline{P_0}+\overline{G_0}\overline{C_0}}=P_0\overline{G_0}\overline{C_0}=G_0+P_0C_0$，$S_1=A_1\oplus B_1\oplus C_1$，与式(4.5.5)相同。其他情况依此类推。

4.6 组合逻辑电路设计方法

所谓组合逻辑电路设计，就是根据逻辑功能的要求，设计出实现该功能的逻辑电路。从采用的器件来看，组合逻辑电路设计可以分为用小规模集成电路(SSI)的组合逻辑电路设计、用中规模集成电路(MSI)的组合逻辑电路设计、用存储器的组合逻辑电路设计和用可编程器件的组合逻辑设计。本节只介绍前两种，后面两种将在有关章节介绍。

4.6.1 用 SSI 的组合逻辑电路设计

用 SSI，也就是用基本逻辑门电路设计组合逻辑电路。此时的最佳设计指标是所用的逻辑门的个数最少且电路的级数最少。

1. 设计步骤

(1) 列真值表

给出的设计要求通常是用文字描述的具有一定因果关系的逻辑事件。首先必须运用逻辑抽象的方法，将起因作为输入变量，结果定为输出变量。然后对变量进行逻辑赋值，即规定 0、1 分别表示变量的不同状态。最后列出本逻辑问题的真值表。

(2) 写出逻辑表达式

根据真值表，可以写出标准"与或"逻辑表达式。

(3) 对逻辑表达式进行化简或变换

显然，标准"与或"表达式一般不是最简形式，所以必须将其化为最简"与或"表达式。如果限定设计必须使用某种类型的门电路(如与非门)，还必须进行相应的变换。

(4) 画逻辑图

根据最后的简化逻辑函数或变换式，画出逻辑图。

2. 设计举例

例 4.6.1 设计一个三变量表决器，要求用与非门实现。

解 设 A,B,C 分别代表参加表决的逻辑变量，Y 为表决结果。当 A,B,C 为 1 时表示赞成，为 0 时表示反对；当多数赞成时 Y 为 1，否则为 0。这样就可列出真值表如表 4.6.1 所示。

由表 4.6.1 可以写出逻辑表达式

$$Y=\overline{A}BC+A\overline{B}C+AB\overline{C}+ABC$$

将上式化简后，得

$$Y=AB+AC+BC$$

再对上式两次求反，利用摩根定理得

$$Y=\overline{\overline{AB+AC+BC}}=\overline{\overline{AB}\cdot\overline{AC}\cdot\overline{BC}}$$

用与非门构成的电路如图 4.6.1 所示。

表 4.6.1 三个逻辑变量表决结果真值表

A	B	C	Y
0	0	0	0
0	0	1	0
0	1	0	0
0	1	1	1
1	0	0	0
1	0	1	1
1	1	0	1
1	1	1	1

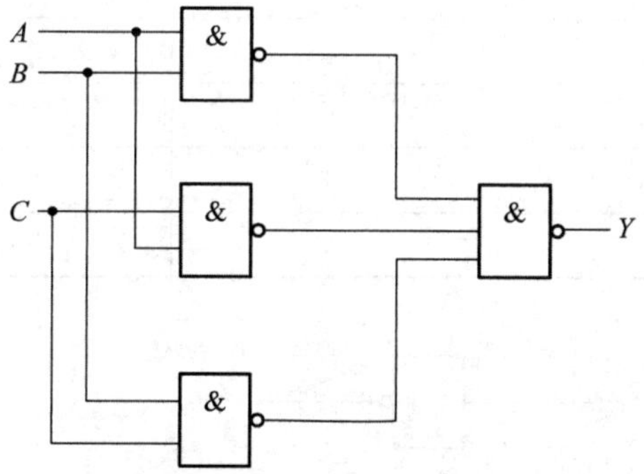

图 4.6.1 用与非门实现表决器

例 4.6.2 试用与非门设计一个四舍五入的逻辑电路。

解 设 8421BCD 码用变量 A, B, C, D 表示,输出用 F 表示。由题意知,当 $ABCD=0000\sim0100$ 时,$Y=0$;当 $ABCD=0101\sim1001$ 时,$Y=1$;而当 $ABCD=1010\sim1111$ 时,$Y=\times$。由此列出的真值表如表 4.6.2 所示。

表 4.6.2 最下面的 6 个最小项作无关项处理,可以写出函数的最小项表达式:

$$Y=\Sigma m^4(5,6,7,8,9)+\Sigma d^4(10,11,12,13,14,15)$$

用卡诺图将上式进行化简,得

$$Y=A+BC+BD$$

再对上式进行两次求反,用摩根定理变换得

$$Y=\overline{\overline{A+BC+BD}}$$
$$=\overline{\overline{A}\cdot\overline{BC}\cdot\overline{BD}}$$

画出逻辑图如图 4.6.2 所示。

表 4.6.2 4个逻辑变量表决结果的真值表

A	B	C	D	Y
0	0	0	0	0
0	0	0	1	0
0	0	1	0	0

续表

A	B	C	D	Y
0	0	1	1	0
0	1	0	0	0
0	1	0	1	1
0	1	1	0	1
0	1	1	1	1
1	0	0	0	1
1	0	0	1	1
1	0	1	0	x
1	0	1	1	x
1	1	0	0	x
1	1	0	1	x
1	1	1	0	x
1	1	1	1	x

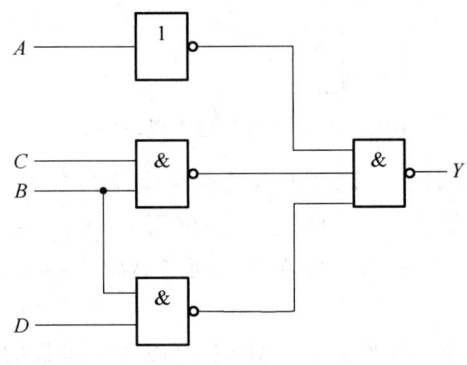

图 4.6.2　例 4.6.2 的逻辑图

4.6.2　用 MSI 的组合逻辑电路设计

通常，SSI 仅仅是器件的集成，如各种门电路；而 MSI 是逻辑部件的集成，如编码器、译码器和加法器等。因此，用 MSI 设计组合逻辑电路的优点是，体积小、功耗低、可靠性高，以及易于设计、调试和维护。

与用 SSI 的设计不同，用 MSI 的设计与组件的选择密切相关。通常要求选择组件合理、充分利用组件的功能，互相连线尽可能少。一般以使用芯片数量最少、价格最低作为技术和经济最佳指标。为了更好地完成设计，必须熟悉组件的功能和使用方法。下面，将介绍用 MSI 设计组合电路的方法和一些实例。

1. 设计步骤

（1）列真值表

对实际问题进行逻辑抽象，对变量进行逻辑赋值，其方法与用 SSI 的设计相同。

(2) 写逻辑表达式

由真值表写出最小项"与或"表达式。

(3) 将表达式变换成与 MSI 表达式相似的形式

实际上,用 MSI 设计组合电路的基本方法是对比:对比两者的表达式;对比两者的真值表。按下述不同情况分别处理:

- 如果待设计的逻辑表达式、真值表与 MSI 的一样,选择这种 MSI 效果最好;
- 如果待设计的逻辑表达式是 MSI 的逻辑表达式的一部分,则将多余输入变量及其"与"项作适当处理,就可得到相应的逻辑表达式;
- 如果 MSI 的逻辑表达式是待设计的逻辑表达式的一部分,则可用多片 MSI 和少量门电路就可得到待求的逻辑表达式;
- 如果待设计的逻辑函数是多输入、单输出形式,则选用数据选择器进行设计比较方便;
- 如果待设计的逻辑函数是多输入、多输出形式,则选用译码器进行设计比较方便。

由于逻辑表达式和真值表是逻辑问题的不同表述形式,所以对比两者的真值表同样可以完成设计。

另外,MSI 大都具有控制(使能)端,充分而巧妙地利用这些端,会使设计更为简单。

(4) 最后画出所设计的逻辑图

下面,介绍用 MSI 设计的方法。

2. 用译码器设计组合逻辑电路

由式(4.3.2)可以看出,3 线-8 线变量译码器的输出,就是 3 个输入变量的全部最小项的非量。如果将译码的全部或部分输出加到一与非门上,则最后的输出为全部或部分最小项之和。由此可以生成任何形式的三变量构成的"与或"表达式,这就是用译码器设计组合逻辑电路的实质。

同理,对 n 线-2^n 线变量译码器,则可以生成任何形式的 n 变量构成的"与或"表达式,从而就可用译码器设计出所需要的逻辑函数。

利用译码器可以很方便地设计出地址分配器、数据分配器和多输出函数生成器。

例 4.6.3 试利用 3 线-8 线译码器 74LS138 设计一个多输出逻辑函数生成器。设输出的逻辑函数为

$$\begin{cases} Y_1 = A\overline{C} + \overline{A}BC + AB\overline{C} \\ Y_2 = BC + \overline{A}\,\overline{B}C \\ Y_3 = \overline{A}B + A\overline{B}C \\ Y_4 = \overline{A}\,\overline{B}\,\overline{C} + \overline{B}\,\overline{C} + ABC \end{cases}$$

解 将 $Y_1 \sim Y_4$ 的表达式化为标准"与或"式:

$$\begin{cases} Y_1 = AB\overline{C} + A\overline{B}\,\overline{C} + \overline{A}BC + AB\overline{C} = \sum m^3(3,4,5,6) \\ Y_2 = ABC + \overline{A}BC + \overline{A}\,\overline{B}C = \sum m^3(1,3,7) \\ Y_3 = \overline{A}BC + \overline{A}B\overline{C} + A\overline{B}C = \sum m^3(2,3,5) \\ Y_4 = \overline{A}B\overline{C} + \overline{A}\,\overline{B}\,\overline{C} + A\overline{B}\,\overline{C} + ABC = \sum m^3(0,2,4,7) \end{cases}$$

由式(4.3.2)可知,74LS138 的输出是最小项的"非"量。因此,利用摩根定理将 $Y_1 \sim Y_4$ 变为如下形式。由上式可知,在 74LS138 的输出端接上 4 个与非门就可得到生成 $Y_1 \sim Y_4$ 的逻辑电路,如图 4.6.3 所示。

$$\begin{cases} Y_1 = \overline{\overline{m_3} \cdot \overline{m_4} \cdot \overline{m_5} \cdot \overline{m_6}} \\ Y_2 = \overline{\overline{m_1} \cdot \overline{m_3} \cdot \overline{m_7}} \\ Y_3 = \overline{\overline{m_2} \cdot \overline{m_3} \cdot \overline{m_5}} \\ Y_4 = \overline{\overline{m_1} \cdot \overline{m_2} \cdot \overline{m_1} \cdot \overline{m_2}} \end{cases}$$

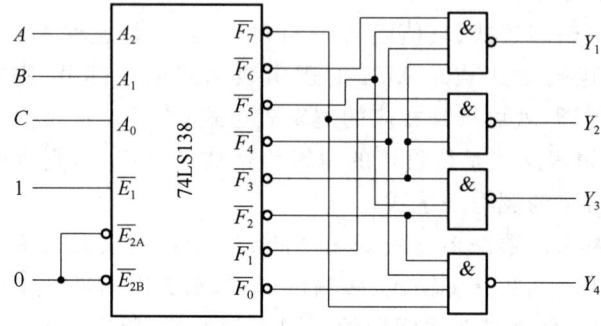

图 4.6.3 用译码器实现多输出函数

例 4.6.4 试用译码器 74LS138 设计一个 8 路数据分配器。

解 由数据分配器的原理可知,根据地址不同,可将一个输入数据有选择地分配给某一输出端。观察表 4.3.1 不难得出:当激活端 $E_1=1$ 时,如果把 $\overline{E}_{2A}$ 和 $\overline{E}_{2B}$ 并接在一起且作为数据 D 输入端,则当 $D=0$(即 $\overline{E}_{2A}+\overline{E}_{2B}=0$)时,这个 0 值将依据地址的不同出现在相应的输出端;而 $D=1$ 时,这个 1 值也将随地址不同出现在相应的输出端。

基于上述原理,由译码器 74LS138 设计 8 路数据分配器的连线图如图 4.6.4 所示。图中,E_1 接高电平,$\overline{E}_{2A}$ 和 $\overline{E}_{2B}$ 连在一起作为数据输入端,$A_0 \sim A_2$ 为地址端。

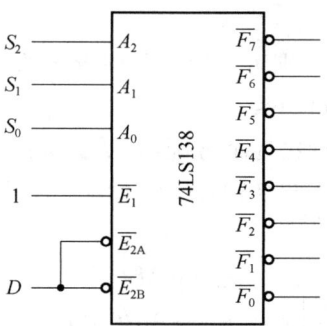

图 4.6.4 用译码器实现多路数据分配器

3. 用数据选择器设计组合逻辑电路

为了叙述方便,将 4 选 1 数据选择器的逻辑表达式重写如下:

$$Y = (\overline{A}_1 \overline{A}_0 D_0 + \overline{A}_1 A_0 D_1 + A_1 \overline{A}_0 D_2 + A_1 A_0 D_3)\overline{\overline{E}_I} \tag{4.6.1}$$

由式(4.6.1)可知,当 $\overline{E}_I=0$ 时,$Y=\sum_{i=0}^{3} m_i D_i$。由此可见,4 选 1 数据选择器(即 2 个地址变量的数据选择器),当 $D_i=0$ 或 $D_i=1$ 时,可以生成 2 个变量的任何逻辑函数。如果将 D_i 看作第 3 个变量的原变量或反变量(0 或 1),4 选 1 数据选择器可以生成 3 个变量的任何逻辑函数。

同理,具有 n 个地址变量的 2^n 选 1 数据选择器,既可以生成 n 个变量的逻辑函数,也可以生成 $n+1$ 个变量的逻辑函数。

下面根据上述原理,介绍用数据选择器设计组合逻辑电路的方法。

(1) 用 2^n 选 1 数据选择器设计 n 个变量逻辑函数的方法

首先写出数据选择器的逻辑表达式 $\sum_{i=0}^{2^n-1} m_i D_i$;其次将待设计的函数表示为最小项之和的形式;最后比较两个表达式,若待设计的函数包含最小项 m_i,则相应数据选择器的 D_i 为 1,否则为 0。

例 4.6.5 用 8 选 1 数据选择器实现下述逻辑函数:$Y=\Sigma m^3(2,3,5,6)$。

解 8 选 1 数据选择器的输出表达式为

$$Y = \sum_{i=0}^{n} m_i D_i$$
$$= \overline{A_2}\,\overline{A_1}\,\overline{A_0} D_0 + \overline{A_2}\,\overline{A_1} A_0 D_1 + \overline{A_2} A_1 \overline{A_0} D_2 + \overline{A_2} A_1 A_0 D_3 +$$
$$A_2 \overline{A_1}\,\overline{A_0} D_4 + A_2 \overline{A_1} A_0 D_5 + A_2 A_1 \overline{A_0} D_6 + A_2 A_1 A_0 D_7$$
$$Y = \overline{A} B \overline{C} + \overline{A} B C + A \overline{B} C + A B \overline{C}$$

对比上述两式可知:$A_2=A, A_1=B, A_0=C, D_0=D_1=D_4=D_7=0, D_2=D_3=D_5=D_6=1$。连线图如图 4.6.5 所示。

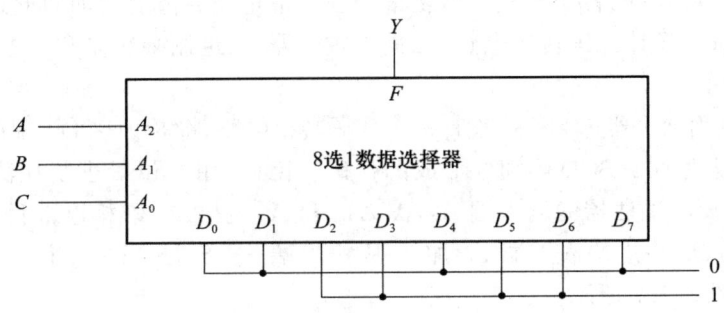

图 4.6.5 例 4.6.5 的逻辑图

(2) 用 2^n 选 1 数据选择器设计 $n+1$ 个变量逻辑函数的方法

首先,从待设计的 $n+1$ 个变量逻辑函数中选择 n 个变量作为数据选择器的地址变量;其次,根据所选定的地址变量将待设计的逻辑函数变换成 $Y = \sum_{i=0}^{2^n-1} m_i D_i$ 的形式;最后,确定 D_i 的数值或状态。

例 4.6.6 试用 4 选 1 数据选择器实现下述逻辑函数:$Y=\Sigma m^3(2,3,5,6)$。

解 设

$$Y = \overline{A} B \overline{C} + \overline{A} B C + A \overline{B} C + A B \overline{C}$$

先选择变量 A, B 作为 4 选 1 数据选择器的地址变量,即 $A=A_1, B=A_0$。
再将 Y 的表达式变换成式(4.4.1)的形式,即

$$Y = \overline{A}\,\overline{B} \cdot 0 + \overline{A} B (\overline{C}+C) + A \overline{B} C + A B \overline{C}$$
$$= \overline{A}\,\overline{B} \cdot 0 + \overline{A} B \cdot 1 + A \overline{B} C + A B \overline{C}$$

与式(4.4.1)对比,可得:

$$D_0=0, D_1=1, D_2=C, D_3=\overline{C}$$

最后,得到的连线图如图 4.6.6 所示。

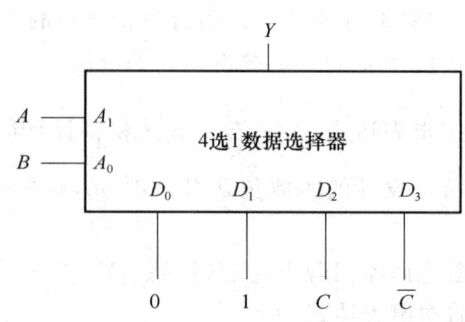

图 4.6.6 例 4.6.6 的逻辑图

由例 4.6.5 和例 4.6.6 可知,用 8 选 1 和 4 选 1 数据选择器可以实现同一个逻辑函数。若用 8 选 1 数据选择器,实现起来方便简单,却不经济;若用 4 选 1 数据选择器,实现起来经济,却不简单。两者都不需要附加门电路。如果待设计的函数变量比数据选择器的地址变量多两个以上,那么需要附加门电路,关于这方面的内容请参阅其他有关资料。

4. 用加法器设计组合逻辑电路

用加法器设计组合逻辑电路的依据是,将待设计的逻辑函数变换成一组变量与另一组变量在数值上相加的形式;或者变换成一组变量与一组常量在数值上相加的形式。

利用加法器可以设计代码转换电路、二进制减法器、二进制乘法器和十进制加法器。下面举例说明。

例 4.6.7 试用加法器 74LS283 设计一个代码转换电路,将 8421BCD 代码转换成余 3 码。

解 余 3 码是由 8421BCD 码加 3 形成的代码。因此,用 4 位二进制加法器将 8421 码转换成余 3 码,只需要将加法器的输入端 A_3,A_2,A_1 和 A_0 与 8421 码相连;而输入端 B_3,B_2,B_1 和 B_0 加二进制数 0011;进位输入端 C_0 加 0,从输出端 S_3,S_2,S_1 和 S_0 得到的代码就是余 3 码。其逻辑图如图 4.6.7 所示。

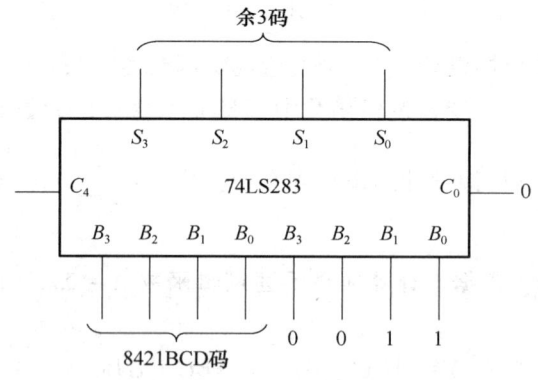

图 4.6.7 例 4.6.7 的逻辑图

4.7 组合逻辑电路的竞争-冒险

上述各节对组合逻辑电路的分析和设计都是在输入、输出处于稳定的逻辑电平下进行的。为了保证电路可靠工作,还需研究在输入信号逻辑电平变化的瞬间电路的工作情况,即组合逻辑电路的竞争-冒险问题。

4.7.1 竞争-冒险

1. 竞争

竞争是指门电路的两个输入信号(包括一个输入信号经不同路径分为两路的情况)同时向相反的逻辑电平跳变的现象。产生竞争的原因有两个:一是电平转换不是瞬间的;二是门电路的传输延迟时间。

2. 竞争-冒险

由于竞争导致电路的输出端产生违背稳态逻辑关系的尖峰脉冲的现象称为竞争-冒险。

并不是说有竞争,就一定产生竞争-冒险。通常,将产生竞争-冒险的竞争称为临界竞争,而将不产生竞争-冒险的竞争称为非临界竞争。

下面,举例说明竞争-冒险现象。

如图 4.7.1(a)所示,在稳态条件下,无论 $A=1,B=0$,还是 $A=0,B=1$,其输出均应为 0。但是,在瞬态条件下,即 A 从 0 跳到 1,且 B 从 1 跳到 0 的瞬态期间,如 A 上升到阈值电平 V_T 时,B 还未下降到 V_T,如图 4.7.1(b)所示,这时输出端产生尖峰脉冲,出现了竞争-冒险现象。

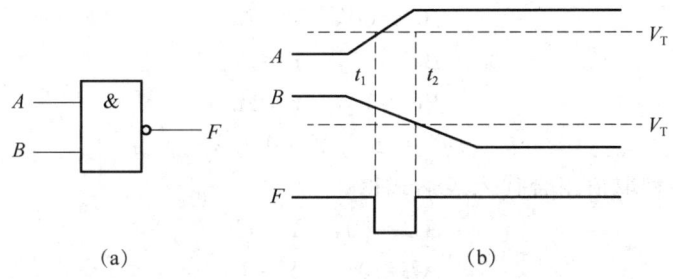

图 4.7.1 与非门的竞争-冒险

当输入信号 A 经两条不同路径到达与门的输入端时,由于门的传输延迟时间 t_pd 的影响,使得 $\overline{A}$ 由 1 变到 0 较 A 由 0 变到 1 滞后了一个 t_pd 时间,从而导致输出产生一个正尖峰脉冲,如图 4.7.2 所示。通常,将产生正尖峰脉冲的竞争-冒险称为 1 型冒险。

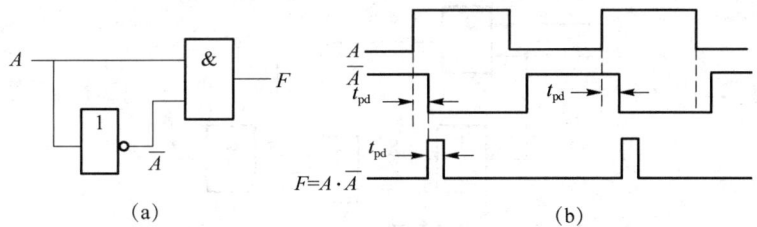

图 4.7.2 因延迟产生的竞争-冒险

类似地,当输入信号 A 经两条不同路径到达或门输入端时,由于门传输延迟时间 t_pd 的影响,使得 $\overline{A}$ 由 0 变到 1 较 A 由 1 变到 0 滞后了一个 t_pd 时间,从而使输出产生一个负尖峰脉冲,如图 4.7.3 所示。通常,将产生负尖峰脉冲的竞争-冒险称为 0 型冒险。

4.7.2 竞争-冒险的判断

由上述分析可知,如果输出逻辑函数在一定条件下变成 $Y=A \cdot \overline{A}$ 或 $Y=A+\overline{A}$ 的形式,就可能产生竞争-冒险。判断竞争-冒险的方法有代数法和卡诺图法。

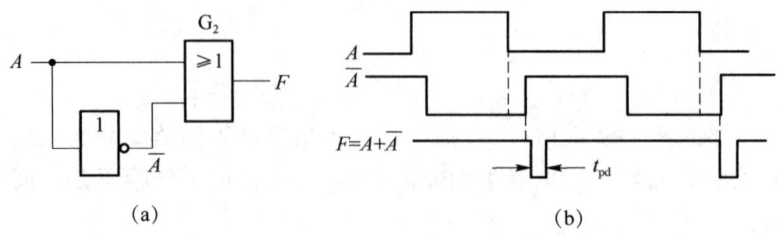

图 4.7.3 竞争-冒险产生负尖峰脉冲

1. 代数法

首先,在函数表达式中找出既以原变量又以反变量出现的变量;其次,消去其他变量,即将这些变量的各种取值组合依次代入表达式中,从而将它们消去;最后,查看表达式是否变成 $X \cdot \overline{X}$ 或 $X+\overline{X}$ 的形式,以确定是否可能产生竞争-冒险。

例 4.7.1 试判据逻辑函数 $Y=\overline{A}\,\overline{C}+\overline{A}B+AC$ 是否可能产生竞争-冒险。

解 查看表达式可知,同时有 A 和 $\overline{A}$,C 和 $\overline{C}$,先考察 A 和 $\overline{A}$。为此,将 B 和 C 的各种取值组合代入表达式得

$$BC=00, \quad Y=\overline{A}$$
$$BC=01, \quad Y=A$$
$$BC=10, \quad Y=\overline{A}$$
$$BC=11, \quad Y=A+\overline{A}$$

将 A 和 B 的各种取值组合代入表达式得

$$AB=00, \quad Y=\overline{C}$$
$$AB=01, \quad Y=1$$
$$AB=10, \quad Y=C$$
$$AB=11, \quad Y=C$$

由此可知,当 $BC=11$ 时,A 的变化可能产生竞争-冒险。

例 4.7.2 试判断图 4.7.4 所示电路是否可能存在竞争-冒险。

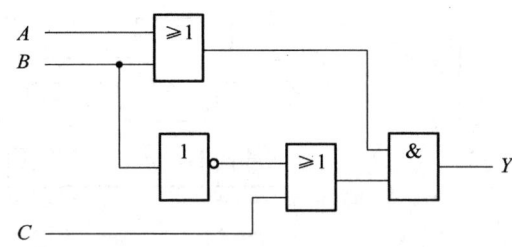

图 4.7.4 例 4.7.2 的逻辑

解 由图 4.7.4 可以写出电路的输出为

$$Y=(A+B) \cdot (\overline{B}+C)$$

表达式中只有 B 同时以原变量和反变量形式出现,考察 B 则得

$$AC=00, \quad Y=B \cdot \overline{B}$$
$$AC=01, \quad Y=B$$
$$AC=10, \quad Y=\overline{B}$$
$$AC=11, \quad Y=1$$

由此可见,当 $AC=00$ 时,B 的变化将可能产生竞争-冒险。

2. 卡诺图法

首先,用卡诺图表示逻辑函数。其次,观察卡诺图是否有相切的卡诺圈(两卡诺圈之间存在不被同一卡诺圈包含的相邻最小项的关系为相切)。最后,根据相切关系确定是否产生竞争-冒险。

例 4.7.3 试判断逻辑函数 $Y=\overline{A}B+AC+\overline{C}D$ 是否存在竞争-冒险(用卡诺图法)。

解 画出逻辑函数的卡诺图,如图 4.7.5 所示。

由图 4.7.5 可知,卡诺圈②和③相切,所以可能产生竞争-冒险。

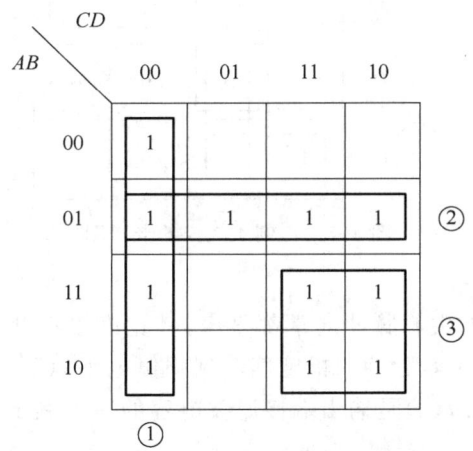

图 4.7.5 例 4.7.3 的卡诺图

根据卡诺圈相切的概念,判断竞争-冒险是不难理解的。根据最小项的相邻性,相切意味着有些变量就会同时以原变量和反变量的形式存在,且不能消掉,就会以 $X+\overline{X}$ 或 $X\cdot\overline{X}$ 的形式出现在表达式。

4.7.3 消除竞争-冒险的方法

为了使电路工作可靠,应设法消除或避免电路出现竞争-冒险现象。下面介绍几种常用的方法。

1. 增加冗余项

增加冗余项就是在表达式中加上多余的"与"项,或乘上多余的"或"项,使函数不可能化成 $X+\overline{X}$ 或 $X\cdot\overline{X}$ 的形式,从而消除竞争-冒险的方法。冗余项的确定可以用代数法和卡诺图法。代数法是利用包含律,来确定增加一个"与"项,还是乘上一个"或"项。卡诺图法是用一个卡诺圈将相切的两个卡诺圈所相邻最小项圈起来。这个多余的卡诺圈所对应的"与"项就是冗余项。

例 4.7.4 试用增加冗余项的代数法消除函数 $Y=AB+\overline{A}C$ 的竞争-冒险。

解 当 $B=C=1$ 时,$Y=A+\overline{A}$,故可能产生竞争-冒险。

由包含律可知,
$$Y=AB+\overline{A}C=AB+\overline{A}C+BC$$

其中,BC 就是所增加的冗余项。

例 4.7.5 试用增加冗余项的卡诺图法消除函数 $Y=\overline{A}C+B\overline{C}D+AB\overline{C}$ 的竞争-冒险。

解 首先,作出函数的卡诺图,如图 4.7.6 所示。由图可知,三个卡诺圈两次相切,因此应增加两个冗余项,它们分别为虚线卡诺圈所对应的与项,即 $\overline{A}BD$ 和 $A\overline{C}D$。为消除竞争-冒险,函数则变为

$$Y = \overline{A}C + B\overline{C}D + A\overline{B}\,\overline{C} + \overline{A}BD + A\overline{C}D$$

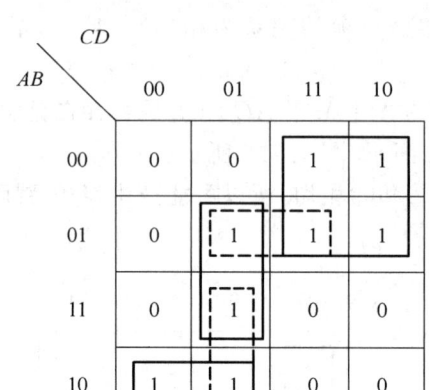

图 4.7.6 例 4.7.5 的卡诺图

2. 接滤波电容

由于竞争-冒险所产生的尖峰脉冲通常都很窄,其宽度多在几十纳秒以内,所以在输出端接一小滤波电容 C_f,就可将尖峰脉冲的幅度削弱到阈值电平以下。在 TTL 电路中,C_f 的数值在几十到几百皮法。图 4.7.7(a)是输出端接滤波电容的一个例子。

3. 选通法

所谓选通法就是在电路中加一选通脉冲 p,如图 4.7.7(a)所示。由于选通脉冲 p 在电路稳定后出现,所以各个输出端不会出现尖峰脉冲,如图 4.7.7(b)所示。

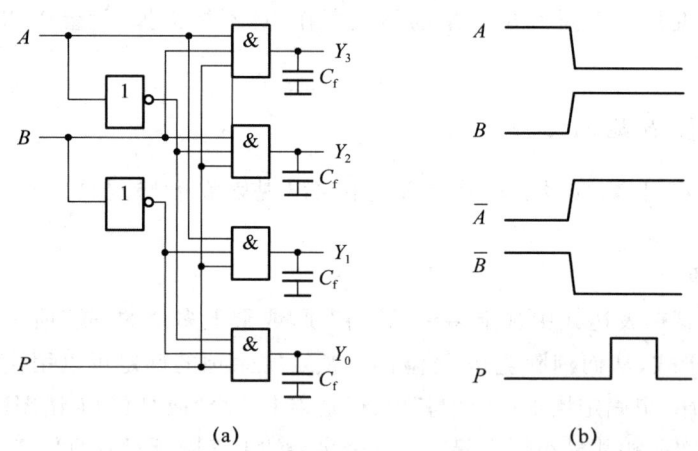

图 4.7.7 消除竞争-冒险的方法

小 结

组合逻辑电路的任何时刻的输出仅取决于该时刻的输入,与电路原来的状态无关。从电路结构上看,不管多么复杂的组合电路都是由门电路构成的,电路中既无反馈支路又不含记忆单元。

分析组合逻辑电路的方法是:首先根据给定的逻辑图写出相应的逻辑表达式;然后依据要求进行必要的变换和化简,列出真值表;最后确定其逻辑功能。

常用组合逻辑电路——编码器、译码器、数据选择器和加法器,均属于 MSI 系列产品,应熟悉它们的逻辑功能和工作原理。

组合逻辑电路的设计是分析的逆过程。本章介绍了用门电路和 MSI 设计组合的方法。

本章的重点是组合逻辑电路的分析方法和设计方法。掌握了分析方法,就可以识别给定的逻辑电路的功能;掌握了设计方法,就能根据给定的设计要求,设计出相应的逻辑电路。对于具体的逻辑电路不必去刻意记忆。

竞争-冒险是组合逻辑电路中不容忽视的问题,为使电路工作可靠,必须加以消除。

思考题与习题

4.1 什么是组合逻辑电路,其电路结构特点是什么?

4.2 组合逻辑电路的分析方法和设计方法都包含哪些内容?

4.3 什么是组合逻辑电路的竞争、竞争-冒险?判断和消除竞争-冒险的方法有几种?

4.4 分析题图 4.1 所示的组合逻辑电路,并画出其简化后的逻辑图。

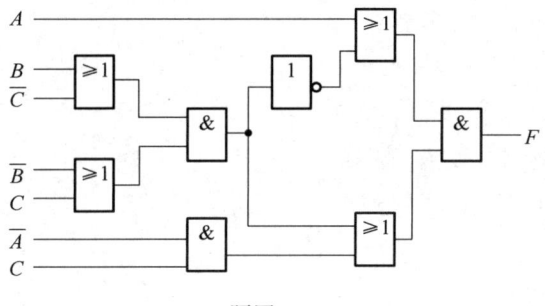

题图 4.1

4.5 试写出题图 4.2 所示电路的逻辑表达式并列出真值表,说明电路的逻辑功能。如果输入波形如图(b)所示,试画出其相应的输出波形。

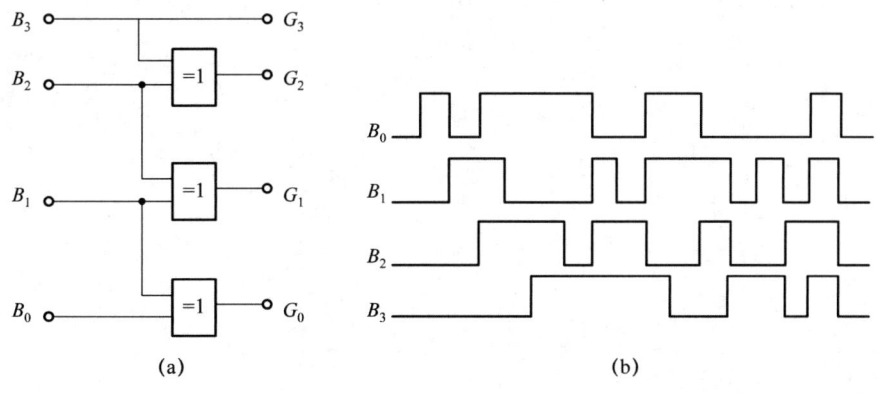

题图 4.2

4.6 试用与非门设计如下电路:(1)三变量的奇数判别电路;(2)五变量的多数表决电路。

4.7 试用与非门设计一个一位十进制偶数判别电路。

4.8　设计一个代码转换电路,将一位十进制数的余3代码转换成2421码。

4.9　设计一检测电路,检测四位二进制数中1的个数是否为偶数。为偶数个1时,输出为1,否则为0。

4.10　试用8选1数据选择器、4选1数据选择器分别实现逻辑函数 $Y=\overline{A}B\overline{C}+AB\overline{C}+A\overline{B}C+\overline{A}BC$,并画出相应的逻辑图。

4.11　试用译码器和与非门实现逻辑函数 $F=\Sigma m^4(2,4,6,8,10,12,14)$,并画出其逻辑图。

4.12　试用加法器74LS283和相应的门电路设计一个四位二进制并行加法/减法器。

4.13　试用四位数值比较器和四位加法器实现四位二进制数到8421BCD码的转换。

4.14　试用代数法和卡诺图法判断下列逻辑函数是否产生竞争-冒险？如果产生,试用增加冗余项的方法消除。

(1) $Y=AB+A\overline{C}+\overline{C}D$；

(2) $Y=\overline{A}BC+AB$；

(3) $Y=AB+\overline{A}CD+BC$；

(4) $Y=(A+\overline{B})(\overline{A}+\overline{C})$。

第5章 触 发 器

众所周知,在数字系统中,不仅需要对二值信号进行算术运算和逻辑运算,而且还经常需要将这些二值信号和运算结果保存起来。为此,需要用具有记忆功能的基本逻辑单元电路。能存储1位二值信号的基本逻辑单元电路称为触发器。触发器是由门电路加上适当连线组合而成的。触发器有两个基本特点:一是具有两个稳定状态,即1态和0态,分别用来表示逻辑状态1和0,或表示二进制数1和0;二是触发器的状态可以由输入信号来改变。

到目前为止,人们已经设计研制出多种触发器电路,可以按其电路结构进行分类,也可以按触发方式进行分类,还可以按功能进行分类。考虑到在实际应用中,首先要根据触发方式来选择触发器。因此,本书是以触发方式为主线进行介绍的。

触发方式是指改变触发器状态的控制方式。按触发方式分类,有同步触发方式、主从方式和边沿触发方式。按功能分类,则有RS触发器、D触发器、JK触发器、T触发器和T'触发器。需要指出的是,同一种触发方式可以实现不同功能的触发器,例如,用边沿触发方式既可实现D触发器,也可以实现JK触发器;同一功能的触发器可以用不同的触发方式来实现,例如,JK触发器既有主从触发方式的,又有边沿触发方式的。

本章先介绍基本RS触发器,然后依次介绍同步触发方式、主从触发方式和边沿触发方式的触发器,最后介绍不同功能的触发器之间的转换。

5.1 基本RS触发器

基本RS触发器是各类触发器的核心单元,其他各种功能、各种结构的触发器都是在它的基础上发展出来的。以下介绍基本RS触发器的内部结构、工作过程、功能特点等知识。

5.1.1 用与非门组成的基本RS触发器

1. 电路组成

图5.1.1(a)所示电路是用两个与非门组成的基本RS触发器,图5.1.1(b)为该基本RS触发器的逻辑符号。由图5.1.1可知,基本RS触发器有2个输入端和2个输出端:输入端包括两个激励信号(控制信号)$\overline{S}_d$ 和 $\overline{R}_d$。$\overline{S}_d$:置1端(置位端),低电平有效信号,$\overline{R}_d$:置0端(复位端),低电平有效信号。输出端包括两个输出信号 Q、$\overline{Q}$,两者"状态互补输出"。触发器输出具有两个状态:"1"状态和"0"状态,这里具体而言:所谓"1"状态,指 $Q=1,\overline{Q}=0$;所谓"0"状态,指 $Q=0,\overline{Q}=1$。

在图5.1.1所示的整个时序逻辑电路中,这里的基本RS触发器起记忆元件的作用,其工作过程可如下表述:设研究时刻为 t 时刻,触发器的输出信号为现态 Q^n,此时出现一组激励信号 $\overline{S}_d$、$\overline{R}_d$,现态和激励信号经过基本RS触发器内的逻辑运算,得到了 $t+1$ 时刻的次态 Q^{n+1}。下面详细分析基本RS触发器的工作原理。

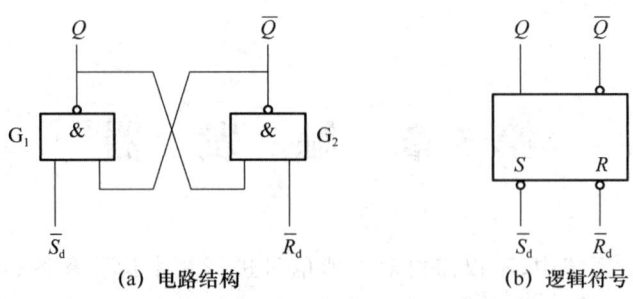

(a) 电路结构　　　　　　　　(b) 逻辑符号

图 5.1.1　用与非门组成的基本 RS 触发器

2. 工作原理

根据上面的分析，基本 RS 触发器工作时，现态 Q^n 和激励信号 $\overline{S}_d$、$\overline{R}_d$ 共同决定了次态 Q^{n+1}，由此得到基本 RS 触发器的真值表的结构，如表 5.1.1 所示。

真值表中，输入部分变量包括有 2 个激励信号和 1 个现态；输出部分变量为次态，包括原码输出 Q^{n+1} 和反码输出 $\overline{Q}^{n+1}$；真值表中，每一行对应一个状态迁移关系，该触发器共有 8 种状态迁移关系。要完整地研究基本 RS 触发器的工作原理，需要完整地得到每一种输入情况组合下输出次态的结果，最后，再总结出器件的逻辑功能。

根据图 5.1.1(a)所示的电路结构，分为以下 4 种情况，分析基本 RS 触发器的工作原理。

当 $\overline{S}_d=0$、$\overline{R}_d=1$ 时：

不论触发器现态 Q^n 为何值，与非门 G_1 的输出必为 1，即 $Q^{n+1}=1$，同时，与非门 G_2 的两个输入为 11，则 $\overline{Q}^{n+1}=0$。由此可知，触发器输出处于 1 状态。

当 $\overline{S}_d=1$、$\overline{R}_d=0$ 时：

不论触发器现态 Q^n 为何值，与非门 G_2 的输出必为 1，即 $\overline{Q}^{n+1}=1$，同时，与非门 G_1 的两个输入为 11，则 $Q^{n+1}=0$。由此可知，触发器输出处于 0 状态。

当 $\overline{S}_d=1$、$\overline{R}_d=1$ 时：

根据与非门 G_1 和 G_2 的逻辑功能可知，触发器输出端的次态表达式为

$$Q^{n+1}=\overline{\overline{S}_d \cdot \overline{Q}^n}=\overline{1 \cdot \overline{Q}^n}=Q^n$$

$$\overline{Q}^{n+1}=\overline{\overline{R}_d \cdot Q^n}=\overline{1 \cdot Q^n}=\overline{Q}^n$$

由此可知，不论是原码输出端 Q，还是反码输出端 $\overline{Q}$，触发器的输出状态均保持"次态＝现态"的情况，即"触发器处于保持状态"。若现态为 1 状态，则次态（下个时刻的状态）仍保持为 1 状态；若现态为 0 状态，则次态仍保持为 0 状态。触发器状态保持不变，也就体现了"触发器具有记忆数字信息的功能"。

当 $\overline{S}_d=0$、$\overline{R}_d=0$ 时：

不论触发器现态 Q^n 为何值，两个与非门的输出均为 1，即 $Q^{n+1}=\overline{Q}^{n+1}=1$。

此时触发器的原码输出端和反码输出端均为 1，已经不符合"状态互补输出"的规定，既不是 1 状态，也不是 0 状态；并且，当触发器的激励信号随后同时变为 1 时，无法确定触发器应该保持为 1 状态还是 0 状态。

由此可知，如果出现了这样的激励信号，则触发器的输出会逻辑混乱，工作失效。因此，在实际工作中，基本 RS 触发器的激励信号不允许出现 $\overline{S}_d=\overline{R}_d=0$ 的情况。这里体现了输入信号具有约束关系，数学表达为 $S_d R_d=0$，即两个激励信号不能同时低有效。

表 5.1.1　基本 RS 触发器（与非门结构）的真值表

$\overline{S}_d$	$\overline{R}_d$	Q^n	Q^{n+1}	说明
0	0	0	×	禁止
0	0	1	×	（逻辑混乱）
0	1	0	1	置 1
0	1	1	1	($Q^{n+1}=1$)
1	0	0	0	置 0
1	0	1	0	($Q^{n+1}=0$)
1	1	0	0	保持
1	1	1	1	($Q^{n+1}=Q^n$)

3. 功能描述

描述一个触发器的功能时，经常采用的表达工具有状态表、状态图、逻辑表达式等，同时，还需要大家能够正确得到触发器的波形图，即给出一组输入激励信号的波形，对应得到输出状态的波形。此外，对触发器进行功能描述时，一般不关注反码输出端 $\overline{Q}$，而只表达原码输出端 Q 即可。

（1）状态表

表 5.1.1 清晰地表达了用与非门组成的基本 RS 触发器所有的状态迁移关系，也可以称为该触发器的状态表。由表可知，触发器具有 2 个输入信号、1 个现态和 1 个次态，其可能的状态为 1 或 0，由于具有约束关系，输入信号不能同时为 0，则具有的迁移关系为 6 种。

（2）状态图

根据状态表（真值表）与状态图的对应关系，可以方便地得到基本 RS 触发器的状态图，如图 5.1.2 所示，表达了全部 6 组状态迁移关系。当然，多个输入情况下，为了区分信号，做了相应的信号标注。

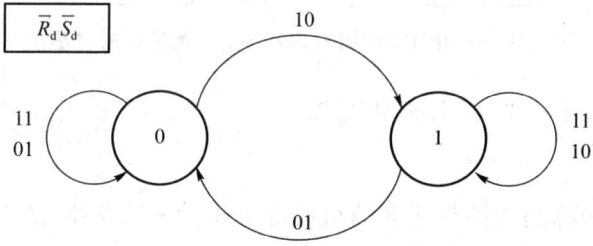

图 5.1.2　用与非门组成的基本 RS 触发器的状态图

（3）逻辑表达式

对于一个触发器而言，其逻辑表达式即指其状态方程，也常常称为触发器的特征方程。在图 5.1.3 上，根据具有约束关系的逻辑函数的卡诺图化简法，得到用与非门组成的基本 RS 触发器（激励信号低有效）的特征方程为

$$\begin{cases} Q^{n+1}=S_d+\overline{R}_d Q^n \\ R_d S_d=0（约束条件） \end{cases}$$

（4）波形图

时序逻辑电路的研究中，常常采用波形图来反映输入激励取值和电路状态之间的对应关

输入\现态	$\overline{R}_d \overline{S}_d$			
	00	01	11	10
0	×	0	0	1
1	×	0	1	1

图 5.1.3 用与非门组成的基本 RS 触发器的卡诺图

系,可方便地观察到在一组确定的输入激励下,电路状态的动态变化。

对于触发器来说,波形图的绘制是指给出一组输入激励信号的波形,根据触发器的功能对应得到输出状态的波形。

同时,触发器的次态是输入和现态的函数,因此,在求解输出状态波形时,不但需要知道输入信号波形,还要设出波形起点时的现态,也就是触发器的初状态。设 RS 触发器(激励信号低有效)的初状态为 0,得到如图 5.1.4 所示的波形图。

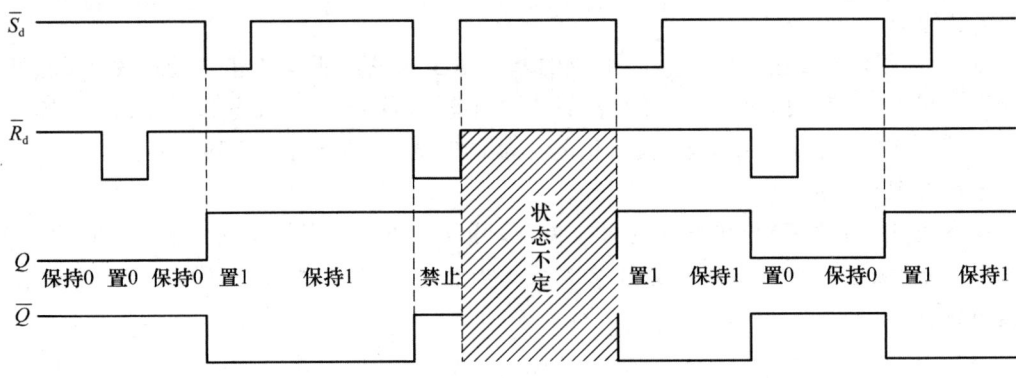

图 5.1.4 用与非门组成的基本 RS 触发器的波形图

5.1.2 用或非门组成的基本 RS 触发器

1. 电路组成

图 5.1.5(a)所示电路是用两个或非门组成的基本 RS 触发器,图 5.1.5(b)为该基本 RS 触发器的逻辑符号。

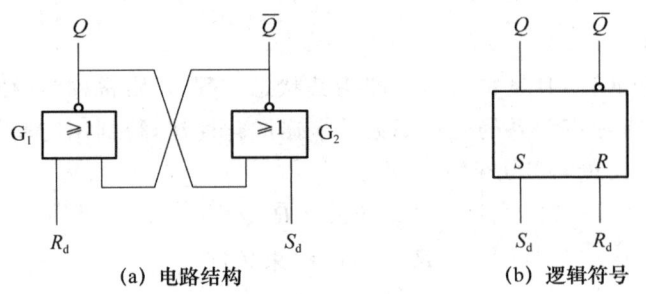

(a) 电路结构   (b) 逻辑符号

图 5.1.5 用或非门组成的基本 RS 触发器

需要关注以下几点：

图 5.1.5 中，输入、输出信号名称和含义，和与非门组成的基本 RS 触发器的相关信号一致，这里不再赘述。但是，图 5.1.5 中标注的输入激励 S_d 和 R_d 上是没有非号的，在图 5.1.5(b)上，对应的信号端子上也没有非号（小圆圈）标志，根据数字电路图上的标号规范，这意味着两个激励信号均为高有效信号。

2. 工作原理

前文已经详细分析了用与非门组成的基本 RS 触发器的工作过程，并对 RS 触发器的功能做了解释和总结。有了这些基础，对图 5.1.5 进行分析时，不再重复根据输入、输出信号分析 4 种工作情况，从而得到触发器功能总结的过程。直接结合输入信号的有效方式，总结用或非门组成的基本 RS 触发器的功能，得到表 5.1.2 所示的真值表。

表 5.1.2 基本 RS 触发器（或非门）的真值表

S_d	R_d	Q^n	Q^{n+1}	说明
0	0	0	0	保持
0	0	1	1	($Q^{n+1}=Q^n$)
0	1	0	0	置 0
0	1	1	0	($Q^{n+1}=0$)
1	0	0	1	置 1
1	0	1	1	($Q^{n+1}=1$)
1	1	0	×	禁止
1	1	1	×	（逻辑混乱）

3. 功能描述

（1）状态表

表 5.1.2 是用或非门组成的基本 RS 触发器的真值表，当然也是状态表。

（2）状态图

根据状态表与状态图的对应关系，得到如图 5.1.6 所示的状态图，表达了全部 6 组状态迁移关系，同样地，为了区分信号，做了相应的信号标注。

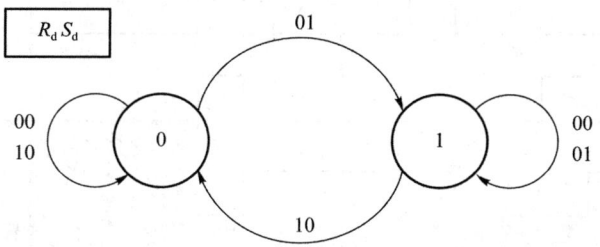

图 5.1.6 用或非门组成的基本 RS 触发器的状态图

（3）逻辑表达式

将图 5.1.7 所示的状态表看作触发器的卡诺图，进行具有约束关系的逻辑函数的卡诺图法化简，得到用或非门组成的基本 RS 触发器（输入激励信号高有效）的特征方程为

$$\begin{cases} Q^{n+1} = S_d + \overline{R_d} Q^n \\ R_d S_d = 0 \text{(约束条件)} \end{cases}$$

输入 现态	$R_d S_d$			
	00	01	11	10
0	0	1	×	0
1	1	1	×	0

图 5.1.7 用或非门组成的基本 RS 触发器的卡诺图

与前文中介绍的用与非门组成的基本 RS 触发器的特征方程相比，表面上看，两个表达式完全一致，但实际上，结合两种触发器的输入激励信号的标号，各自特征方程的含义是有重要差异的。

与非门组成的基本 RS 触发器：输入激励 $\overline{S_d}$、$\overline{R_d}$ 为低有效信号，其标号上本来就有一个非号，则特征方程应该理解为

$$\begin{cases} Q^{n+1} = \overline{\overline{S_d}} + \overline{R_d} Q^n \\ \overline{R_d} \cdot \overline{S_d} = 0 \text{(约束条件)} \end{cases}$$

或非门组成的基本 RS 触发器：输入激励 S_d、R_d 为高有效信号，则特征方程应该理解为

$$\begin{cases} Q^{n+1} = S_d + \overline{R_d} Q^n \\ R_d S_d = 0 \text{(约束条件)} \end{cases}$$

综上所述：输入激励分别为高有效、低有效的两个基本 RS 触发器，其特征方程中，激励信号的表达相差一个非号，这才是这两者间的正确理解。

（4）波形图

同样地，给出输入激励信号的波形，并设触发器的初状态为 0，可以方便地得到图 5.1.8 所示的波形图。

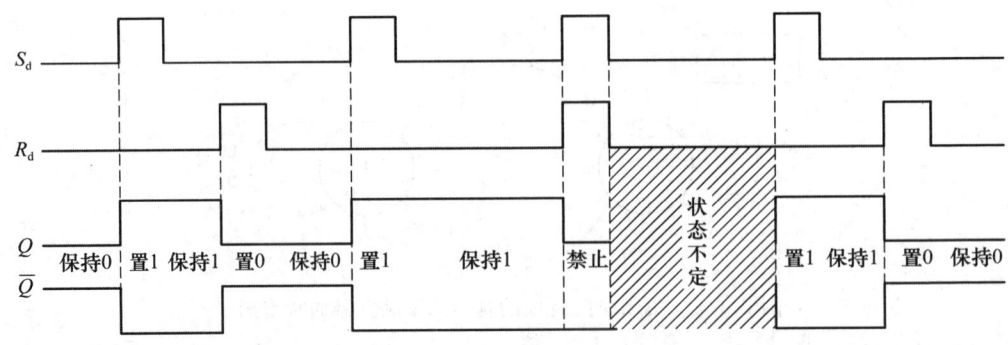

图 5.1.8 用或非门组成的基本 RS 触发器的波形图

5.2 同步触发器

基本 RS 触发器已经实现了置 0、置 1 的功能,但是在实际应用中,一般不采用这种基本结构的触发器,因为这类器件基本没有抗干扰能力。

基本 RS 触发器工作时,只要输入信号有干扰脉冲存在,就很可能使输出状态置 0 或置 1,产生错误状态,甚至是出现逻辑混乱。也就是说,基本结构触发器的输入端有任何干扰脉冲,都会传导到输出端,产生错误。

实际应用中,这种情况当然是无法容忍的,如何提高触发器的抗干扰能力也就成为触发器结构改进的基本动力,由此出现了同步触发器、主从触发器和边沿触发器等各种结构。

同步触发器,也称为带有时钟控制的触发器。这类触发器中,增加了一个新的输入控制信号——时钟信号(clock)输入端,一般标记为 CLK,在一些资料中,也常常称为 CP,意为 clock pulse(时钟脉冲)。增加 CLK 信号,既可以提高电路的抗干扰能力,也便于使多个触发器协调工作。

本节以同步触发器为例,全面介绍触发器的 4 种功能类型,并帮助大家深刻记忆各类功能触发器的功能特点,为灵活应用奠定基础。

5.2.1 同步 RS 触发器

1. 电路组成与逻辑符号

图 5.2.1(a)为同步 RS 触发器的逻辑电路图,图 5.2.1(b)为该同步 RS 触发器对应的逻辑符号。

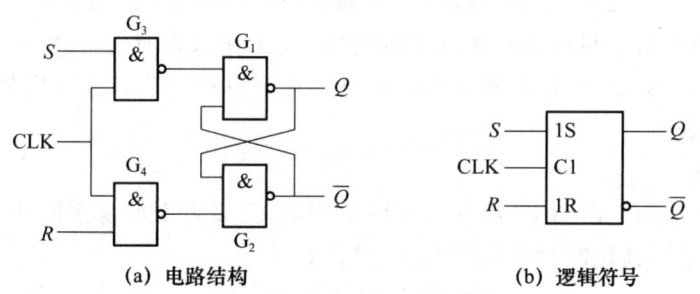

图 5.2.1 同步 RS 触发器(带有时钟控制的 RS 触发器)

同步 RS 触发器共有 3 个输入端和 2 个输出端,观察图上标注可知:2 个输出端 Q 和 $\overline{Q}$ 仍然满足"状态互补"的定义;输入信号端中,S 为置 1 端(置位端),R 为置 0 端(复位端),这两个信号均为高有效信号;输入端 CLK 即为以脉冲形式出现的时钟信号输入端,其标注形式说明为高电平有效。

分析图 5.2.1(a)所示的电路结构,不难发现:

当 CLK=0 时,不论输入信号 S 和 R 为何值,基本 RS 触发器的两个激励信号恒为 1,则输出 $Q^{n+1}=Q^n$(保持状态);

当 CLK=1 时,与非门 G_3 和 G_4 就等效为反相器,则意味着输入电路将基本 RS 触发器原本低有效的输入激励信号,改变为高有效了。

由此,不再需要详细分析同步 RS 触发器的内部工作过程,就可以直接得到同步 RS 触发器的真值表(状态表),如表 5.2.1 所示。

表 5.2.1 CLK、R、S 均为高有效信号的同步 RS 触发器的真值表(状态表)

CLK	S_d	R_d	Q^n	Q^{n+1}	说明
0	×	×	×	Q^n	保持
1	0	0	0	0	保持
1	0	0	1	1	($Q^{n+1}=Q^n$)
1	0	1	0	0	置 0
1	0	1	1	0	($Q^{n+1}=0$)
1	1	0	0	1	置 1
1	1	0	1	1	($Q^{n+1}=1$)
1	1	1	0	×	禁止
1	1	1	1	×	(逻辑混乱)

2. 功能描述

由真值表可知,对于输入 CLK 为高有效信号的同步 RS 触发器来讲:

当 CLK=1 时,电路正常工作,完成 RS 触发器功能;

当 CLK=0 时,输入激励信号被封锁,输出端状态保持不变。

以下对同步 RS 触发器的卡诺图、状态图、特征方程和波形图的介绍,均为时钟输入信号 CLK=1 期间的情况。

(1) 卡诺图

对于图 5.2.1 所示的同步 RS 触发器,当输入时钟信号 CLK 高有效时,电路完成的就是一个输入激励为高有效信号的 RS 触发器的功能,其工作状态有置 0、置 1、保持和禁止 4 种,其卡诺图如图 5.2.2 所示。当然,图 5.2.2 的书写规范也符合状态表的规范,可以看作是同步 RS 触发器的状态表。

(2) 特征方程

在图 5.2.2 所示的卡诺图上,进行卡诺图法化简,可以方便地得到同步 RS 触发器的特征方程(具有约束关系),其化简过程如图 5.2.3 所示。

$$\begin{cases} Q^{n+1}=S+\overline{R}Q^n \\ RS=0(约束条件) \end{cases}$$

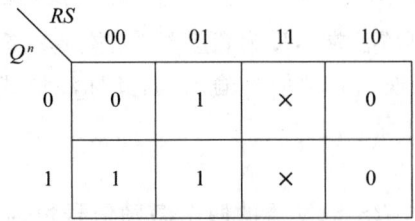
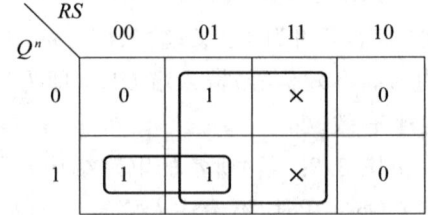

图 5.2.2 同步 RS 触发器的卡诺图   图 5.2.3 同步 RS 触发器的特征方程的化简过程

同步 RS 触发器的特征方程说明:

CLK=1 期间,触发器有效,正常工作,其特征方程就是输入激励为高有效信号的 RS 触发器的特征方程。

（3）状态图

CLK=1 期间，图 5.2.1 所示的同步 RS 触发器的状态图与用或非门组成的基本 RS 触发器的状态图一致，只是输入激励的标号不同，如图 5.2.4 所示。

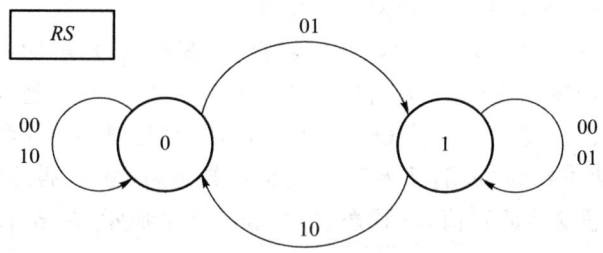

图 5.2.4　同步 RS 触发器的状态图

（4）波形图

给出输入激励信号的波形，并设触发器的初状态为 0，得到同步 RS 触发器的波形图，如图 5.2.5 所示。有了前面绘制波形图的基础，图上不再标注触发器的工作状态。

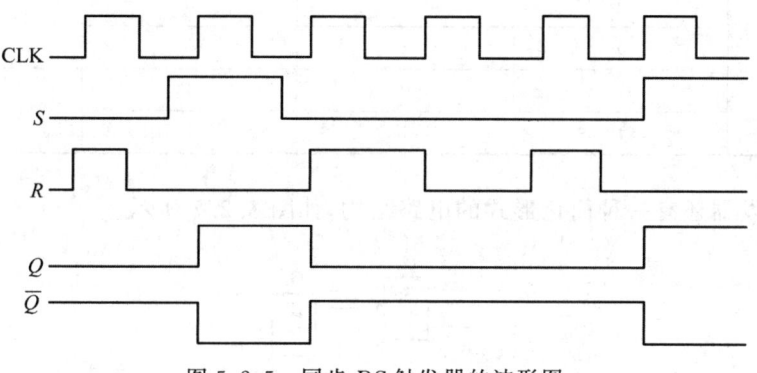

图 5.2.5　同步 RS 触发器的波形图

5.2.2　同步 D 触发器

1. 电路组成与逻辑符号

由于输入激励具有约束关系，限制了 RS 触发器的应用，为了解决这个问题，就出现了同步 D 触发器。

图 5.2.6 所示为同步 D 触发器的电路结构和逻辑符号。

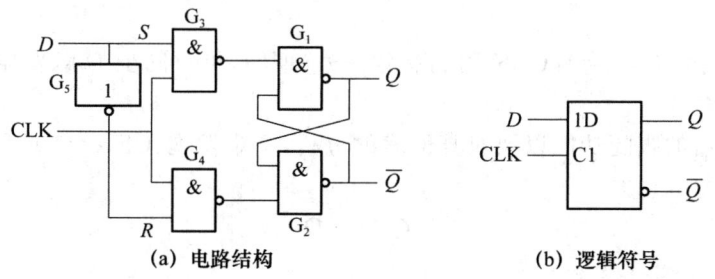

(a) 电路结构　　　　　　　(b) 逻辑符号

图 5.2.6　同步 D 触发器（带有时钟控制的 D 触发器）

在同步 RS 触发器的电路基础上，将 S 和 R 端反向共接（通过非门 G_5），并将 S 端重新命名为 D，作为唯一的输入激励信号，就组成了同步 D 触发器。

因为 $D=S=\bar{R}$，则触发器在正常工作时，只会有两种功能情况：

当 $D=1$ 时，等效于 $S=1,R=0$，触发器输出状态置 1；

当 $D=0$ 时，等效于 $S=0,R=1$，触发器输出状态置 0。

总结上述分析，并分析图 5.2.6 所示的电路结构和逻辑符号，可知：

当 CLK=0 时，不论输入激励 D 为何值，输出 $Q^{n+1}=Q^n$（保持状态）；

当 CLK=1 时，输出状态始终保持 $Q^{n+1}=D$，即输出次态跟随输入激励的变化而变化。

D 触发器这样的功能称为"跟随功能"，由此也可知道，D 触发器的输入激励 D 是无所谓有效方式的。同步 D 触发器的真值表（状态表）如表 5.2.2 所示，从表中可清晰地看到 D 触发器的"跟随"功能。

表 5.2.2　CLK 为高有效信号的同步 D 触发器的真值表（状态表）

CLK	D	Q^n	Q^{n+1}	说明
0	×	×	Q^n	保持
1	0	0	0	跟随为 0
1	0	1	0	$Q^{n+1}=D$
1	1	0	1	跟随为 1
1	1	1	1	$Q^{n+1}=D$

同步 D 触发器还有一种简化形式的电路结构，如图 5.2.7 所示。

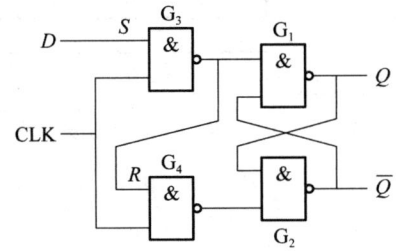

图 5.2.7　同步 D 触发器的简化电路图

图中，把与非门 G_3 的输出与 R 直接连接起来，即将与非门 G_3 的输出作为 R 端接入与非门 G_4，与图 5.2.6(a)相比，这样可以省略反相器 G_5。

电路的具体工作过程不再赘述，大家可以自行分析。

2. 功能描述

在时钟输入信号 CLK=1（CLK 为高有效信号）期间，可对同步 D 触发器进行如下描述。

(1) 特征方程

根据 D 触发器的跟随功能以及对真值表的分析，不难发现：CLK=1 期间，同步 D 触发器的特征方程为

$$Q^{n+1}=D$$

(2) 状态图

图 5.2.8 为同步 D 触发器的状态图，表达了其具有的全部 4 种状态迁移关系，因为其输入激励信号只有 1 个，也就不需要做专门标注了。

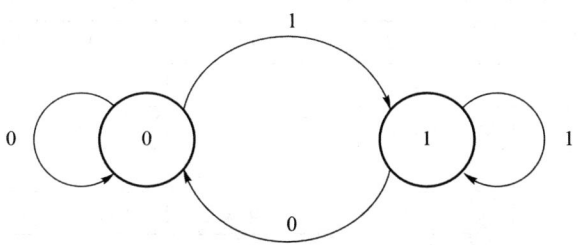

图 5.2.8 同步 D 触发器的状态图

(3) 波形图

给出输入激励信号的波形,并设触发器的初状态为 0,按照前文介绍的波形图的画法,可以方便地得到同步 D 触发器的波形图,如图 5.2.9 所示。

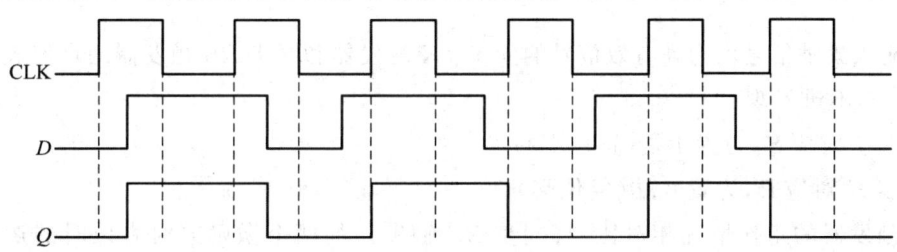

图 5.2.9 同步 D 触发器的波形图

5.2.3 同步 JK 触发器

1. 电路组成与逻辑符号

解决同步 RS 触发器的输入激励的约束关系的另一种方案如图 5.2.10(a)所示,由此形成了同步 JK 触发器的电路结构,图 5.2.10(b)所示为同步 JK 触发器的逻辑符号。

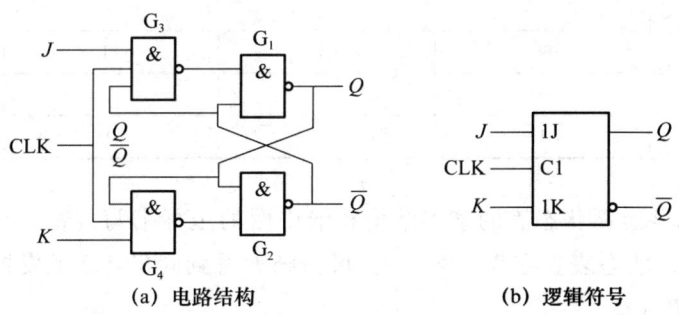

(a) 电路结构　　　　(b) 逻辑符号

图 5.2.10 同步 JK 触发器(带有时钟控制的 JK 触发器)

分析同步 JK 触发器的逻辑符号可知,其时钟输入控制端 CLK 和两个输入激励信号 J、K 均为高有效信号:

当 CLK=0 时,输入激励信号被封锁,输出 $Q^{n+1}=Q^n$(保持状态);

当 CLK=1 时,触发器正常工作,完成 JK 触发器功能。

这里不再详细分析同步 JK 触发器的电路结构,直接给出真值表(状态表),如表 5.2.3 所示。

表 5.2.3　CLK、J、K 均为高有效信号的同步 JK 触发器的真值表(状态表)

CLK	J	K	Q^n	Q^{n+1}	说明
0	×	×	×	Q^n	保持
1	0	0	0	0	保持 $(Q^{n+1}=Q^n)$
1	0	0	1	1	
1	0	1	0	0	置 0 $(Q^{n+1}=0)$
1	0	1	1	0	
1	1	0	0	1	置 1 $(Q^{n+1}=1)$
1	1	0	1	1	
1	1	1	0	1	翻转 $(Q^{n+1}=\overline{Q^n})$
1	1	1	1	0	

对比输入激励信号均为高有效信号的同步 JK 触发器和同步 RS 触发器的真值表(表 5.2.1 和表 5.2.3),不难发现:

激励端 J 对应 S,为置 1 端(置位端);

激励端 K 对应 R,为置 0 端(复位端)。

两种触发器的工作情况相对比,将同步 RS 触发器的两个激励同时有效时的逻辑混乱状况,改变为同步 JK 触发器的两个激励同时有效时的翻转状况。

如此,同步 JK 触发器避免了输入激励的约束条件,并增加了触发器的功能。

2. 功能描述

在时钟输入信号 CLK=1(CLK 为高有效信号)期间,可对同步 JK 触发器进行如下描述。

(1) 状态表

表 5.2.4　同步 JK 触发器的状态表

现态 \ 输入	JK			
	00	01	11	10
0	0	0	1	1
1	1	0	0	1

分析表 5.2.3,并遵循状态表的基本结构和卡诺图的坐标书写规范,可以得到如表 5.2.4 所示的同步触发器的状态表。在表 5.2.4 上,可清晰地看到同步 JK 触发器的 4 种工作状态:保持、置 0、翻转和置 1。

(2) 状态图

根据状态表与状态图的对应关系,得到图 5.2.11 所示的状态图,输入激励已经没有约束关系,共有 8 组状态迁移关系,为了区分信号,做了相应的信号标注。

(3) 特征方程

将表 5.2.4 看作卡诺图,进行卡诺图法化简,如图 5.2.12 所示,得到同步 JK 触发器(输入激励信号高有效)的特征方程为

$$Q^{n+1}=J\overline{Q^n}+\overline{K}Q^n$$

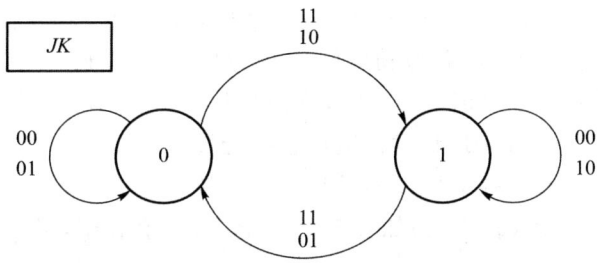

图 5.2.11 同步 JK 触发器的状态图

输入 现态	JK			
	00	01	11	10
0	0	0	1	1
1	1	0	0	1

图 5.2.12 同步 JK 触发器的卡诺图

(4) 波形图

给出输入激励信号的波形,并设触发器的初状态为 0,按照前文中介绍的波形图的画法,得到同步 JK 触发器的波形图,如图 5.2.13 所示。

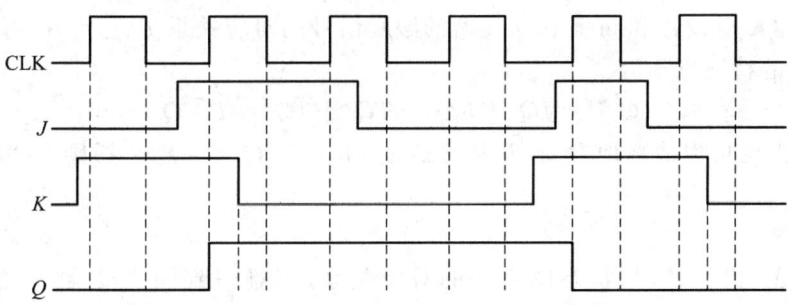

图 5.2.13 同步 JK 触发器的波形图

5.2.4 同步 T 触发器

1. 电路组成与逻辑符号

图 5.2.14(a)所示为前文中介绍过的同步 JK 触发器的电路结构,图 5.2.14(b)和(c)所示分别为同步 T 触发器的电路结构和逻辑符号。

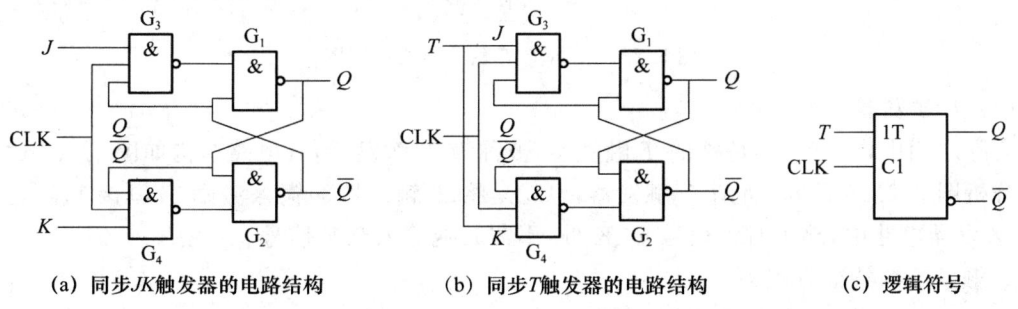

(a) 同步JK触发器的电路结构　　(b) 同步T触发器的电路结构　　(c) 逻辑符号

图 5.2.14 同步 T 触发器(带有时钟控制的 T 触发器)

对比同步 JK 触发器和同步 T 触发器的电路结构,可知两类触发器的激励信号的对应关系为 $T=J=K$,且时钟信号 CLK 和激励信号 T 均为高有效信号。

由此可知,同步 T 触发器在正常工作时,只会有两种功能情况:

当 $T=1$ 时,等效于 $J=K=1$,触发器输出状态翻转;

当 $T=0$ 时,等效于 $J=K=0$,触发器输出状态保持。

同步 T 触发器的真值表(状态表)如表 5.2.5 所示,真值表中,可以清晰地看到 T 触发器的"翻转"功能。

表 5.2.5 CLK、T 均为高有效信号的同步 T 触发器的真值表(状态表)

CLK	T	Q^n	Q^{n+1}	说明
0	×	×	Q^n	保持
1	0	0	0	保持
1	0	1	1	($Q^{n+1}=Q^n$)
1	1	0	1	翻转
1	1	1	0	($Q^{n+1}=\overline{Q^n}$)

2. 功能描述

在时钟输入信号 CLK=1(CLK 为高有效信号)期间,可对同步 T 触发器进行如下描述。

(1) 特征方程

根据同步 JK 触发器和同步 T 触发器的激励信号的对应关系 $T=J=K$,可以方便地得到同步 T 触发器的特征方程为

$$Q^{n+1}=J\overline{Q^n}+\overline{K}Q^n=T\overline{Q^n}+\overline{T}Q^n=T\oplus Q^n$$

从真值表上也可以清晰地看到:T 触发器的输出次态 Q^{n+1} 是输入激励 T 和现态 Q^n 的"异或"函数。

(2) 状态图

根据真值表(状态表)与状态图之间的对应关系,不难得到同步 T 触发器的状态图,如图 5.2.15 所示。

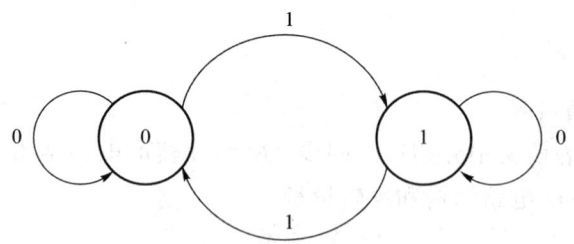

图 5.2.15 同步 T 触发器的状态图

(3) T' 触发器

实际应用中,还有一类特殊的 T 触发器,被称为 T' 触发器,其电路结构如图 5.2.16 所示。

分析图 5.2.16 可知,所谓 T' 触发器,也就是将 T 触发器的输入激励 T 恒接 1,这也意味着 T' 触发器电路中,除了时钟信号 CLK 外,不需其他输入激励信号。

T' 触发器的特征方程为

$$Q^{n+1}=1\oplus Q^n=1\cdot\overline{Q^n}+\overline{1}\cdot Q^n=\overline{Q^n}$$

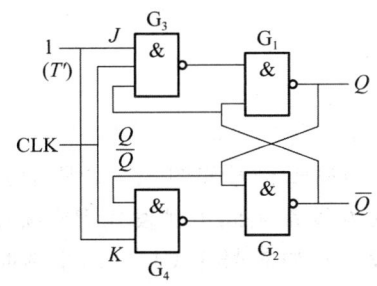

图 5.2.16　同步 T' 触发器的电路结构

由此可知，T' 触发器在 CLK 信号有效期间，输出状态无条件地翻转，也可通俗地称为"必翻触发器"。

5.3　主从触发器

基本 RS 触发器基本没有抗干扰能力，输入端接入的干扰脉冲都很可能会传导到输出端，产生错误。改进为同步触发器后，在电路上增加了时钟控制输入信号 CLK，便于多个触发器协调工作，同时，在 CLK 信号无效期间，输入端的干扰信号是不会传到输出端的，提高了抗干扰能力。

但是，同步触发器的抗干扰能力仍不理想，存在"空翻现象"。

同步触发器工作时，在时钟信号有效期间（触发器正常工作期间），如果输入激励信号不稳定，发生多次变化，则触发器的状态也必然会随着发生多次相应变化，这种现象就称为同步触发器的空翻现象。换句话说，在时钟信号有效期间，输入端的干扰信号仍然可以传到输出端，产生错误。

以 CLK、J、K 均为高有效的同步 JK 触发器为例，具体介绍"空翻现象"，如图 5.3.1 所示。

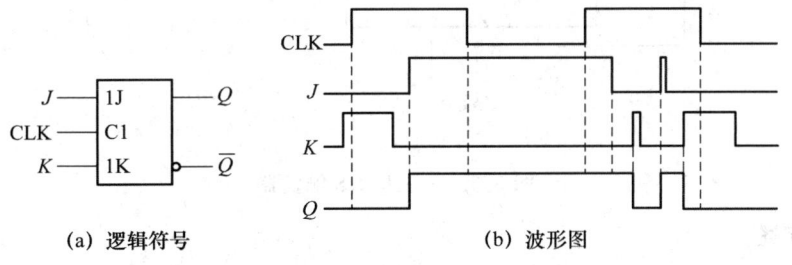

(a) 逻辑符号　　　　　　　　　　(b) 波形图

图 5.3.1　同步 JK 触发器的空翻现象

由图 5.3.1(a)可知，该同步 JK 触发器的时钟输入信号 CLK 和激励信号 J、K 均为高有效信号，给出对应的输入信号波形，并设触发器的初状态为 0，得到图 5.3.1(b)所示的波形图。

图 5.3.1(b)中，当 CLK 信号的第二次高电平期间，J、K 信号中的尖峰脉冲实际上就是干扰信号，但是，由于同步触发器的空翻现象，这些干扰信号都传到了输出端，对应产生了不希望的错误。

如果改进电路设计，使得触发器在每次 CLK 有效期间，其输出状态最多只改变一次，这样就可以避免空翻现象，提高触发器的抗干扰能力。按这样的设计思路，形成了主从触发器，也称为脉冲触发器。

5.3.1 主从 RS 触发器

1. 电路结构

主从 RS 触发器的逻辑结构和逻辑符号如图 5.3.2 所示。它是由主触发器、从触发器和一个非门构成。主触发器和从触发器都是同步触发式 RS 触发器，非门的作用是使主触发器和从触发器的时钟信号相位相反。逻辑符号中 CL 端的小圆圈表示时钟信号下降沿时，触发器状态翻转。

2. 工作原理

当 CLK＝1 时，主触发器接收输入信号，其输出端 Q' 和 $\overline{Q}'$ 由输入信号端 R 和 S 的状态所决定。这时由于 $\overline{CLK}=0$，所以从触发器保持原来状态不变。

当 CLK 由高电平回到低电平时，即 CLK 信号下降沿来到时，$\overline{CLK}=1$，从触发器就将由此刻的 $S'=Q'$，$R'=\overline{Q}'$ 决定其输出 Q 和 $\overline{Q}$ 的状态。CLK＝0 以后，主触发器处于保持状态，不接收输入信号，因而从触发器的状态也不会再改变。因此，在一个 CLK 信号作用期间（一个周期），尽管主触发器的状态可能随输入信号改变多次，但从触发器的状态只可能改变一次。显然，这种触发器有效地防止了空翻。

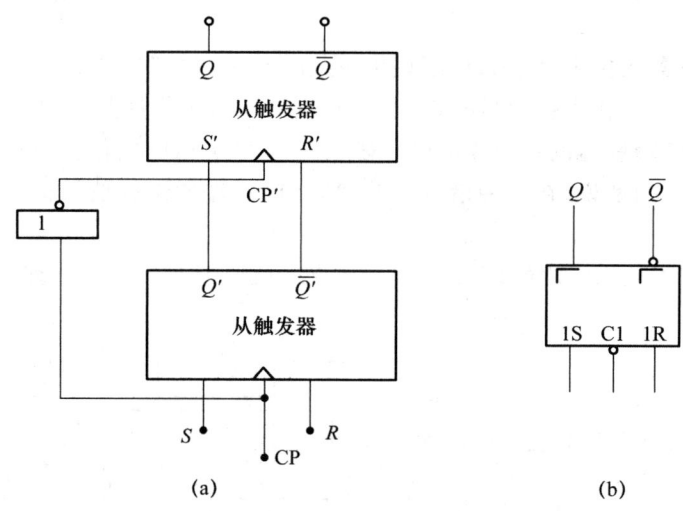

图 5.3.2 主从 RS 触发器

3. 功能描述

主从 RS 触发器的特征方程仍用式

$$\begin{cases} Q^{n+1}=S+\overline{R}Q^n \\ RS=0\text{（约束条件）} \end{cases}$$

表示。其状态真值表稍微有些变化，如表 5.3.1 所示。

例 5.3.1 在图 5.3.2 所示的主从 RS 触发器中，如果 CLK，S 和 R 的波形如图 5.3.3 所示，试画出 Q 和 $\overline{Q}$ 端的电压波形。设触发器的初始状态为 $Q^n=0$。

解 首先根据 CLK＝1 期间 S 和 R 的状态，画出 Q' 和 $\overline{Q}'$ 的电压波形。然后，根据 CLK 下降沿到来时的 Q' 和 $\overline{Q}'$ 的状态，画出 Q 和 $\overline{Q}$ 的电压波形。

第 5 章 触 发 器

表 5.3.1 状态真值表

CLK	S	R	Q^n	Q^{n+1}
×	×	×	×	Q^n
⊓↓	0	0	0	0
⊓↓	0	0	1	1
⊓↓	0	1	0	0
⊓↓	0	1	1	0
⊓↓	1	0	0	1
⊓↓	1	0	1	1
⊓↓	1	1	0	×
⊓↓	1	1	1	×

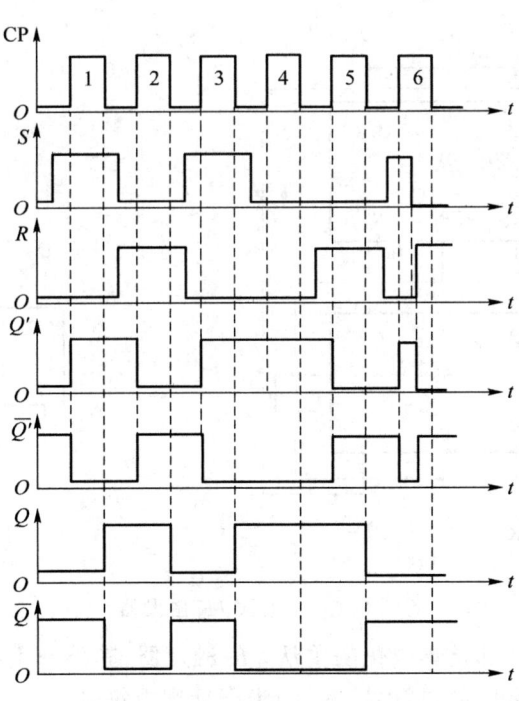

图 5.3.3 例 5.3.1 的电压波形

5.3.2 主从 JK 触发器

1. 电路构成

主从 JK 触发器的逻辑结构和逻辑符号如图 5.3.4 所示。它是在主从 RS 触发器基础上增加两条反馈线,并把输入端改为 J 和 K 而构成的。它可以看作 $S=J\overline{Q},R=KQ$ 的主从 RS 触发器。

2. 工作原理

如果 $J=1,K=0$,则 $Q^{n+1}=1$。下面分两种情况讨论:①设 $Q^n=0$,由于 $S=J\overline{Q^n}=1,R=KQ^n=0$,所以由主从 RS 触发器的状态真值表 5.3.2 可知,当 CP 信号下降沿到来时,触发器将置 1,即 $Q^{n+1}=1$。②设 $Q^n=1$,由于 $S=\overline{JQ^n}=0,R=KQ^n=0$,所以由表 5.3.1 可知,触发器保持原态,即 $Q^{n+1}=1$。因此,只要 $J=1,K=0$,不管触发器初始状态如何,触发器的次态将置 1,即 $Q^{n+1}=1$。

同理可知,如果 $J=0,K=1$,不管触发器的初态如何,其次态将为 0,即 $Q^{n+1}=0$。

如果 $J=K=0$,则 $Q^{n+1}=Q^n$。由于这时 $S=J\overline{Q^n}=0,R=KQ^n=0$,由表 5.3.1 可知,触发器将保持原态,即 $Q^{n+1}=Q^n$。

如果 $J=K=1$,则 $Q^{n+1}=\overline{Q^n}$。下面也分两种情况讨论:①设 $Q^n=0$,由于 $S=J\overline{Q^n}=1,R=KQ^n=0$,所以由表 5.3.1 可知,触发器将置 1,即 $Q^{n+1}=\overline{Q^n}$。②设 $Q^n=1$,由于 $S=J\overline{Q^n}=0,R=KQ^n=1$,所以由表 5.3.1 可知,触发器将置 0,即 $Q^{n+1}=\overline{Q^n}$。因此,只要 $J=K=1$,不管触发器初态如何,其次态将处于翻转态。

3. 功能描述

其特征方程仍用式 $Q^{n+1}=J\overline{Q^n}+\overline{K}Q^n$ 表示。与同步触发式 JK 触发器相比,其特性表稍微有些变化,如表 5.3.2 所示。

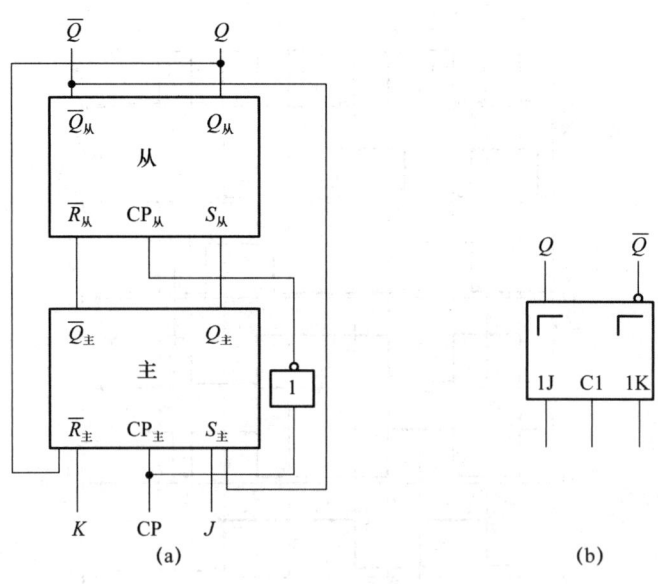

图 5.3.4 主从 JK 触发器

型号 T1072 和 T2072 都是集成化的主从 JK 触发器,其外部引线和逻辑符号如图 5.3.5 所示。图(a)中的符号为常用逻辑符号,图(b)为国标逻辑符号。$\overline{S}_D$ 和 S 表示同一个端,$\overline{R}_D$ 和

R 表示同一个端,CLK 和 CL 表示同一个端。与图 5.3.4 相比可知,①有多个输入端:$J_1 \sim J_3$ 和 $K_1 \sim K_3$,它们之间都是与的关系,在使用时,表 5.3.2 的 $J = J_1 J_2 J_3$, $K = K_1 K_2 K_3$;②电路中还有 $\overline{S}_D$ 和 $\overline{R}_D$ 两个控制端,$\overline{S}_D$ 称作异步置位端,$\overline{R}_D$ 称作异步复位端。当 $\overline{S}_D = 0$,$\overline{R}_D = 1$ 时,无论 CP 是 1 还是 0,都将使触发器置 1;当 $\overline{R}_D = 0$,$\overline{S}_D = 1$ 时,也无论 CLK 是 1 还是 0,都将使触发器置 0。$\overline{S}_D$ 和 $\overline{R}_D$ 的作用都不受 CP 控制。

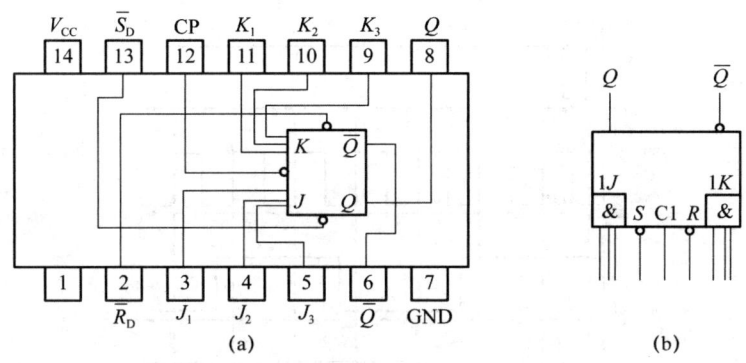

图 5.3.5 T1072,T2072 的引线和逻辑符号

表 5.3.2

CLK	J	K	Q^n	Q^{n+1}
×	×	×	×	Q^n
⎍	0	0	0	0
⎍	0	0	1	1
⎍	0	1	0	0
⎍	0	1	1	0
⎍	1	0	0	1
⎍	1	0	1	1
⎍	1	1	0	1
⎍	1	1	1	0

例 5.3.2 在图 5.3.5 的电路中，$J=J_1=J_2=J_3$，$K=K_1=K_2=K_3$，已知 CLK，J，K，$\overline{R}_D$ 的电压波形如图 5.3.6 所示。设触发器的初态为 1，试画出相应的 Q 和 $\overline{Q}$ 的波形。

解 在第一个 CLK 信号下降沿到来之前，$\overline{R}_D=0$ 将触发器置 0，这时将不受 J，K 和 CP 的状态所影响。在 $\overline{R}_D$ 为高电平以后，触发器将在 CLK 作用下按表 5.3.2 工作，得到的 Q 和 $\overline{Q}$ 的波形如图 5.3.6 下半部所示。

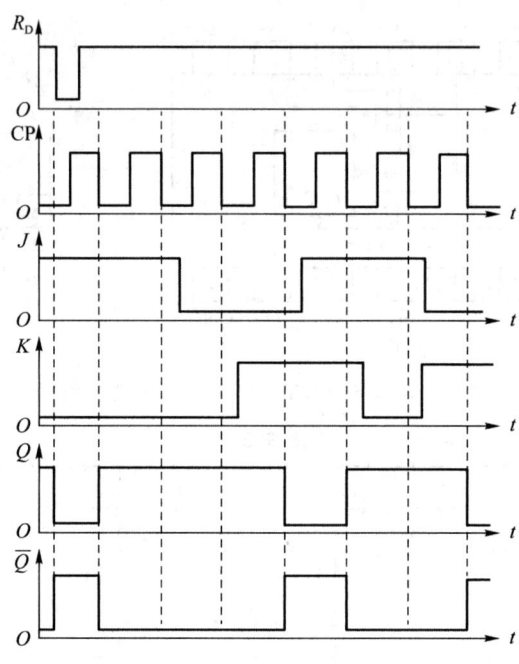

图 5.3.6 例 5.3.2 的电压波形图

5.3.3 主从触发器的工作特点

通过上面分析可以看到，无论是主从 RS 触发器还是主从 JK 触发器，都有两个值得注意的工作特点：

① 触发器的翻转工作分两步完成。第一步，在 CLK=1 期间，主触发器接收输入端（S，R 或 J，K）信号，被置为相应状态，而从触发器保持原态；第二步，CLK 下降沿到来时，从触发器依照主触发器的状态而翻转。因此，整个触发器的状态改变发生在 CLK 下降沿。

② 因为主触发器本身是一电位触发式 RS 触发器，所以在 CLK=1 的全部时间里，输入信号任何变化都将对主触发器产生影响。

由于存在这样两个工作特点，在使用主从触发器时常会遇到如下情况，就是如果在 CLK=1 期间输入信号发生变化，CLK 下降沿到达时从触发器的状态不一定能按此刻输入信号的状态来确定，而必须考虑整个 CLK=1 期间里输入信号的变化过程才能确定触发器的次态。

例如，在图 5.3.4 所示的主从 RS 触发器中，假定 $Q^n=0$，CLK=0。如果 CLK 变为 1 以后，先是 $S=1$，$R=0$，后是在 CLK 下降沿到来之前又变为 $S=R=0$，那么用 CLK 下降沿到达时的 $S=R=0$ 的状态去查表 5.3.1，会得到 $Q^{n+1}=Q^n=0$ 的错误结果。然而实际上由于 CLK=1 的开始阶段曾出现 $S=1$，$R=0$，故主触发器已被置 1，变为 $S=R=0$ 后，主触发器仍为 1，所以 CLK 下降沿到来时，从触发器也随之置为 1，即正确的次态应为 $Q^{n+1}=1$。

在图 5.3.4 所示的主从 JK 触发器也存在类似的问题,即在 CLK＝1 的全部时间主触发器都可接收输入信号。而且,由于引反馈线到输入端,所以当 $Q^n=0$ 时,有 $S=J,R=0$;若 $J=0$ 则 $Q^{n+1}=0$;若 $J=1$,则 $Q^{n+1}=1$;也就是说只接收置 1 信号,其次态可能为 1。而当 $Q^n=1$ 时,同理可知只接收置 0 信号,其次态可能为 0。这就是说,在 CLK＝1 期间,由于反馈线的作用,只可能接收一次特定的信号,可能导致触发器一次翻转。这一点是与主从 RS 触发器不同的。

例 5.3.3 在图 5.3.4 所示的主从 JK 触发器中,已知 CLK,J,K 的电压波形如图 5.3.7 所示,设触发器的初态为 0,试画出触发器的输出电压波形。

解 由图 5.3.7 可知,第一个 CLK＝1 的期间内,始终有 $J=1$,$K=0$,所以 CLK 下降沿到来时触发器置 1。

第二个 CLK＝1 的期间,K 发生过变化,因此不能简单地用 CP 下降沿来到时 J 和 K 的状态来确定触发器的次态。由于 $Q^n=1$,所以只接收第二个 $CP=1$ 期间内的置 0 信号:$J=0$,$K=1$,故下降沿到来时,触发器置 0,即 $Q^{n+1}=0$。

第三个 CLK＝1 的期间,J 发生过变化,由于 $Q^n=0$,所以接收置 1 信号:$J=1$,$K=1$,故下降沿到来时,触发器置 1,即 $Q^{n+1}=1$。

第四个 CLK＝1 的期间,$J=K=0$ 始终不变,故保持原来 1 态。

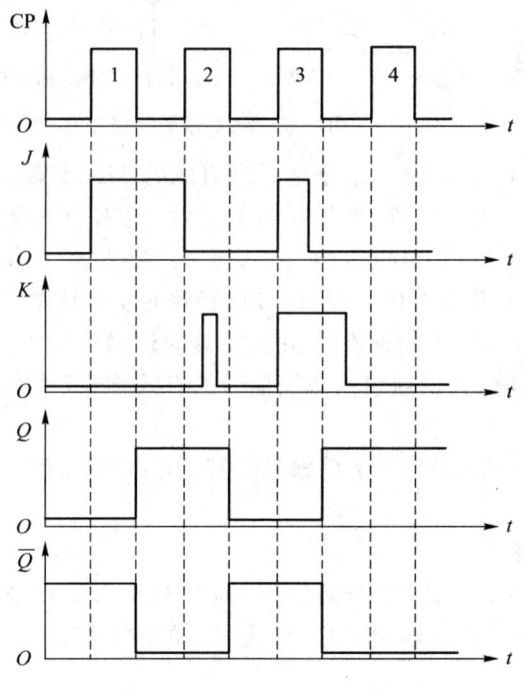

图 5.3.7 例 5.3.3 的电压波形

5.4 边沿触发器

1. 主从触发器的缺陷

主从触发器虽然克服了同步触发器的空翻现象,但存在"一次变换问题"。在 CLK＝1 的期间要输入端信号状态保持不变。否则,其次态就不能按特性表来确定。如果是干扰信号混入输入端,将使触发器产生不必要的翻转,可靠性降低。为了提高触发器的可靠性,增强抗干扰能力,人们又设计出边沿触发方式的触发器。边沿触发器方式是指只在 CLK 上升沿或下降沿时刻,触发器才依据此刻的输入决定其次态的。而在 CLK=1 和 CLK=0 的期间,输入的任何变化都不会引起触发器状态的变化。以这种方式工作的触发器称为边沿触发方式的触发器,简称为边沿触发器。目前,主从触发器大体上已经很少使用了,实际应用中大都采用边沿触发器。

2. 边沿触发器的逻辑符号

顾名思义,边沿触发器是指在输入时钟信号 CLK 的上升沿或者下降沿时刻,才接收输入激励信号并使输出状态发生改变的触发器。

按照内部电路结构和使用器件的不同,边沿触发器又可以分为维持阻塞型边沿触发器、利用门电路传输延迟时间的边沿触发器、采用 CMOS 器件生成的边沿触发器等。

这里不再详细分析边沿触发器的内部电路,重点要求能够认读边沿触发器的各类功能,并判断其工作点,即判断 CLK 信号的有效方式。

仍然以 JK 触发器为例,图 5.4.1 所示为各类边沿 JK 触发器的逻辑符号。

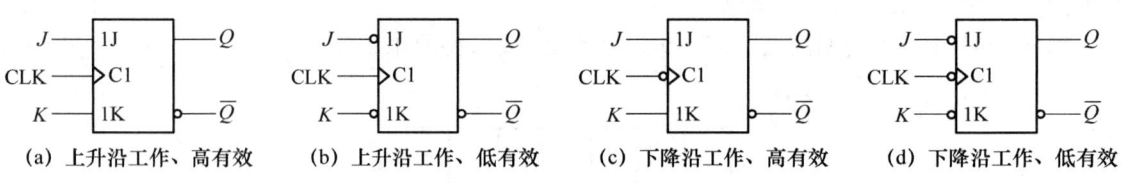

(a) 上升沿工作、高有效　　(b) 上升沿工作、低有效　　(c) 下降沿工作、高有效　　(d) 下降沿工作、低有效

图 5.4.1　边沿 JK 触发器的逻辑符号

图 5.4.1(a) 为 CLK 上升沿工作、激励信号高有效的 JK 触发器;

图 5.4.1(b) 为 CLK 上升沿工作、激励信号低有效的 JK 触发器;

图 5.4.1(c) 为 CLK 下降沿工作、激励信号高有效的 JK 触发器;

图 5.4.1(d) 为 CLK 下降沿工作、激励信号低有效的 JK 触发器。

图 5.4.1 已经清楚地表明了如何在边沿触发器的逻辑符号上,读出 CLK 信号的有效方式,即触发器的工作点,同时,又根据输入激励信号的有效方式,对边沿 JK 触发器做了更细致的分类。

推广之,对于边沿 RS 触发器、边沿 D 触发器和边沿 T 触发器,其逻辑符号和信号标注方式与图 5.4.1 类似。

3. 边沿触发器的波形图

例 5.4.1 已知一个边沿 JK 触发器的逻辑符号和输入信号波形如图 5.4.2 所示,设触发器的初状态为 0,画出其对应的输出波形,形成完整的波形图。

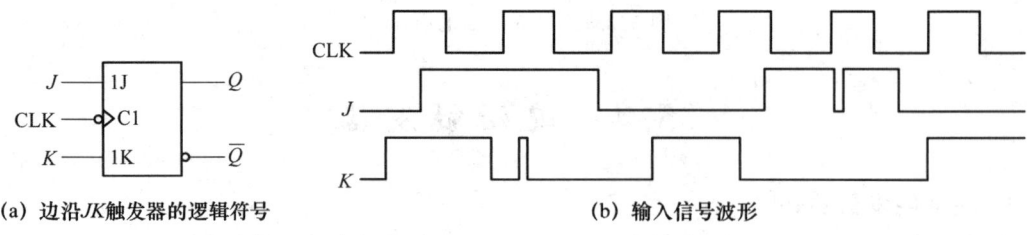

(a) 边沿 JK 触发器的逻辑符号　　　　　　(b) 输入信号波形

图 5.4.2　例 5.4.1 的相关图例

解 ① 由图 5.4.2(a)可知,该触发器为 CLK 下降沿工作、激励信号高有效的 JK 触发器。

② 触发器在 CLK 下降沿时工作,其他期间始终处于保持状态,在输入波形上将这6个工作点标定出来。

③ 初状态设定为0,根据输入激励高有效的 JK 触发器功能,在波形图上从左至右(从时间轴的原点开始)画出对应的输出状态波形,得到完整的波形图。再强调一下,输出状态波形只有6个可能的变化点(CLK 的下降沿),其余时间均保持不变。

最终得到的该触发器的波形图如图 5.4.3 所示。

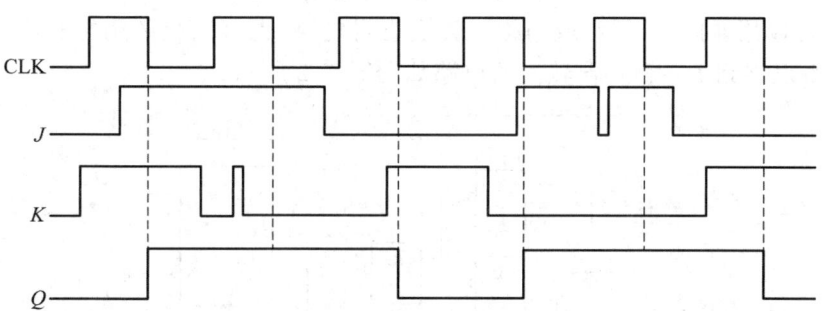

图 5.4.3 例 5.4.1 的波形图

观察图 5.4.3 所示的边沿 JK 触发器的波形图可知,边沿触发器的输入激励信号中,如果存在干扰信号(尖峰脉冲),是不会传到输出端,影响电路系统的正常工作的,除非恰好发生在触发器的工作点上(CLK 信号下降沿)。

5.5 触发器逻辑功能的转换

目前市场出售的集成触发器,从功能上看,大多是 JK 触发器和 D 触发器。这是因为 JK 触发器的逻辑功能最完善,而 D 触发器对于单端信号输入时使用最方便。在实际工作中,经常需要利用手中现有的触发器完成其他触发器的逻辑功能,这就需要将不同功能的触发器进行转换。图 5.5.1 表示触发器逻辑功能转换的框图,图中已有触发器是给定的,与转换逻辑电路一起构成待求功能的触发器,转换的关键是求转换逻辑电路。转换逻辑电路的输入端为转换后触发器的输入端,而其输出端为已有触发器输入端。同时应注意,转换前后的触发方式不变。

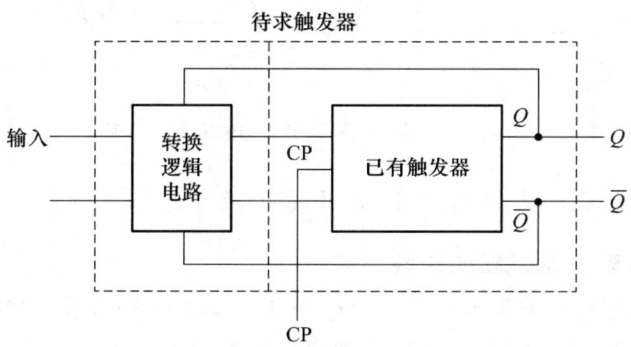

图 5.5.1 触发器逻辑功能转换框

常用的转换方法有公式法和图形法。本节只介绍公式法。公式法是对比转换前后的触发器的特征方程,从而求得转换电路输出函数的逻辑表达式。

5.5.1 由 D 触发器到其他功能触发器的转换

1. 从 D 到 JK 触发器的转换

已知 D 触发器的特征方程是 $Q^{n+1}=D$,而 JK 触发器的特征方程是 $Q^{n+1}=J\overline{Q}^n+\overline{K}Q^n$。对比两个特征方程,可得到 D 端即转换逻辑电路输出端的逻辑表达式为

$$D=J\overline{Q}^n+\overline{K}Q^n=\overline{\overline{J\overline{Q}^n}\cdot\overline{\overline{K}Q^n}}$$

上式表明,既可以用非门、与门和或门构成转换逻辑电路,也可以全部用与非门构成。由与非门实现由 D 触发器到 JK 触发器转换的电路如图 5.5.2 所示。

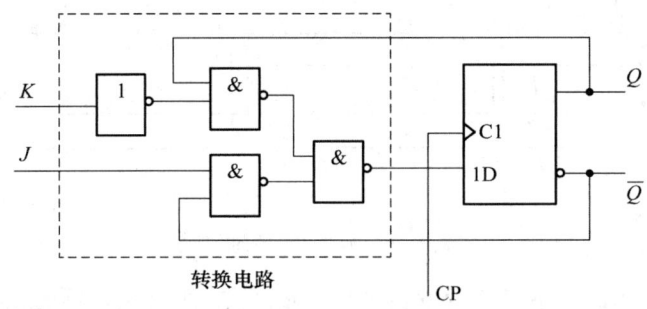

图 5.5.2 由 D 到 JK 触发器的转换

2. 从 D 到 T 和 T' 触发器的转换

T 触发器的特征方程是 $Q^{n+1}=T\overline{Q}^n+\overline{T}Q^n$,对比 D 触发器的特征方程可得

$$D=T\overline{Q}^n+\overline{T}Q^n=T\oplus Q^n$$

当 $T=1$ 时,就可得到从 D 到 T' 触发器的转换表达式:

$$D=\overline{Q}^n$$

图 5.5.3(a) 和 (b) 为 D 到 T 触发器转换的电路,图 5.5.3(c) 为 D 到 T' 触发器转换的电路。

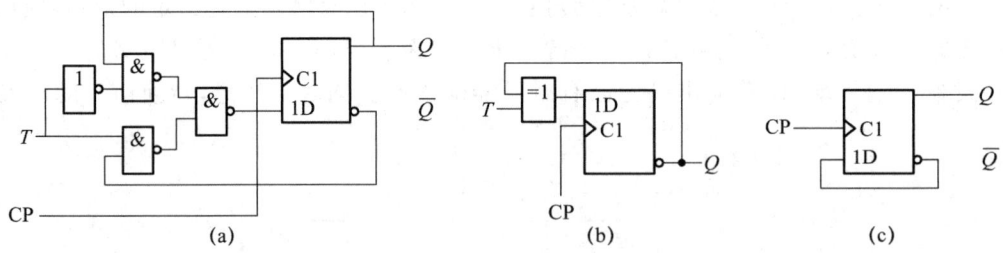

图 5.5.3 从 D 到 T 和 T' 触发器的转换

5.5.2 从 JK 触发器到其他功能触发器的转换

1. 从 JK 触发器到 D 触发器的转换

已知 JK 触发器的特征方程是 $Q^{n+1}=T\overline{Q}^n+\overline{K}Q^n$,将 D 触发器的特征方程进行变换得:
$Q^{n+1}=D=D(Q^n+\overline{Q}^n)=D\overline{Q}^n+DQ^n$。对比两个特征方程可得

$$\begin{cases} J=D \\ K=\overline{D} \end{cases}$$

从 JK 到 D 触发器转换的电路如图 5.5.4 所示。

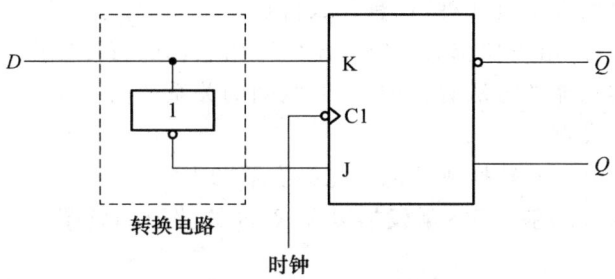

图 5.5.4 从 JK 到 D 触发器的转换

2. 从 JK 到 T 和 T' 触发器的转换

所求 T 触发器的特征方程是 $Q^{n+1}=T\overline{Q^n}+\overline{T}Q^n$,与 JK 触发器的特性方程对比后可得

$$J=K=T$$

当 $T=1$,即 $J=K=1$,就可得到从 JK 到 T' 触发器的转换。

图 5.5.5 是表示从 JK 到 T 和 T' 触发器转换的电路。

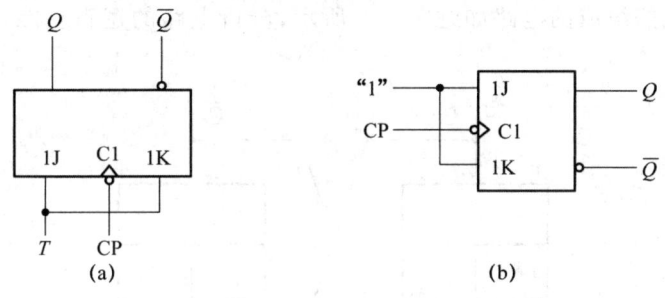

图 5.5.5 从 JK 到 T 和 T' 触发器的转换

小 结

触发器是数字系统中重要的基本单元电路。它有两个稳定状态,即 0 态和 1 态。这两个状态在外加输入信号的作用下可以互相转换。当外加信号消失后,触发器仍维持其状态不变,因此触发器具有记忆功能,可保存一位二值信息,故又把触发器称为半导体存储元或记忆元。

触发器有不同的触发方式:同步触发、主从触发和边沿触发。不同的触发方式具有不同的抗干扰能力,它是选用触发器时应着重考虑的问题。

触发器按其功能分有:RS 触发器、JK 触发器、T 触发器和 T' 触发器,而基本 RS 触发器不过是构成功能不同的触发器的重要组成单元。市场上出售的集成触发器大多是 JK 触发器、D 触发器,掌握功能转换方法对实际工作是很有用的。

描述触发器功能的方法有:状态转换真值表(特性表)、特征方程(次态方程)、激励表、状态图(状态转换图)和时序图,它们之间是可以互相转换的,实际上,它们不过是从不同角度描述触发器的功能而已。

思考题与习题

5.1 触发器的触发方式有几种,各有什么特点?

5.2 按逻辑功能分,触发器都有哪些类型?写出它们的特征方程。

5.3 描述触发器功能的方法有几种,它们之间的关系如何?

5.4 如何选用触发器?

5.5 说明将 JK 触发器转换成其他功能触发器的方法。

5.6 用或非门组成的基本 RS 触发器以及 R,S 的波形如题图 5.1 所示,试画出 $Q,\overline{Q}$ 端的波形。

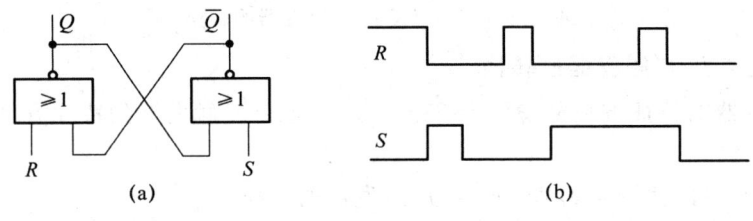

题图 5.1

5.7 两个与或门组成的电路如题图 5.2 所示,分析电路的逻辑功能,将其结果用真值表的形式表示。

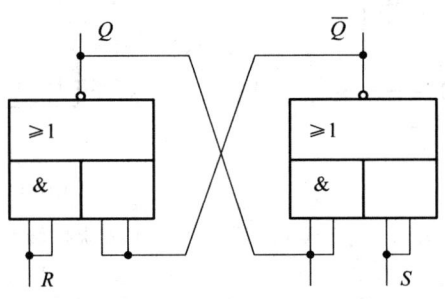

题图 5.2

5.8 电位触发 RS 触发器的逻辑符号和输入波形如题图 5.3 所示,设初始状态为 0,试画出 $Q,\overline{Q}$ 端的波形。

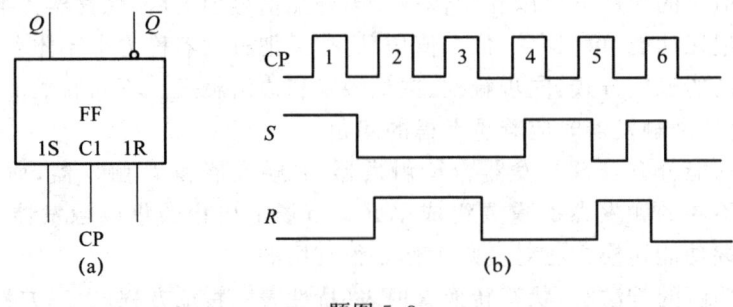

题图 5.3

5.9 一触发器的电路结构和输入波形如题图 5.4 所示,试列出状态转换真值表,写出其特征方程;设初始状态为 0,画出 Q 端的波形。

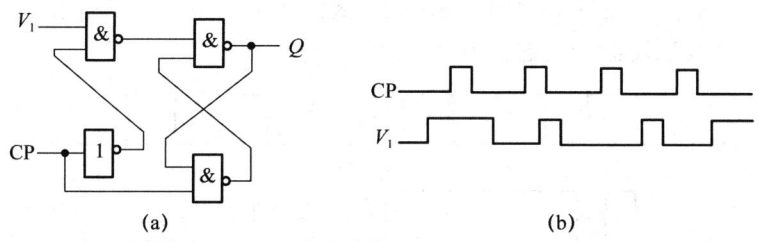

题图 5.4

5.10 设主从 JK 触发器的输入波形如题图 5.5 所示,试画出触发器的输出波形。

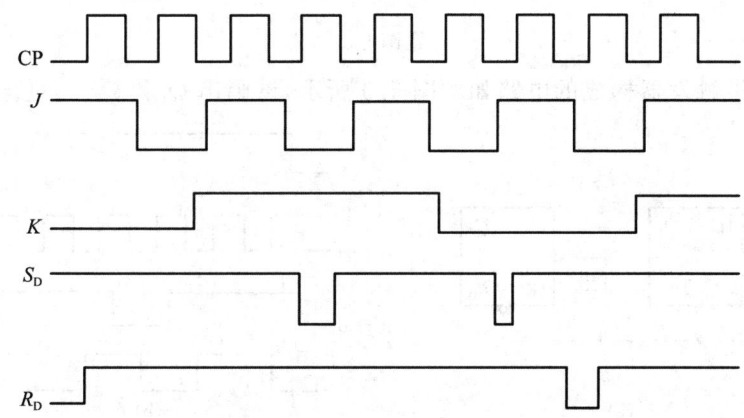

题图 5.5

5.11 由主从 JK 触发器构成的电路如题图 5.6(a)所示,输入信号波形如图(b)所示,设触发器的初态为 0,试画出 Q_1,Q_2 端的波形。

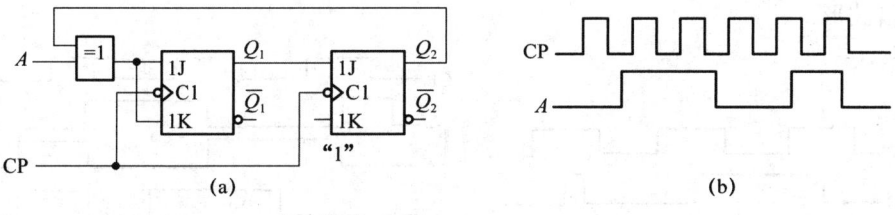

题图 5.6

5.12 由主从 JK 触发器构成的检"1"电路以及 CP,A 的波形如题图 5.7 所示,试画出 v_O 的波形,并分析电路功能。

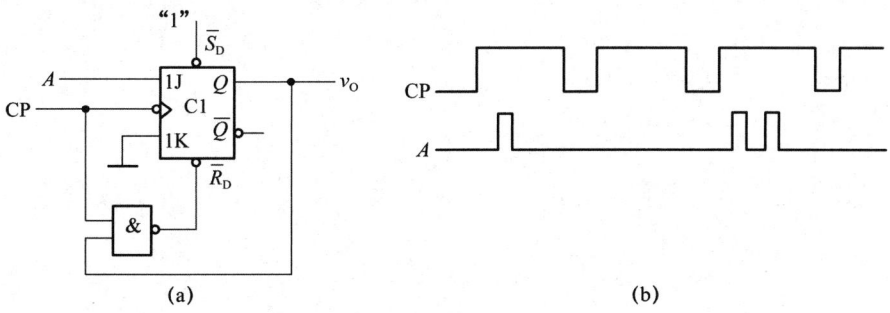

题图 5.7

5.13 已知 J,K 信号波形如题图 5.8 所示，试分别画出主从 JK 触发器和负边沿 JK 触发器的输出波形。(设触发器的初态为 0。)

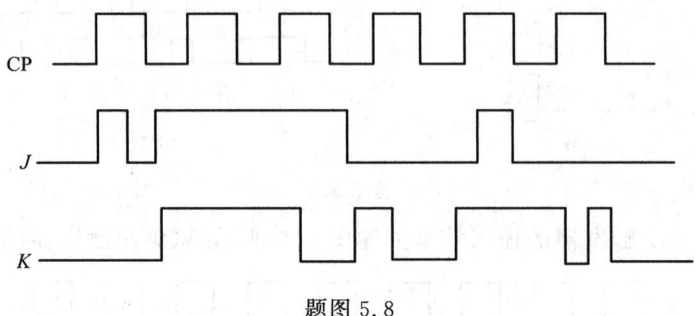

题图 5.8

5.14 由边沿触发器构成的电路如题图 5.9 所示，试画出 Q_1 和 Q_2 端的波形。

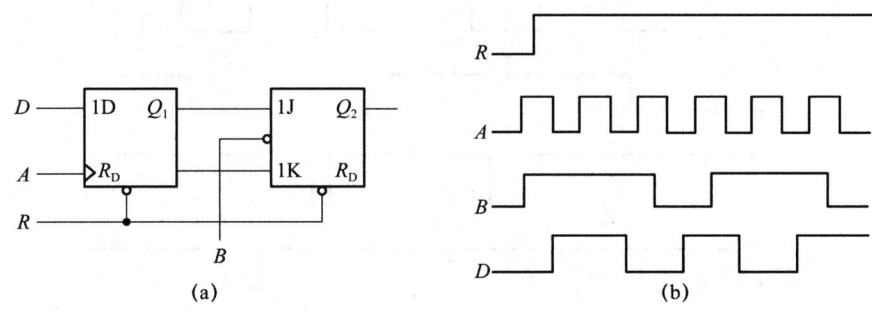

题图 5.9

5.15 输入信号波形如题图 5.10(a)所示，试分别画出电位触发器和正边沿 D 触发器的输出波形；若输入信号波形如题图 5.10(b)所示，试分别画出主从 JK 触发器和负边沿 JK 触发器的输出波形。

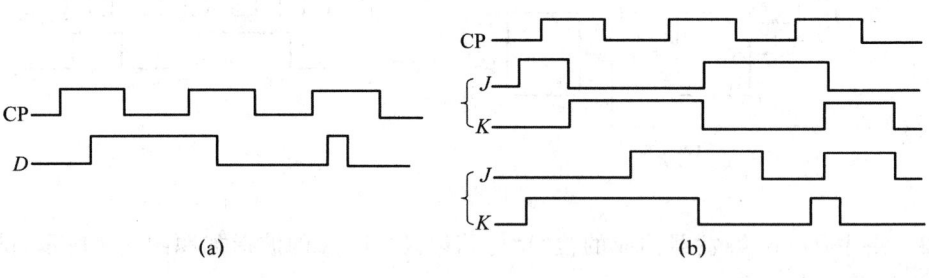

题图 5.10

第6章 同步时序电路

如前所述,数字电路分为组合逻辑电路和时序逻辑电路两大类。组合逻辑电路在第4章作了较为详细的介绍。本章和第7章将介绍时序逻辑电路。第5章介绍的集成触发器是构成时序逻辑电路的基本单元,也是最简时序电路。

时序逻辑电路是这样一种电路:它的任何时刻的输出不仅与该时刻的输入有关,而且还与电路的状态有关;或者说,时序逻辑电路的输出取决于该时刻的输入和过去的输入。

根据工作方式,时序逻辑电路分为同步时序逻辑电路和异步时序逻辑电路。本章将介绍同步时序逻辑电路的分析方法、设计方法和典型的同步时序逻辑电路。异步时序逻辑电路将在第7章介绍。

为了简便,通常将时序逻辑电路简称为时序电路,相应地,将同步时序逻辑电路简称为同步时序电路,将异步时序逻辑电路简称为异步时序电路。

6.1 时序电路的结构与描述方法

为了便于理解时序电路的工作特点,本节将介绍时序电路的一般结构和其功能的描述方法。

6.1.1 时序电路的一般结构

任何一个时序电路,不管其复杂程度,都可以用图6.1.1所示的结构框图来表示。其中,$x_1 \sim x_l$ 表示输入信号;$z_1 \sim z_m$ 表示输出信号;$y_1 \sim y_k$ 表示存储电路的输入信号;$q_1 \sim q_j$ 表示存储电路的输出信号。这些信号的逻辑关系可用下述的方程来描述:

$$\begin{cases} z_1 = f_1(x_1, x_2, \cdots, x_l, q_1, q_2, \cdots, q_j) \\ z_2 = f_2(x_1, x_2, \cdots, x_l, q_1, q_2, \cdots, q_j) \\ \quad\quad\quad\quad\quad\quad \vdots \\ z_m = f_m(x_1, x_2, \cdots, x_l, q_1, q_2, \cdots, q_j) \end{cases} \quad (6.1.1)$$

$$\begin{cases} y_1 = g_1(x_1, x_2, \cdots, x_l, q_1, q_2, \cdots, q_j) \\ y_2 = g_2(x_1, x_2, \cdots, x_l, q_1, q_2, \cdots, q_j) \\ \quad\quad\quad\quad\quad\quad \vdots \\ y_k = g_k(x_1, x_2, \cdots, x_l, q_1, q_2, \cdots, q_j) \end{cases} \quad (6.1.2)$$

$$\begin{cases} q_1^{n+1} = h_1(y_1, y_2, \cdots, y_l, q_1^n, q_2^n, \cdots, q_j^n) \\ q_2^{n+1} = h_2(y_1, y_2, \cdots, y_l, q_1^n, q_2^n, \cdots, q_j^n) \\ \quad\quad\quad\quad\quad\quad \vdots \\ q_j^{n+1} = h_j(y_1, y_2, \cdots, y_l, q_1^n, q_2^n, \cdots, q_j^n) \end{cases} \quad (6.1.3)$$

式(6.1.1)称为输出方程,式(6.1.2)称为激励方程,式(6.1.3)称为状态方程。其中,$q_1^n \sim q_j^n$ 表示存储电路的现态,$q_1^{n+1} \sim q_j^{n+1}$ 表示存储电路的次态。时序电路的分析与设计都是围绕着上述三个方程而展开的。对于一个具体的时序电路,不一定都具有上述三个方程。例如,第 5 章介绍的触发器,它只具有激励方程和状态方程,而且激励方程十分简单(等于常量)。

由图 6.1.1 可以看出,时序电路由两部分构成:一是第 4 章介绍的组合逻辑电路;二是存储电路。如果是同步时序电路,则存储电路就是触发器;如果是异步时序电路,则存储电路或者为触发器,或者为延迟电路。

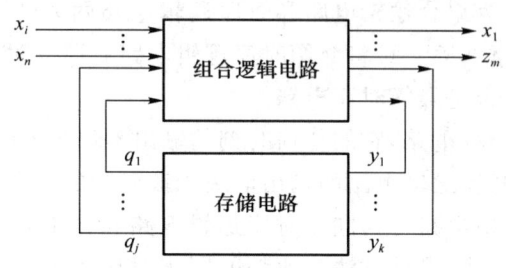

图 6.1.1　时序电路的结构框图

同步时序电路是由一个统一的时钟脉冲 CP 控制电路状态转换的电路,其结构框图如图 6.1.2 所示。只有时钟脉冲 CP 到来时,同步时序电路的状态才可能转换;而且对于一个时钟脉冲,最多只允许状态转换一次。如果没有时钟脉冲到来,任何输入信号都不会引起内部状态的转换。这里,时钟脉冲起着同步作用,故称此种电路为同步时序电路。

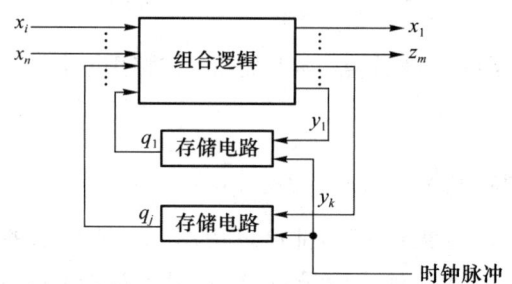

图 6.1.2　同步时序电路的结构框图

为保证同步时序电路状态的正常转换,对时钟脉冲的宽度、响应时间和频率有一定的要求,即应保证前一个时钟脉冲引起的电路响应完全结束而进入稳态后,下一个时钟脉冲再到来。否则电路状态的转换将发生混乱。

有时还根据电路输出信号的特点,将时序电路分为 Mealy 型和 Moore 型两种。输出信号不仅和存储电路状态有关,而且还与输入变量有关的电路称为 Mealy 型电路。输出信号仅取决于存储电路状态的电路称为 Moore 型电路。可见,后者是前者的特例。

6.1.2　同步时序电路的描述方法

在第 5 章介绍触发器时,曾用状态转换真值表(特性表)、特征方程、激励表、状态图和时序图来描述触发器的功能。但是,由于触发器是最简时序电路,故状态转换真值表和状态图只涉及触发器本身的输入和输出。现在研究的对象是同步时序电路,这时的状态转换真值表和状态图不仅和触发器有关,而且还和整个同步时序电路的外部输入和输出有关。原则上,描述触发器的方法都可以用于描述同步时序电路。不过,有些方法需要适当的拓展。例如,描述触发器用特征方程,而描述时序电路时要用上述的输出方程、激励方程及状态方程。有时为了分析和设计上的方便,还常常用状态转换表来描述时序电路。下面,结合具体实例来介绍同步时序电路的描述方法。

图 6.1.3 为一典型的同步时序电路,现在结合图 6.1.3 的电路,说明其描述方法。

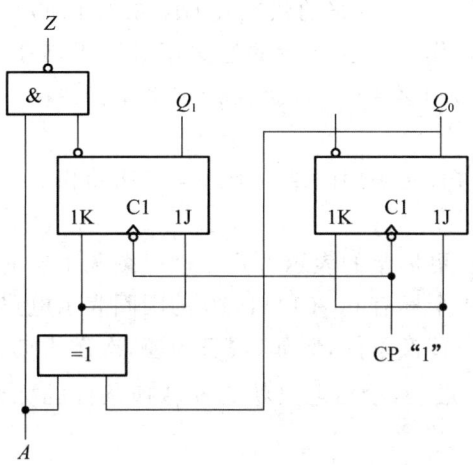

图 6.1.3　一个典型的同步时序电路

由图 6.1.3 不难列出下述方程:

$$z = \overline{A \cdot \overline{Q_1^n}} \quad (\text{输出方程})$$

$$\begin{cases} K_0 = J_0 = 1 \\ K_1 = J_1 = A \oplus Q_0^n \end{cases} \quad (\text{激励方程})$$

$$\begin{cases} Q_0^{n+1} = \overline{Q_0^n} \\ Q_1^{n+1} = A \oplus Q_0^n \oplus Q_1^n \end{cases} \quad (\text{状态方程})$$

如果把电路状态(初始状态)和输入信号当作逻辑函数的输入变量来处理,则可以将分析组合电路的方法用于时序电路。也就是说,可以用输入信号和电路状态的逻辑函数来描述时序电路的功能。

基于上述原理,将图 6.1.3 中的电路状态 Q_0^n, Q_1^n,输入信号 A, J_0, K_0, J_1 和 K_1 当作输入变量,将 Q_0^{n+1}, Q_1^{n+1} 和 Z 作为逻辑函数;并根据该电路上述三方程可以列出其状态转换真值表,如表 6.1.1 所示。

表 6.1.1　状态转换真值表

输入							输出		
Q_1^n	Q_0^n	A	J_0	K_0	J_1	K_1	Q_1^{n+1}	Q_0^{n+1}	Z
0	0	0	1	1	0	0	0	1	1
0	0	1	1	1	1	1	1	1	0
0	1	0	1	1	1	1	1	0	1
0	1	1	1	1	0	0	0	0	0
1	0	0	1	1	0	0	1	1	1
1	0	1	1	1	1	1	0	1	1
1	1	0	1	1	1	1	0	0	1
1	1	1	1	1	0	0	1	0	1

状态转换表简称状态表,是描述时序电路的最重要的工具之一。状态表是描述时序电路输入信号、现态与次态和输出的表格;是以输入信号和现态为输入变量,以次态或者输出为逻辑函数的关系表格。例如,对于图 6.1.3 来说,Q_0^n,Q_1^n,A 为输入变量;Q_0^{n+1},Q_1^{n+1},Z 为逻辑函数。由表 6.1.1 可以得到图 6.1.3 电路的状态表如图 6.1.4 所示。

实际上,图 6.1.4 可以看作 3 个三变量的逻辑函数的卡诺图,即逻辑函数 $Q_1^{n+1}=f_1(A,Q_1^n,Q_0^n)$,$Q_0^{n+1}=f_2(A,Q_1^n,Q_0^n)$ 和 $Z=f_3(A,Q_1^n,Q_0^n)$ 卡诺图合并在一起。因此,状态表可以称为状态卡诺图。

状态表可以有不同的结构,所采用的结构形式与卡诺图相似。这样,在分析和设计时序电路时可更方便。

状态图是状态表更直观、更形象的表示形式。现以图 6.1.4 的状态表为例,介绍将其表示成状态图的方法。首先,用 4 个标有 00,01,11,10 的圆圈表示电路的状态。其次,用箭头线将现态与次态相连,并标明状态转换条件,例如,现态为 ⑩,次态为 ⑪,转换条件为 0/1,则箭头线从 ⑩ 画到 ⑪,旁边注明 0/1。最后,给出电路状态和转换条件的标记,例如,Q_1Q_0,A/Z。所得的状态图如图 6.1.5 所示。

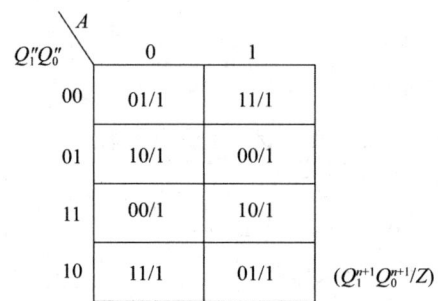

图 6.1.4 图 6.1.3 电路的状态表

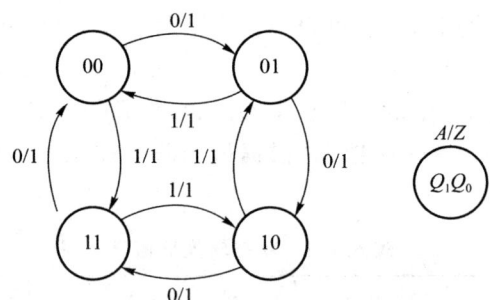

图 6.1.5 图 6.1.3 电路的状态图

6.2 同步时序电路的分析

所谓同步时序电路的分析,就是对一个给定的电路,研究在一系列输入信号的作用下,电路的状态将如何转换,将产生怎样的输出,进而说明该电路的逻辑功能。

6.2.1 同步时序电路的分析步骤

① 根据给定的同步时序电路,写出其输出方程(函数)、激励方程(函数)和状态方程(函数)。

② 列出状态转换真值表。真值表的输入变量为时序电路的输入、电路的现态和各触发器的数据输入；输出变量是同步时序电路的输出和电路的次态。

③ 根据状态转换真值表，作出电路的状态表和状态图；必要时作出时序图。

④ 分析和描述电路的逻辑功能。

下面，结合对一些典型电路的分析，进一步说明分析过程。

6.2.2 举例说明

例 6.2.1 试分析图 6.2.1 所示的同步时序电路的逻辑功能。

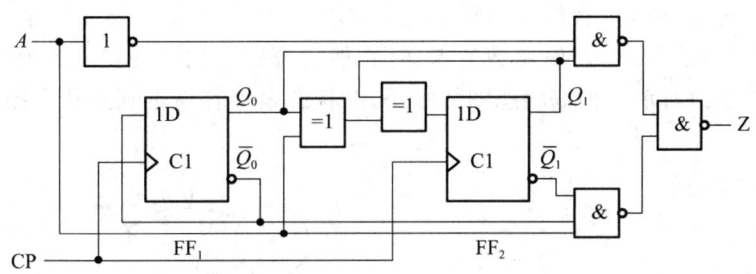

图 6.2.1 例 6.2.1 的同步时序电路

解 首先，由图 6.2.1 写出输出方程为

$$Z = \overline{\overline{AQ_0Q_1} \cdot \overline{A\overline{Q_0}\,\overline{Q_1}}}$$
$$= \overline{A}Q_0Q_1 + A\overline{Q_0}\,\overline{Q_1} \qquad (6.2.1)$$

和它的激励方程为

$$\begin{cases} D_0 = \overline{Q_0} \\ D_1 = A \oplus Q_0 \oplus Q_1 \end{cases} \qquad (6.2.2)$$

将式(6.2.2)代入 D 触发器的特征方程，可得到电路的状态方程：

$$\begin{cases} Q_0^{n+1} = D_0 = \overline{Q_0^n} \\ Q_1^{n+1} = D_1 = A \oplus Q_0^n \oplus Q_1^n \end{cases} \qquad (6.2.3)$$

其次，列出状态转换真值表。

真值表的作法是：将电路输入 A 和现态 Q_1, Q_0 的所有取值组合填入表中的第一栏和第二栏；激励函数 D_1, D_0 的相应值填入表中第三栏；由式(6.2.3)求出的次态 Q_1^{n+1}, Q_0^{n+1} 填入第四栏；由式(6.2.1)求出的输出 Z 填入表中的第五栏。如此可以得到状态转换真值表如表 6.2.1 所示。

表 6.2.1 状态转换真值表

输入						输出		
A	Q_1^n	Q_0^n	D_1	D_0		Q_1^{n+1}	Q_0^{n+1}	Z
0	0	0	0	1		0	1	0
0	0	1	1	0		1	0	0
0	1	0	1	1		1	1	0
0	1	1	0	0		0	0	1
1	0	0	1	1		1	1	1

续表

输入					输出		
A	Q_1^n	Q_0^n	D_1	D_0	Q_1^{n+1}	Q_0^{n+1}	Z
1	0	1	0	0	0	0	0
1	1	0	0	1	0	1	0
1	1	1	1	0	1	0	0

再次,作电路的状态表和状态图。

将输入 A 和现态 Q_1^n, Q_0^n 看作 3 个输入变量,Q_1^{n+1}, Q_0^{n+1} 和 Z 分别当作这 3 个输入变量的逻辑函数,很容易作出这 3 个逻辑函数的卡诺图,然后再把它们合并在一起就得到了该电路的状态表,如图 6.2.2(a)所示。根据状态图的画法,由状态表很容易得到其状态图,如图 6.2.2(b)所示。

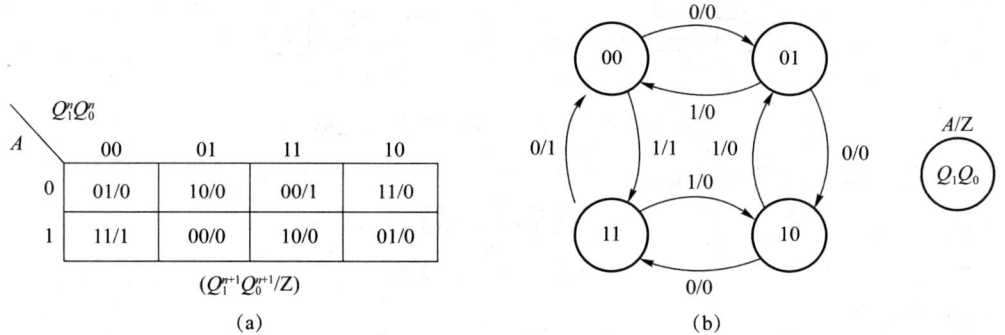

图 6.2.2 例 6.2.1 的状态表和状态图

例 6.2.2 分析图 6.2.3 所示的串行加法器。

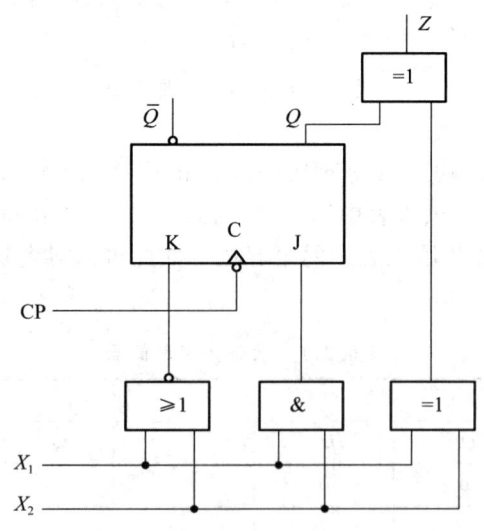

图 6.2.3 例 6.2.2 的串行加法

解 首先,写出电路的输出方程、激励方程和状态方程:
$$Z = X_1 \oplus X_2 \oplus Q$$

$$\begin{cases} J = X_1 \cdot X_2 \\ K = \overline{X_1 + X_2} \end{cases}$$

$$\begin{aligned} Q^{n+1} &= J\overline{Q}^n + \overline{K}Q^n \\ &= X_1 X_2 \overline{Q}^n + (X_1 + X_2)Q^n \\ &= X_1 X_2 \overline{Q}^n + X_1 Q^n + X_2 Q^n \end{aligned}$$

其次,列出状态转换真值表。

根据上述3个方程,在输入 X_2,X_1 和现态 Q^n 所有取值组合条件下,计算出次态 Q^{n+1} 和输出 Z,列表如表6.2.2所示。

表 6.2.2 状态转换真值表

输入			输出	
X_2	X_1	Q^n	Q^{n+1}	Z
0	0	0	0	0
0	0	1	0	1
0	1	0	0	1
0	1	1	1	0
1	0	0	0	1
1	0	1	1	0
1	1	0	1	0
1	1	1	1	1

再次,作状态表和状态图。

由状态转换真值表6.2.2,可以很方便地作出其状态表和状态图,如图6.2.4所示。

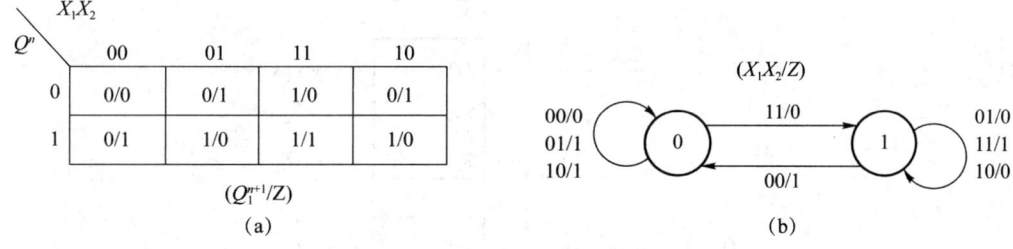

图 6.2.4 例 6.2.2 的状态表和状态图

最后,分析和用文字描述电路功能。

由状态转换真值表和输出方程可知,Z 表示输入 X_2,X_1 和现态 Q^n 的全加和,Q^n 表示低位向本位的进位;由状态方程和真值表可知,次态 Q^{n+1} 表示本位向高位的进位。从状态表和状态图可以得出同样的结论。当 X_1 和 X_2 为序列时,施行串行相加,即每来一个 CP 脉冲,加法器进行一次全加,其和由 Z 输出,而进位存储在 JK 触发器,以备下一个 CP 脉冲到来后再进行一次全加。如此进行下去,Z 的输出就表示两个序列的串行相加,故称作串行加法器。

6.3 寄存器

能暂时存放一组二进制代码的时序电路称作寄存器,它是一种典型的同步时序电路。在数字系统中,寄存器常用来暂存中间运算结果和指令。它可以由单个触发器构成,但是现在都使用寄存器的集成电路产品。

按功能特点,寄存器可分为数码(代码)寄存器和移位寄存器两大类。数码寄存器用来存放一组二值代码,它只能在时钟脉冲作用下,实现数据的并行接收、存储和传送。属于这一类的集成数码寄存器有:74LS273,74LS174,74LS175,74LS373 等。移位寄存器除了存储功能外,还可在时钟脉冲作用下对数据实现移位功能。常用的集成移位寄存器有 74LS194,74LS164,74LS195,74LS198 等。这里重点介绍寄存器的外特性。

6.3.1 数码寄存器

图 6.3.1 为四位数码寄存器 74LS175 的逻辑图。74LS175 是一个典型的集成数码寄存器,它主要由 4 个 D 触发器构成,有统一的异步置 0 端 $\overline{R}_D$ 和统一的时钟脉冲 CP,各个触发器 D 端为数据输入端,并且各个触发器具有互补输出。下面,简介寄存器的工作原理。

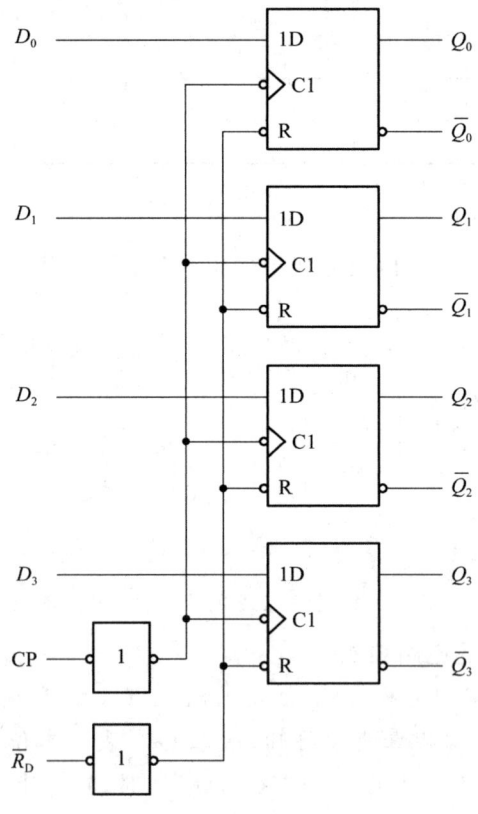

图 6.3.1　74LS175 的逻辑图

1. 异步清零

当异步置 0 端 $\overline{R}_D=0$ 时,则触发器输出 $Q_0 \sim Q_3$ 均被置 0,其互补端 $\overline{Q}_0 \sim \overline{Q}_3$ 均被置 1。

2. 数据存放

在 $\overline{R}_D=1$ 的前提下,当时钟脉冲正沿到达时,输入端 $D_0 \sim D_3$ 的数据将并行存入 4 个 D 触发器,$Q_0 \sim Q_3$ 端存原码,$\overline{Q}_0 \sim \overline{Q}_3$ 端存反码。例如,$D_0 D_1 D_2 D_3 = 1001$ 时,则

$$Q_0 Q_1 Q_2 Q_3 = 1001 \quad \overline{Q}_0 \overline{Q}_1 \overline{Q}_2 \overline{Q}_3 = 0110$$

3. 数据保持

在 $\overline{R}_D=1$,且 CP=0 时,各 D 触发器状态保持不变,即存放在寄存器的数据保持不变。综上所述,74LS175 寄存器的逻辑功能可归纳于表 6.3.1,表 6.3.1 称作 74LS175 逻辑功能表。

表 6.3.1 74LS175 逻辑功能表

$\overline{R}_D$	CP	工作状态
0	×	异步清零
1	↑	数据存放
1	0	数据保持

6.3.2 移位寄存器

移位寄存器除了存储代码以外,还具有移位功能。所谓移位,就是指寄存器内所存的代码能在移位脉冲作用上依次左移或右移。因此,移位寄存器不仅可寄存代码,而且还可用来实现数据的串行-并行转换、数值的运算以及数据处理等。移位寄存器分为单向移位和双向移位两类。下面,以集成移位寄存器为例进行介绍。

1. 单向移位寄存器

74LS164 是 8 位单向集成移位寄存器,图 6.3.2 是其简化的逻辑图。它由 8 个正边沿触发的 D 触发器构成。它们有统一的异步置 0 端 $\overline{R}_D$,统一的时钟脉冲输入端 CP,D_{S1} 和 D_{S2} 为串行数据输入端。下面,介绍其工作原理。

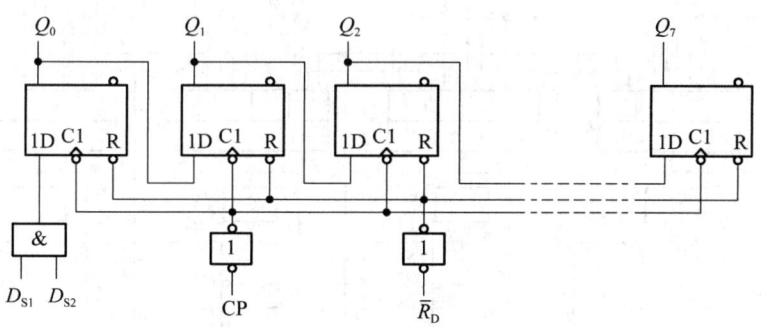

图 6.3.2 74LS164 的逻辑图

(1) 异步清零

当异步置 0 端 $\overline{R}_D = 0$ 时,8 个 D 触发器均被置 0,即寄存器所存数据被清零。

(2) 串行接收数据和单向移位

当串行数据输入端 D_{S1} 或 D_{S2} 有一个为低电平时,则串行数据禁止输入,Q_0 因 D=0 而为 0,在 CP 作用下,这个 0 依次右移。当 D_{S1} 或 D_{S2} 中有一为高电平时,则另一个就作为串行数据输入端而输入数据。例如,$D_{S1}=1$ 时,D_{S2} 为数据输入端;反之亦然。由图 6.3.2 可以看出,左边一个触发器的输出总是连到右边一个触发器的输入端 D。这样,在 CP 作用下,右边一个触

发器的次态就是左边一个触发器的原态。因此,通过 D_{S1} 或 D_{S2} 把数据送入触发器 Q_0 的同时,Q_0 的原数据右移入 Q_1,Q_1 的原数据右移入 Q_2,依次类推,$Q_0 \sim Q_7$ 中数据依次右移一位,Q_7 中的数据移出寄存器。

(3) 数据保持

当 $\overline{R}_D = 1$ 且 CP=0 时,各触发器状态保持不变,数据保存在寄存器中。

74LS164 的逻辑功能表如表 6.3.2 所示。如果在串行数据输入端输入一个 8 位数据,则需要 8 个 CP 脉冲才能完成,最先输入的数据被右移至 Q_7,最后输入的数据暂存在 Q_0 中。这就是说,串行输入的 8 个数据暂存在 8 个触发器中。如果同时从触发器的输出端 $Q_0 \sim Q_7$ 取出这 8 个数据,则这种寄存器就可以把串行数据换成并行数据,即实现数据的串行输入—并行输出。

表 6.3.2　74LS164 的逻辑功能表

$\overline{R}_D$	CP	D_{S1}	D_{S2}	工作状态
0	×	×	×	异步清零
1	0	×	×	数据保持
1	↑	1	×	数据右移
1	↑	×	1	数据右移

2. 双向移位寄存器

4 位双向集成移位寄存器 74LS194A 的逻辑图如图 6.3.3 所示。

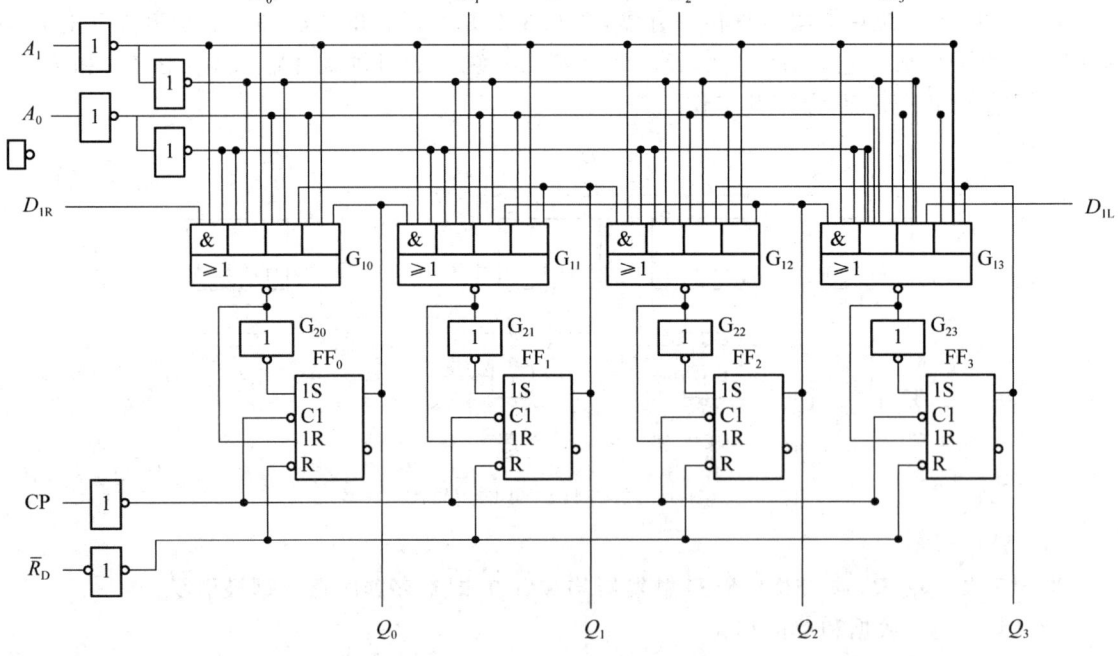

图 6.3.3　74LS194A 的逻辑图

寄存器 74LS194A 由 4 个 RS 触发器和各自的控制电路组成。其控制电路是一个具有互补输出的 4 选 1 数据选择器。D_{IR} 为数据右移串行输入端,D_{IL} 为数据左移串行输入端,$Q_0 \sim Q_3$

为数据并行输出端,$D_0 \sim D_3$ 为数据并行输入端,A_1 和 A_0 为寄存器工作状态控制端,CP 为统一时钟脉冲输入端,$\overline{R}_D$ 为统一异步置 0 端;当 $\overline{R}_D=0$ 时,触发器 $FF_0 \sim FF_3$ 同时被置 0,所以寄存器正常工作时应使 $\overline{R}_D=1$。

下面以触发器 FF_2 为例,分析 A_1,A_0 为不同取值时,移位寄存器的工作原理。

当 $A_1=A_0=0$ 时,4 选 1 数据选择器 G_{12} 最右边的输入信号 Q_2^n 被选中,使触发器 FF_2 的输入 $S=Q_2^n, R=\overline{Q}_2^n$,所以 CP 脉冲上升沿到达时,$FF_2$ 被置成 $Q_2^{n+1}=Q_2^n$。这时移位寄存器工作在保持状态。

当 $A_1=A_0=1$ 时,G_{12} 左数第二个输入信号 D_2 被选中,使触发器 FF_2 的输入 $S=D_2, R=\overline{D}_2$,则 CP 上升沿到达时,FF_2 被置成 $Q_2^{n+1}=D_2$,这时移位寄存器处于数据并行输入状态。

当 $A_1=0, A_0=1$ 时,G_{12} 最左边的输入信号 Q_1^n 被选中,使触发器 FF_2 的输入 $S=Q_1^n, R=\overline{Q}_1^n$,则 CP 上升沿到达时,$FF_2$ 被置成 $Q_2^{n+1}=Q_1^n$,显然这时移位寄存器工作在右移状态。

当 $A_1=1, A_0=0$ 时,G_{12} 右数第二个输入信号 Q_3^n 被选中,使触发器 FF_2 的输入 $S=Q_3^n, R=\overline{Q}_3^n$,则 CP 上升沿到达时,$FF_2$ 被置成 $Q_2^{n+1}=Q_3^n$,这时移位寄存器工作在左移状态。

其他 3 个触发器的工作原理与 FF_2 相同,读者可自行进行分析。通过上述分析可以列出移位寄存器 74LS194A 的逻辑功能表,如表 6.3.3 所示。

表 6.3.3 74LS194A 的逻辑功能表

$\overline{R}_D$	A_1	A_0	工作状态
0	×	×	异步清零
1	0	0	数据保持
1	0	1	数据右移
1	1	0	数据左移
1	1	1	并行输入

可以用几片 74LS194A 接成更多位双向移位寄存器。例如,用两片 74LS194A 接成 8 位双向移位寄存器的连线图,如图 6.3.4 所示。具体连线方法是,将其中一片的 Q_3 接到另一片的 D_{IR} 端,而将另一片的 Q_0 接到该片的 D_{IL} 端,同时把两片的 A_1, A_0,CP 和 $\overline{R}_D$ 端分别并联起来。

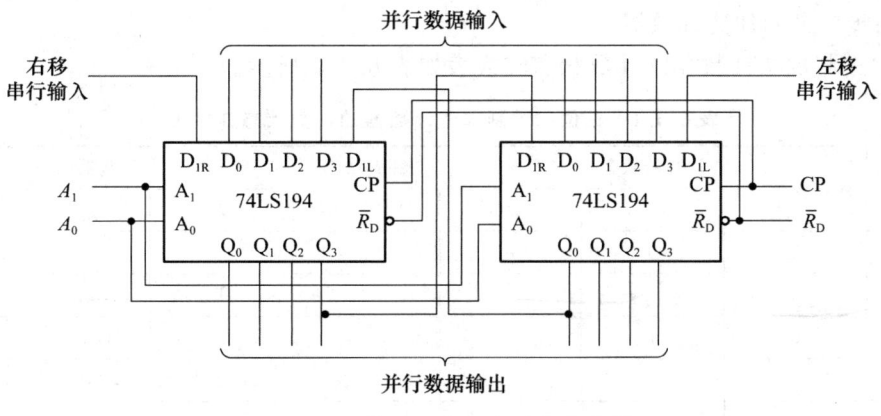

图 6.3.4 接成 8 位双向移位寄存器

6.4 同步计数器

计数器是一种累计输入脉冲个数的功能部件。输入脉冲通常称为计数脉冲,在同步计数器中,它就是时钟脉冲。

任何计数器都是由触发器构成的,触发器的状态组合就表示计数器所计的数值。因此,触发器的状态组合与计数器中的数是一一对应的。实质上,计数器的计数,就是在计数脉冲作用下,通过改变触发器的状态组合来实现的。

计数器的容量或模数(简称模),指计数器在一次循环中所包含的状态组合的总数。

计数器的类型很多,特点各异。其分类方法有多种:

- 按计数脉冲引入方式的不同,可分为同步计数器和异步计数器。同步计数器中各触发器的翻转是同时发生的,它属于同步时序电路。异步计数器中各触发器的翻转不是同时发生的,它属于异步时序电路。
- 按计数器的容量不同,可分为二进制计数器和 N 进制计数器。二进制计数器的模是 2 的整数次幂,N 进制计数器的模是任意整数 N。
- 按计数器中数值增减的趋势不同,可分为加法计数器、减法计数器和可逆计数器。计数器中的数随着计数脉冲的输入而不断增加的称为加法计数器;反之,随计数脉冲的输入不断减少的称为减法计数器;而可增又可减的计数器称为可逆计数器。

下面,主要介绍同步二进制计数器、同步十进制计数器的构成原理和工作原理,重点介绍集成计数器 74161,74LS191 和 74LS190。

6.4.1 同步二进制计数器

众所周知,二进制只有 0 和 1 两个数码。而触发器具有 0 和 1 两种状态,因此可用一个触发器表示一位二进制数。若将 n 个触发器串接起来,就可以表示 n 位二进制数。所以 n 个触发器可以构成模 2^n 计数器。同步二进制计数器有统一的时钟脉冲,各触发器的状态更新与时钟脉冲同步。下面,先以模 8 同步二进制计数器为例,介绍其构成原理;再介绍集成加法计数器和可逆计数器。

1. 同步二进制计数器的构成原理

(1) 同步二进制加法计数器

三位二进制加法计数器的计数状态转换表如表 6.4.1 所示。

表 6.4.1 三位二进制加法计数器的计数状态转换表

计数顺序 (CP 个数)	计数器状态			计数顺序 (CP 个数)	计数器状态		
	Q_2	Q_1	Q_0		Q_2	Q_1	Q_0
0	0	0	0	5	1	0	1
1	0	0	1	6	1	1	0
2	0	1	0	7	1	1	1
3	0	1	1	8	0	0	0
4	1	0	0				

由表 6.4.1 可知,充当计数器最低位的触发器 F_0 的状态,每输入一个 CP 脉冲,状态翻转一次。由第 5 章的触发器功能可知,用 T' 触发器或者用 $T=1$ 的 T 触发器作为计数器最低位的触发器最为方便。因此,其激励方程为

$$T_0 = 1$$

触发器 F_1 的翻转条件是 $Q_0 = 1$,所以 F_1 的激励方程为

$$T_1 = Q_0$$

而触发器 F_2 的翻转条件是 Q_0,Q_1 同时为 1,故 F_2 的激励方程为

$$T_2 = Q_1 Q_0$$

推而广之,触发器 F_n 的翻转条件是 Q_0,Q_1,…,Q_{n-1} 同时为 1,因此 F_n 的激励方程为

$$T_n = \prod_{i=0}^{n-1} Q_i \tag{6.4.1}$$

如果令式(6.4.1)的 $T_0 = 1$,则它可以作为同步二进制加法计数器的通用激励方程。

由上述分析可以得出如下结论:n 位(模 2^n)同步二进制加法计数器可由 n 个 T 触发器构成,而各个触发器的激励方程由式(6.4.1)确定。T 触发器可以由 JK 触发器(亦可由 D 触发器)构成。其构成方法参阅 5.5 节的内容。用 JK 触发器构成的三位同步二进制加法计数器如图 6.4.1 所示;由图可知,$J_0 = K_0 = 1$,$J_1 = K_1 = Q_0$,$J_2 = K_2 = Q_1 Q_0$。

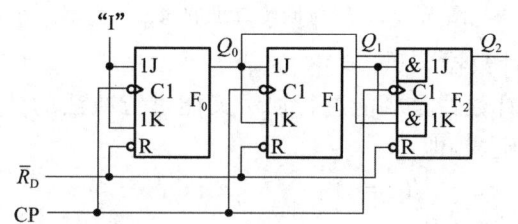

图 6.4.1 三位同步二进制加法计数器

(2) 同步二进制减法计数器

三位二进制减法计数器的计数状态转换表如表 6.4.2 所示。

表 6.4.2 三位二进制减法计数器的计数状态转换表

计数顺序 (CP 个数)	计数器状态			计数顺序 (CP 个数)	计数器状态		
	Q_2	Q_1	Q_0		Q_2	Q_1	Q_0
0	0	0	0	5	0	1	1
1	1	1	1	6	0	1	0
2	1	1	0	7	0	0	1
3	1	0	1	8	0	0	0
4	1	0	0				

从表 6.4.2 可以看出,触发器 F_0 的状态,每输入一个 CP 脉冲就翻转一次。所以,与加法计数器一样,F_0 的激励方程仍为

$$T_0 = 1$$

触发器 F_1 的翻转条件是 $Q_0 = 0$,所以为使 F_1 按要求翻转,这时的 T_1 应为 1,即 F_1 的激励方程为

$$T_1 = \overline{Q}_0$$

而触发器 F_2 的翻转条件是 Q_0,Q_1 同时为 0,故 F_2 的激励方程为

$$T_2 = \overline{Q}_0 \overline{Q}_1$$

同理,触发器 F_n 的激励方程或同步二进制减法计数器的通用激励方程为

$$T_n = \prod_{i=0}^{n-1} \overline{Q}_i \tag{6.4.2}$$

同样可以得出如下结论:n 位同步二进制减法计数器可由 n 个 T 触发器构成,各触发器的激励方程由式(6.4.2)确定。通过触发器之间逻辑功能的转换方法,可以方便地用 JK 触发器或 D 触发器构成同步二进制减法计数器。用 JK 触发器构成的三位同步二进制减法计数器如图 6.4.2 所示。图中,$J_0=K_0=1,J_1=K_1=\overline{Q}_0,J_2=K_2=\overline{Q}_1\overline{Q}_0$。

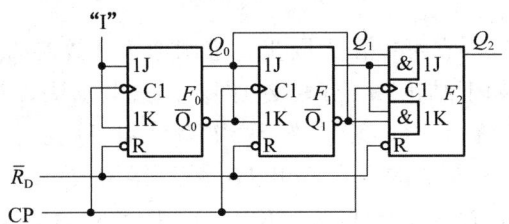

图 6.4.2 三位同步二进制减法计数器

(3) 同步二进制可逆计数器

由于同步二进制可逆计数器是既能进行加法又能进行减法的计数器,所以其激励方程应由式(6.4.1)和式(6.4.2)组成,即

$$\begin{cases} T_0 = 1 \\ T_n = A_D \prod_{i=0}^{n-1} Q_i + \overline{A}_D \prod_{i=0}^{n-1} \overline{Q}_i \end{cases} \tag{6.4.3}$$

式中,n 为大于或等于 1 的正整数,A_D 为加/减控制信号。当 $A_D=1$ 时,$T_n = \prod_{i=0}^{n-1} Q_i$,实现加法计数;当 $A_D=0$ 时,$T_n = \prod_{i=0}^{n-1} \overline{Q}_i$,实现减法计数。

由此可见,如果将同步二进制加法计数器和同步二进制减法计数器合并起来,再增加一些选通控制门,就可以构成可逆计数器。

2. 集成同步二进制计数器

在实际生产的集成同步二进制计数器的芯片中,增加了一些附加控制电路,以扩展电路功能和增强使用的灵活性。集成计数器芯片中的种类很多,它们在时钟输入、清零、置数和使能控制方式上有所不同。常用的集成同步二进制计数器有 74161,74LS161,74163,74LS163,74191,74LS191,74193,74LS193 等。下面,将介绍四位同步二进制加法计数器 74161 和四位同步二进制可逆计数器 74LS191。

(1) 四位同步二进制加法计数器 74161

图 6.4.3 为四位同步二进制加法计数器 74161 的逻辑图。这个电路除了实现二进制加法计数外,还有预置数、保持和异步置零等功能。图中,$\overline{LD}$ 为预置数控制端,$D_0 \sim D_3$ 为数据输入端,C_0 为进位输出端,$\overline{R}_D$ 为异步置零端,E_P 和 E_T 为使能(工作状态控制)端,$Q_0 \sim Q_3$ 为数据输出端。现在介绍其工作原理。

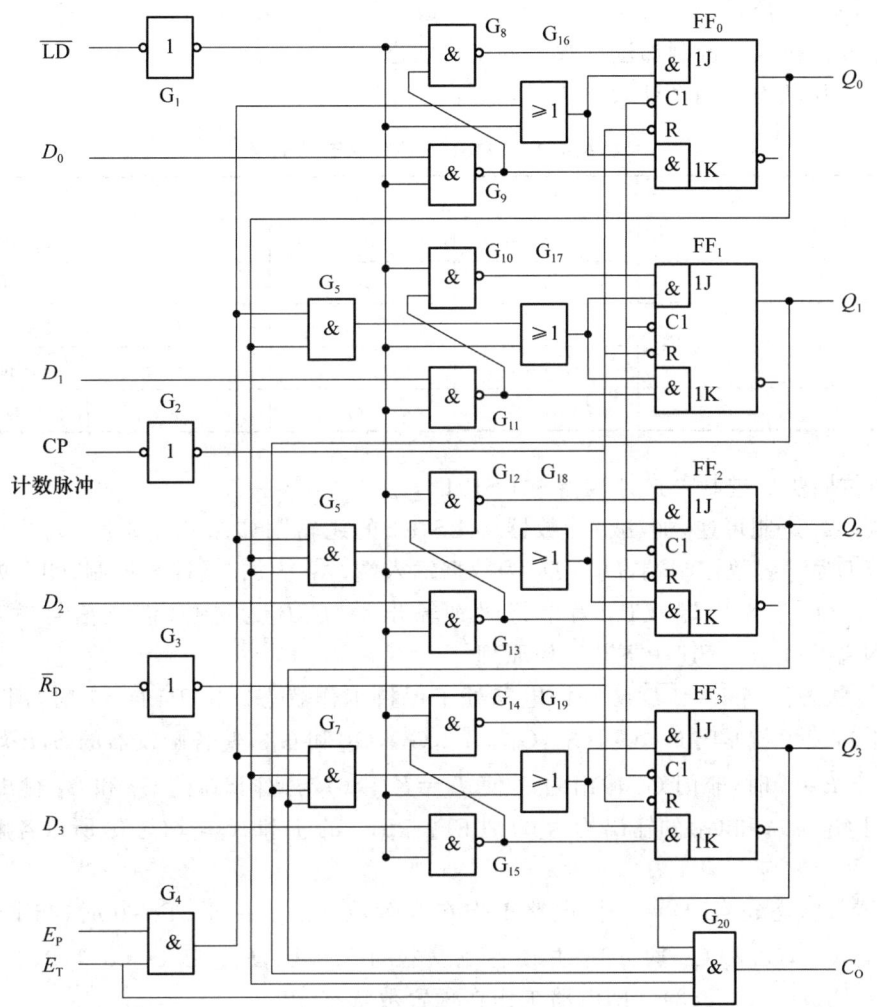

图 6.4.3 同步加法计数器 74161

① 异步置零。由图 6.4.3 可知,当 $\overline{R}_D=0$ 时,所有触发器同时被置零,即 $Q_0=Q_1=Q_2=Q_3=0$,而且这种置零操作不受其他输入端状态的影响。

② 预置数。当 $\overline{R}_D=1,\overline{LD}=0$ 时,计数器工作在预置数状态,即 $Q_0 \sim Q_3 = D_0 \sim D_3$。由于 $\overline{LD}=0$,所以门 G_1 输出 1,将门 $G_8 \sim G_{15}$ 全部打开,G_8 和 G_9 输出互补,即它们分别输出 D_0 和 $\overline{D}_0$。同理,G_{10} 和 G_{11} 分别输出 D_1 和 $\overline{D}_1$,G_{12} 和 G_{13} 分别输出 D_2 和 $\overline{D}_2$,G_{14} 和 G_{15} 分别输出 D_3 和 $\overline{D}_3$。同时,G_1 输出 1 封锁或门 $G_{16} \sim G_{19}$,使它们的输出均为 1。在 CP 脉冲上升沿到来时,数据 $D_0 \sim D_3$ 将被置入触发器 $FF_0 \sim FF_3$ 中,即 $Q_0 \sim Q_3 = D_0 \sim D_3$。

③ 保持。当 $\overline{R}_D=1,\overline{LD}=1,E_P=0$ 和 $E_T=1$ 时,或门 $G_{16} \sim G_{19}$ 的两个输入端均为 0,故它们的输出均为 0。这就是说,触发器 $FF_0 \sim FF_3$ 均处在 $J=K=0$ 的状态,因此 CP 脉冲到来时它们将保持原来状态不变。由于这时 $E_T=1$,所以 C_O 的状态也保持不变。如果 $E_T=0$,则有 $C_O=0$。

④ 计数状态。当 $\overline{R}_D=\overline{LD}=E_P=E_T=1$ 时,计数器工作在计数状态。由于 $\overline{LD}=1$,所以门 G_1 输出为 0,将封锁与非门 $G_8 \sim G_{15}$,使它们输出均为 1,从而打开所有触发器 J 和 K 门;与此同时,G_1 输出的 0 将或门 $G_{16} \sim G_{19}$ 打开,使数据畅通无阻地通过它们。又由于 $E_P=E_T=1$,与

门 $G_5 \sim G_7$ 被打开,所以,$J_0=K_0=1, J_1=K_1=Q_0, J_2=K_2=Q_0Q_1, J_3=K_3=Q_0Q_1Q_2$。这就是由 JK 触发器构成二进制加法计数器的工作状态。

上述的工作状态可用功能表来表示,如表 6.4.3 所示。

表 6.4.3　74161 的计数状态功能表

CP	$\overline{R}_D$	$\overline{LD}$	E_P	E_T	工作状态
×	0	×	×	×	异步置零
↑	1	0	×	×	预置数
×	1	1	0	1	保持
×	1	1	×	0	保持($C_0=0$)
↑	1	1	1	1	计数状态

(2) 四位同步二进制可逆计数器 74LS191

四位同步二进制可逆(加/减)计数器 74LS191 的逻辑图如图 6.4.4 所示。图中,$\overline{E}$ 为使能控制端,$\overline{LD}$ 为预置数控制端,$D_0 \sim D_3$ 为数据输入端,$\overline{A}_D$ 为加/减计数控制,CP_1 为计数脉冲输入端,$Q_0 \sim Q_3$ 为输出端,CP_0 为串行时钟输出端,C/B 为进位/借位信号输出端,也称 MAX/MIN 端。下面,简述一下其工作原理。

① 保持状态。当 $\overline{E}=\overline{LD}=1$ 时,电路处于保持工作状态。由于 $\overline{LD}=1$ 时,门 G_6 输出为 0,该低电平封锁了与非门 $G_7, G_8, G_{10}, G_{11}, G_{13}, G_{14}, G_{16}$ 和 G_{17},使各触发器的 S,R 端不能接收数据;又由于 $\overline{E}=1$ 时,非门 G_9 输出为 0,使 $J_0=K_0=0$;与此同时,门 G_4 和 G_5 输出均为 0,该低电平使门 G_{12}, G_{15} 和 G_{18} 的输出均为 0,则 $FF_1 \sim FF_3$ 的 J 和 K 端均为 0,所以各触发器处于保持态。

② 预置数状态。当 $\overline{LD}=0$ 时,电路工作在预置数状态。由于 $\overline{LD}=0$ 时,与非门 $G_7, G_8, G_{10}, G_{11}, G_{13}, G_{14}, G_{16}$ 和 G_{17} 均打开;并使各触发器的 $S_i=D_i, R_i=\overline{D}_i(i=0,1,2,3)$,故计数器的输出 $Q_i=D_i(i=0,1,2,3)$。即电路工作在预置数状态。

③ 加法计数状态。当 $\overline{E}=0, \overline{LD}=1$ 和 $\overline{A}_D=0$ 时,电路工作在加法计数状态。如上所述,$\overline{LD}=1$ 封锁了各个触发器的 R 和 S 端。由于 $\overline{E}=\overline{A}_D=0$ 时,门 G_9 输出为 1,即 FF_0 的输入为
$$J_0=K_0=1$$
与此同时,门 G_4 输出为 1,门 G_5 输出为 0,则 G_{12}, G_{15} 和 G_{18} 的下边门打开,上边门封锁,因此 $FF_1 \sim FF_3$ 的输入为
$$J_1=K_1=Q_0$$
$$J_2=K_2=Q_0Q_1$$
$$J_3=K_3=Q_0Q_1Q_2$$
由此可见,计数器工作在加法计数状态。

④ 减法计数状态。当 $\overline{E}=0, \overline{LD}=\overline{A}_D=1$ 时,电路工作在减法计数状态。由于 $\overline{E}=0$,则同加法计数一样,可以得到
$$J_0=K_0=1$$
又由于 $\overline{A}_D=1$,则门 G_4 输出为 0,G_5 输出为 1,从而使 G_{12}, G_{15} 和 G_{18} 的上边门打开,下边门封锁,故 $FF_1 \sim FF_3$ 的输入为
$$J_1=K_1=\overline{Q}_0$$

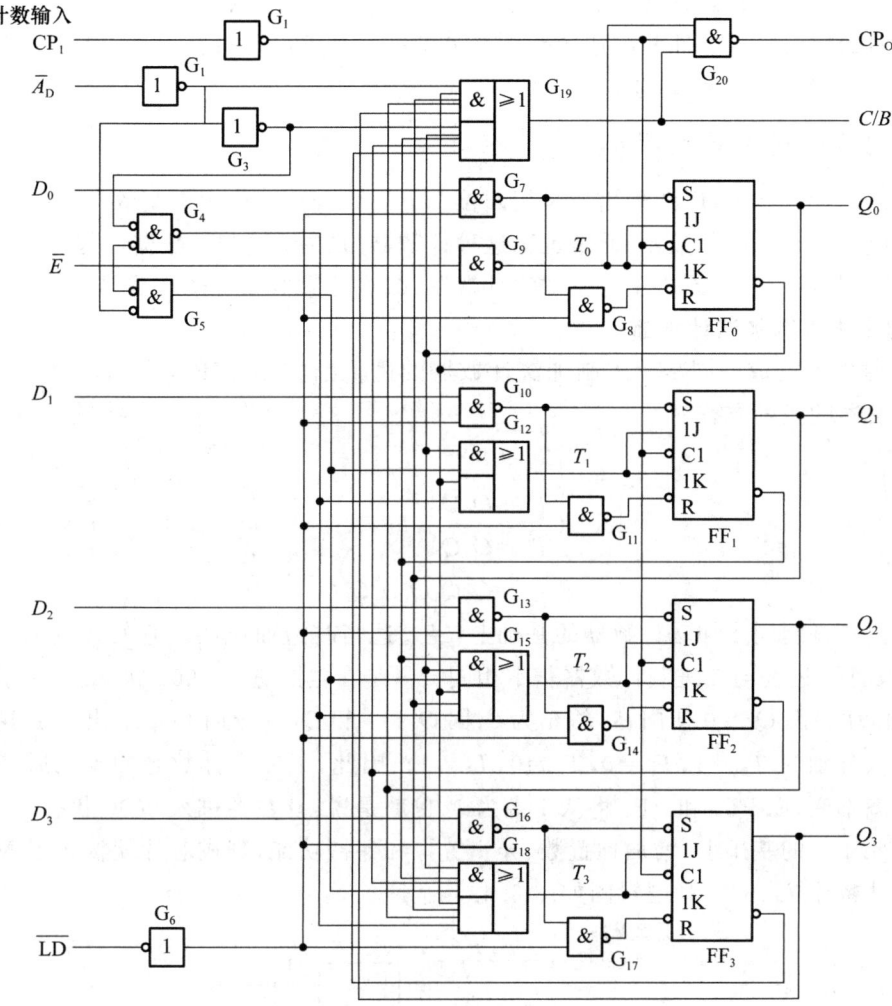

图 6.4.4 四位同步二进制可逆计数器

$$J_2 = K_2 = \overline{Q}_0 \overline{Q}_1$$
$$J_3 = K_3 = \overline{Q}_0 \overline{Q}_1 \overline{Q}_2$$

由式(6.4.2)可知,计数器工作在减法计数状态。

综上所述,计数器 74LS191 的逻辑功能表如表 6.4.4 所示。

表 6.4.4 计数器 74LS191 的逻辑功能表

CP_1	$\overline{E}$	$\overline{LD}$	$\overline{A}_D$	工作状态
×	1	1	×	保持
×	×	0	×	预置数
↑	0	1	0	加法计数
↑	0	1	1	减法计数

由图 6.4.4 可以看出,当 $\overline{A}_D = 0$,且 $Q_3 Q_2 Q_1 Q_0 = 1111$ 时,$C/B = 1$,有进位输出;当 $\overline{A}_D = 1$,且 $Q_3 Q_2 Q_1 Q_0 = 0000$ 时,$C/B = 1$,有借位输出。因此,在计数状态,$C/B = 1$,且 $CP_1 = 0$ 时,串行时钟输出端 CP_O 将产生一个负脉冲输出。CP_O 可以作为多片级联中高位片的计数脉冲。

74LS191 可逆计数器只有一个时钟信号作为计数脉冲,所以称这种计数器为单时钟结构。如果计数器的加法计数脉冲和减法计数脉冲分别是两个不同的时钟信号,则称双时钟结构,计数器 74LS193 就属于这种结构。

6.4.2 同步十进制计数器

在十进制计数器中,广泛采用的是用四位二进制数表示一位十进制数,即用四位二十进制计数器构成一位十进制计数器,通常也称这种计数器为二-十进制计数器。与二进制计数器一样,十进制计数器也分为同步十进制加法计数器、减法计数器和可逆计数器。

1. 同步十进制加法计数器

用 T 触发器构成的同步十进制加法计数器的逻辑图如图 6.4.5 所示。由图 6.4.5 可以写出各触发器的激励方程

$$\begin{cases} T_0 = 1 \\ T_1 = Q_0 \overline{Q}_3 \\ T_2 = Q_0 Q_1 \\ T_3 = Q_0 Q_3 Q_2 + Q_0 Q_3 \end{cases} \quad (6.4.4)$$

它是在四位二进制同步加法计数器的基础上,经过适当改造而成的。它的计数范围是从 0000 到 1001,其计数过程与二进制计数器基本相同。只是在电路进入 1001 状态后,由于 $\overline{Q}_3 = 0$,使门 G_1 输出为 0;因 $Q_1 = 0$ 使门 G_2 输出为 0;因 $Q_0 = 1$ 和 $Q_3 = 1$ 使门 G_3 输出为 1;这样,4 个触发器的输入分别为 $T_0 = 1, T_1 = 0, T_2 = 0, T_3 = 1$。因此,下一个计数脉冲到来后,$FF_1$ 和 FF_2 维持 0 状态不变,而 FF_0 和 FF_3 将从 1 翻为 0,也就是说,计数器进入 0000 状态。

在图 6.4.5 的基础上,增加预置数、异步置零和保持功能,制成芯片就构成了 MSI 同步十进制加法计数器 74160。其逻辑图如图 6.4.6 所示。

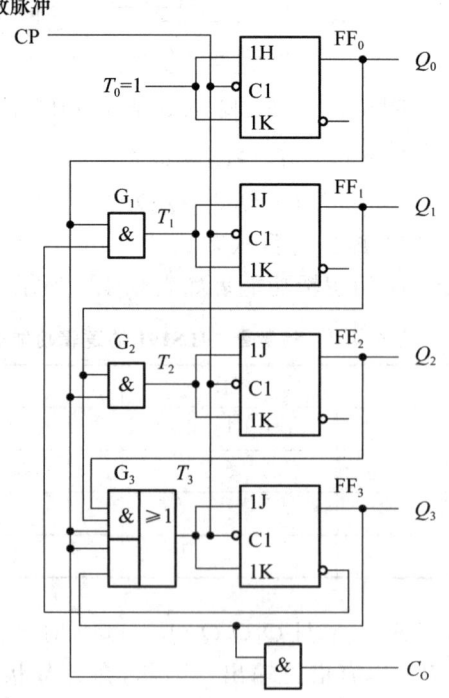

图 6.4.5 同步十进制加法计数器

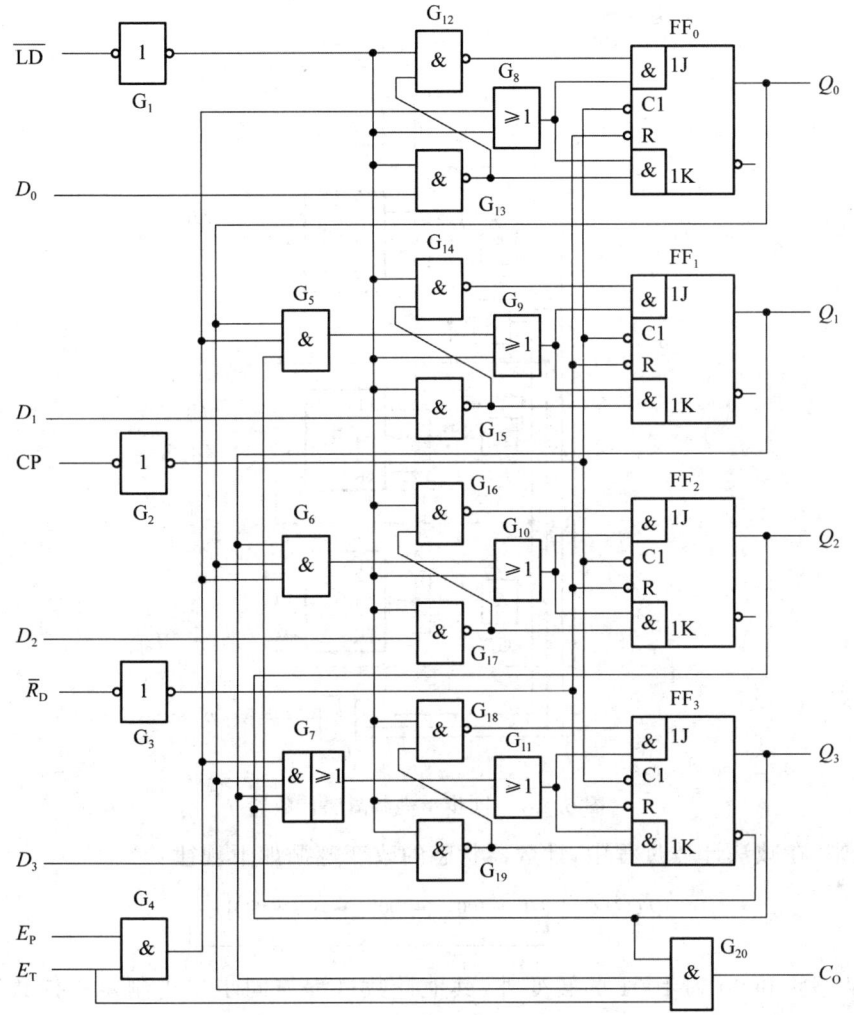

图 6.4.6 计数器 74160 的逻辑图

图中，$\overline{LD}$ 为预置数控制端，$D_0 \sim D_3$ 为数据输入端，C_O 为进位输出端，$\overline{R_D}$ 为异步置零端，E_P 和 E_T 为使能端，$Q_0 \sim Q_3$ 为数据输出端。这些输入、输出端和控制端的功能和用法均与图 6.4.3 所示的四位同步二进制（即同步十六进制）加法计数器 74161 相同。同步十进制加法计数器 74160 的功能表也与四位同步二进制加法计数器 74161 的功能表相同。因此，这里就不再赘述计数器 74160 的类似内容，读者可自行分析。

2．同步十进制减法计数器

同步十进制减法计数器，是在四位同步二进制减法计数器的基础上改造而成的。其逻辑图如图 6.4.7 所示。

由图 6.4.7 不难得出，同步十进制减法计数器的激励方程为

$$\begin{cases} T_0 = 1 \\ T_1 = \overline{Q_0}\ \overline{\overline{Q_1}\overline{Q_2}\overline{Q_3}} \\ T_2 = \overline{Q_0}\overline{Q_1}\ \overline{\overline{Q_1}\overline{Q_2}\overline{Q_3}} \\ T_3 = \overline{Q_0}\overline{Q_1}\overline{Q_2} \end{cases} \quad (6.4.5)$$

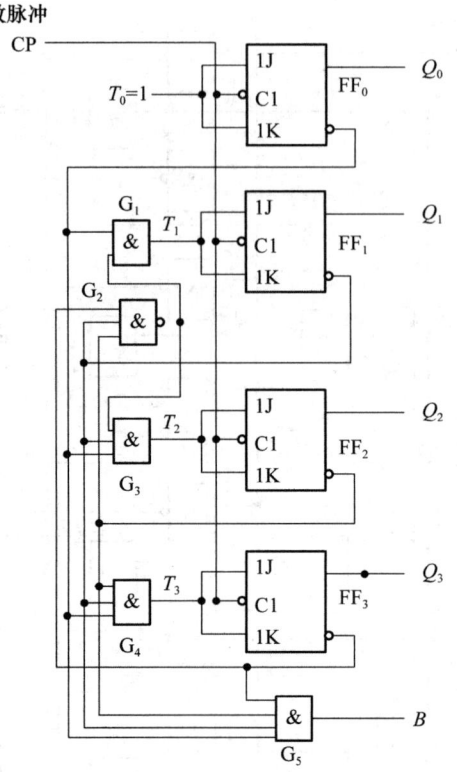

图 6.4.7 同步十进制减法计数器

根据减法规则,在减法计数过程中,计数器状态的改变遵循如下规律:

$$Q_3Q_2Q_1Q_0 = 0000 \rightarrow 1001 \rightarrow 1000 \rightarrow \cdots \rightarrow 0001$$

可见,除了从态状 0000 到 1001 的转变外,其他计数过程与同步二进制减法计数器相同。由图 6.4.7 看出,当 $Q_3Q_2Q_1Q_0=0000$ 时,门 G_2 输出的 0 封锁门 G_1 和 G_3,使 $T_1=T_2=0$;而门 G_4 输出为 1,即 $T_3=1$。因此,当计数脉冲到达后,触发器 FF_0 和 FF_3 由 0 翻转为 1,而 FF_1 和 FF_2 保持 0 状态不变,这样,计数器就实现了从 0000 到 1001 的状态转变。

3. 同步十进制可逆计数器

如果将同步十进制加法计数器和减法计数器的控制门电路进行适当的合并,并配一加/减控制端 $\overline{A}_D$,就可以构成一个同步十进制可逆计数器。基于上述原理构成的同步十进制可逆计数器 74LS190 的逻辑图如图 6.4.8 所示。

可逆计数器 74LS190 的逻辑功能表如表 6.4.5 所示。

表 6.4.5 可逆计数器 74LS190 的逻辑功能表

CP_1	$\overline{E}$	$\overline{LD}$	$\overline{A}_D$	工作状态
×	1	1	×	保持
×	×	0	×	预置数
↑	0	1	0	加法计数
↑	0	1	1	减法计数

第6章 同步时序电路

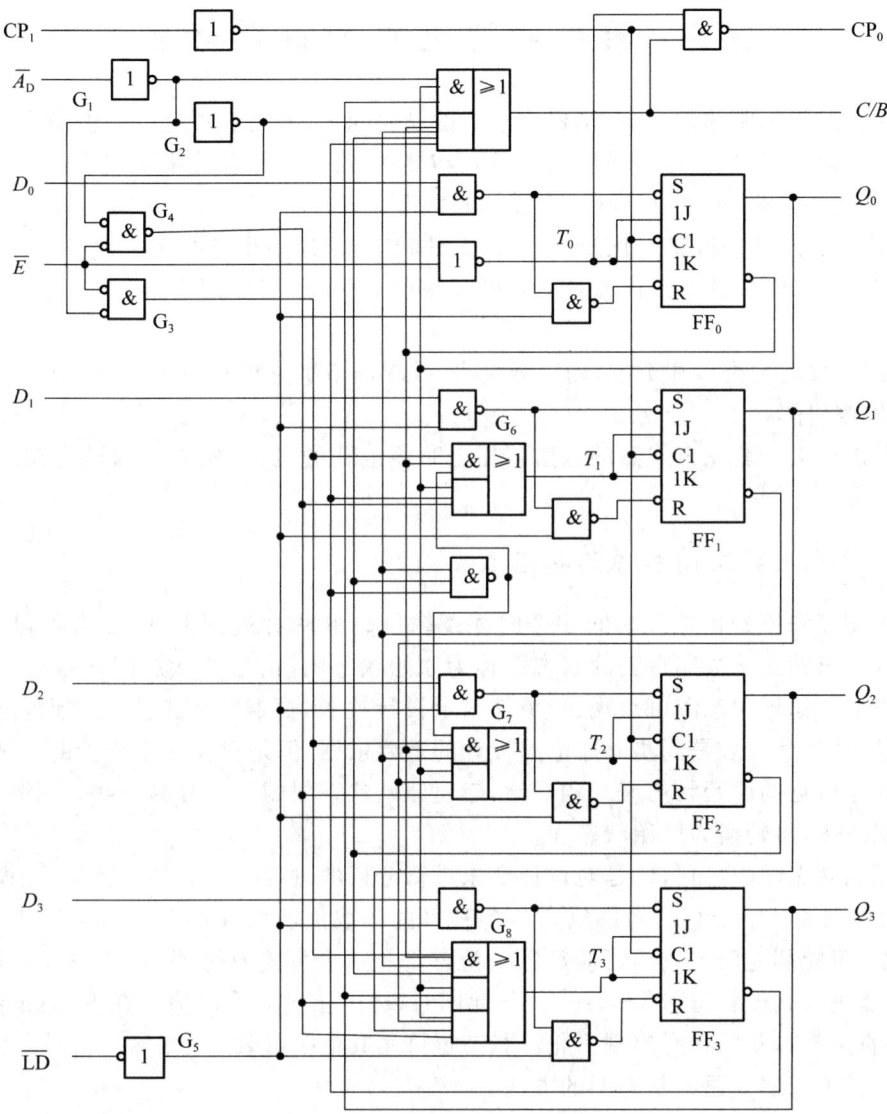

图 6.4.8 同步十进制可逆计数器 74LS190

计数器 74LS190 的工作原理基本上与计数器 74LS191 相同。现仅以加法计数为例来说明其工作过程。由表 6.4.5 可知，当 $\overline{E}=0$，$\overline{LD}=1$ 和 $\overline{A_D}=0$ 时，计数器工作在加法计数状态。由于 $\overline{LD}=1$，则门 G_5 的 0 输出封锁了 $FF_0 \sim FF_3$ 的 S 端和 R 端的输入门；又由于 $\overline{E}=0$ 和 $\overline{A_D}=0$，使门 G_3 输出为 1，门 G_4 输出为 0，则将门 G_6 和 G_7 的下边输入门打开，同时又打开门 G_8 的中间和下边输入门，这样，各触发器输入为

$$\begin{cases} T_0 = 1 \\ T_1 = Q_0 \overline{Q_3} \\ T_2 = Q_0 Q_1 \\ T_3 = Q_0 Q_1 Q_2 + Q_0 Q_2 \end{cases}$$

该式与式(6.4.4)完全相同，这就是说，计数器工作在加法计数状态。

6.5 同步时序电路的设计方法

所谓同步时序电路的设计,就是根据给定的逻辑问题,求出实现这一逻辑功能的同步时序电路。设计是前面所讲的分析的逆过程。同步时序电路的一般设计步骤如下:

① 根据设计要求,建立原始状态图或原始状态表。
② 对原始状态表进行状态化简,消去多余的状态,求最小化状态表。
③ 状态分配,即对最小化状态表进行状态编码,把状态表中用文字标注的每个状态用二进制代码表示。
④ 选定触发器的类型和个数,列出激励表,并求出激励方程和输出方程。
⑤ 画出逻辑图。

由于目前尚无一套完全成熟的方法可用于时序电路的设计,所以下面结合例题来说明设计的各个步骤。

6.5.1 建立原始状态图和原始状态表

原始状态图和原始状态表是同一个时序逻辑问题的两种表现形式,二者可以互相转换。直接从设计要求的文字描述得到的状态图称为原始状态图,由原始状态图转换成的状态表称为原始状态表。原始状态图可直观、形象地表示设计要求,可避免判断上的错误,但一般不直接用于设计;原始状态表是同步时序电路设计的重要依据,但是目前还不能借助一种算法建立任意同步时序电路的原始状态表。相对地,建立原始状态图的工作容易一些。因此,一般是先建立原始状态图,再转换为原始状态表。

建立原始状态图的过程,就是对设计要求进行分析的过程。一般的方法是,先设定一个初始状态为 S_0;然后从 S_0 出发,考虑输入的各种可能的取值所引起的全部状态转移(这些状态转移很复杂:可能都返回 S_0 态,可能都进入新态 S_1 态,也可能有返回 S_0 态的又有进入 S_1 态的,还有可能进入其他新态 $S_2, S_3, \cdots$)。与此同时,标出相应的输出值。在 S_1 态继续 S_0 态的分析过程,直到没有新的状态出现为止。状态也可用其他字母表示。

下面举例说明建立原始状态图的方法。

例 6.5.1 101 序列检测器有一输入端 Y 和输出端 Z。从 Y 端输入一组按时间顺序排列的串行二进制码。当输入序列中出现 101 时,输出 $Z=1$,否则为 0。试做出该序列检测器的原始状态图和原始状态表。

解 由题意可得出如图 6.5.1(a)所示的框图和图 6.5.1(b)所示的输入、输出波形。

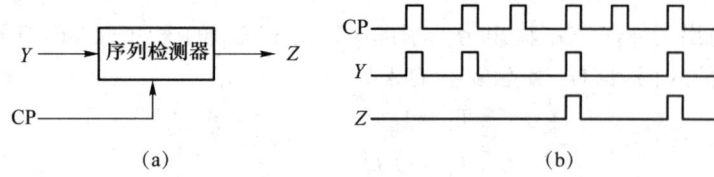

图 6.5.1 101 序列检测器框图和波形

设电路的初态状态为 A 时,如果输入 $Y=0$,因其不是"101"序列的第一个数码,故电路应停留在状态 A,输出 $Z=0$;如果输入 $Y=1$,因其符合"101"序列的第一个数码,故电路由 A 态进入 B 态,输出 $Z=0$。

当电路处于 B 态时,如果 $Y=1$,因它仍然是"101"序列的第一个数码,故电路应保持 B 态不变,且 $Z=0$;如果 $Y=0$,因其是"101"序列的第二个数码,故电路由 B 态进入 C 态,且 $Z=0$。

当电路处于 C 态时,如果 $Y=1$,因其正好是"101"序列的第三个数码,故电路应进入 D 态;又因已经检出"101"序列,故 $Z=1$;如果 $Y=0$,由于序列"100"不是被检测的序列,故电路应从 C 态返回 A 态,以便重新开始检测"101"序列,这时 $Z=0$。

当电路处于 D 态时,如果 $Y=1$,因其是又一个"101"序列的开始,故电路应从 D 态进入 B 态,且 $Z=0$;如果 $Y=0$,因其不是第二个"101"序列的开始,故电路应进入 A 态,重新开始检测序列,且 $Z=0$。

根据上述分析,可以得到原始状态图,如图 6.5.2(a)所示。

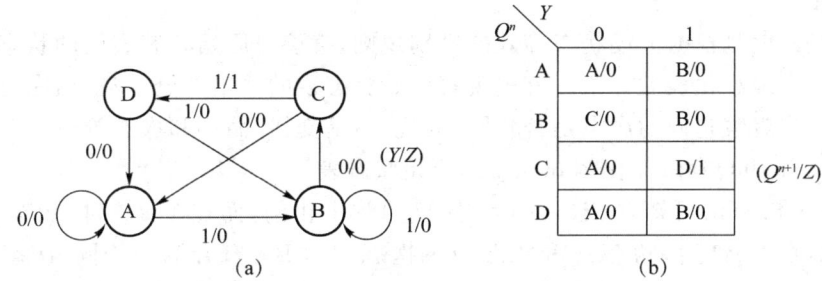

图 6.5.2 例 6.5.1 的原始状态图和原始状态表

由原始状态图可以很容易得出其原始状态表。将现态和输入信号作为输入逻辑变量,将次态和输出作为逻辑函数,列表可得。需注意,原始状态图中与箭尾相连的为现态,与箭头相连的为次态。当输入逻辑变量小于或等于 3 时,我们所采用的状态表编码后就是次态和输出的卡诺图。这一点,在分析状态分配时将会看得很清楚。

6.5.2 状态简化

在构建同步时序电路的原始状态图时,主要考虑的是如何正确反映设计要求,而没有严格要求状态的数目最少。因此,所得到的原始状态图不一定是最简的,可能包含多余的状态。由于状态的个数将直接影响构成时序电路所需的触发器的个数,所以必须进行状态简化。状态简化是通过原始状态表的简化来实现的,所谓状态简化,就是从原始状态表中消去冗余状态,得到一个最小化状态表。这个最小化状态表既能反映全部设计要求,状态数又最少。状态数的减少,将使所需的触发器个数减少,从而使触发器的控制输入电路变得简单,故障率也会下降。

如果原始状态表中的次态和输出都有确定的状态和确定的输出值,则称这种状态表为完全确定的状态表。下面介绍这种状态表的简化。常用的简化方法有两种,即观察法和隐含表法。

对于完全确定的原始状态表,状态简化是以状态等效这个概念为基础的。为此,先介绍状态等效这个概念。

1. 等效状态与判别方法

如果状态 A 和状态 B,对于所有可能的输入序列,所产生的输出序列完全相同,则状态 A 和状态 B 是等效状态。等效状态可以推广至两个以上的状态。等效状态可以合并,例如,上述状态 A 和状态 D 可合并为一个状态,记作 A'。在实际中用下述方法来判别状态是否等效:

① 在相同输入条件下,两状态的输出相同,次态也相同,则这两状态等效。
② 两状态在相同输入条件下,输出相同、次态为现态或呈交错,则这两状态等效。所谓次态为现态是指状态 A 和状态 B,其次态也是状态 A 和状态 B 的情况。所谓次态呈交错是指状态 A 和状态 B,其次态为状态 B 和状态 A 的情况。
③ 两状态在相同输入条件下,输出相同、次态循环,则这两状态等效。所谓次态循环是状态 A 和状态 B,其次态为状态 C 和状态 D,而状态 C 和状态 D 的次态为状态 A 和状态 B 的情况。
④ 两状态在相同输入条件下,输出相同、次态等效,则这两状态等效。这种情况是指状态 A 和状态 B,其次态为状态 C 和状态 D,且状态 C 和状态 D 等效。

2. 观察法

所谓观察法,就是根据上述状态等效的判别规则,直接对原始状态表中的状态进行观察比较,从而得到一个最小化表的方法。首先观察原始状态表的输出部分,找输出完全相同的那些现态,然后进一步观察它们的次态是否相同、为现态、呈交错、循环和次态等效。

例 6.5.2 试用观察法简化例 6.5.1 的原始状态表。

解 由图 6.5.2(b)可知,状态 A 和状态 D 的输出相同,而在 $Y=0$ 时,状态 A 和状态 D 的次态均为 A,在 $Y=1$ 时,状态 A 和状态 D 的次态均为 B。符合输出相同、次态也相同的等效条件。因此,可以将 A 和 D 合并为一个状态,记作 A′。简化后最小化状态表如图 6.5.3 所示。

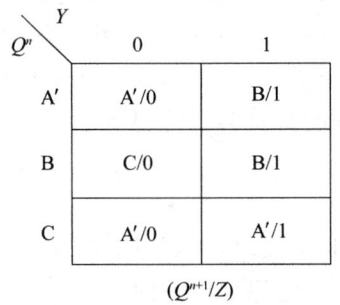

图 6.5.3 例 6.5.2 的最小化状态表

6.5.3 状态分配

所谓状态分配,是将最小化状态表中的各个状态赋予二进制代码,生成二进制状态表。因此,状态分配又称为状态编码。状态分配要解决两个问题:一是确定状态编码的长度;二是寻找最优或近似最优的状态编码的分配方案。用二进制代码表示最小化状态表中的状态很容易做到,但是将哪个代码分配给哪个状态才能使所设计的电路最佳却不易做到。所以难点是状态分配,故常常将这一设计步骤称为状态分配。

1. 二进制代码的长度

设状态的个数为 N,则所需二进制代码的长度(即位数)n 为

$$2^n \geqslant N \tag{6.5.1}$$

例如,$N=10$,则 $n=4$。

由于一个触发器表示一位二进制数,所以二进制代码的长度确定以后,就等于确定了所设计的同步时序电路需要的触发器的个数。

2. 代码分配方案

长度为 n 的二进制代码一共有 2^n 种;代码分配就是从 2^n 种代码中,选取 N 个代码分别表示 N 个状态,简言之,即将 N 个代码分配给 N 个状态。一共有多少个分配方案呢? 这实际上是数学中的排列问题,设方案数为 K,则有

$$K = A_{2^n}^N = \frac{2^n!}{(2^n-N)!} \quad (6.5.2)$$

由式(6.5.2)确定的方案总数中,有些分配方案彼此不是独立的,即可从一种方案导出另一种方案。可以证明,彼此独立的分配方案为

$$K_A = \frac{(2^n-1)!}{(2^n-N)!\ n!} \quad (6.5.3)$$

由式(6.5.3)可以计算出,当 $N=5$, $n=3$ 时, $K_A=140$;当 $N=8$, $n=3$ 时, $K_A=840$;而当 $N=10$, $n=4$ 时, $K_A=75\ 675\ 600$。由此可见,分配方案总数随着代码的长度增加而急剧增加。例如,设计一位十进制计数器,其状态可分配方案总数达几千万个,在这些方案中确定出最佳分配方案显然是很困难。目前尚没有找到满意且实用的算法。因此,在实际工作中,主要是凭借经验,根据一些原则,去寻找相对最佳分配方案。

3. 状态分配原则

寻找相对最佳分配方案的基本思想是,尽可能地使次态函数和输出函数的卡诺图上的 1 态是相邻的,以便形成较大的卡诺圈,从而使相应的函数表达式最简。因此,状态分配的基本原则有如下四条:

① 在相同输入条件下,次态相同的现态,应尽可能地分配给相邻编码。所谓相邻编码,是指两个状态二进制代码仅有一位不同。

② 在不同输入条件下,同一现态的次态,应尽可能地分配给相邻编码。

③ 输出相同的现态,应尽可能地分配给相邻编码。

④ 最小化状态表中,出现次数最多的状态应分配给初态,即由 0 态组成。

通常,第一条原则应优先考虑;其次要考虑的是,由前三条原则确定出应相邻编码的状态对,出现次数多的应优先相邻编码。

例 6.5.2 试对图 6.5.4 所示的状态表进行状态分配。

Q^n \ Y	0	1
A	A/0	B/1
B	C/0	B/0
C	A/0	D/0
D	E/0	B/0
E	A/0	A/1

图 6.5.4 例 6.5.2 的状态表

解 由于状态个数 $N=5$,所以由式(6.5.1)可知,二进制代码的位数为 3。

按状态分配的基本原则①可知,AC, CE, AE, AB, AD, BD 应给以相邻编码。

按基本原则②可知，AB,CB,AD,EB 应给以相邻编码。

按基本原则③可知，AE 应给以相邻编码。

按基本原则④可知，应选 A 态为初态，分配给代码 000。

因此，相邻编码的次序为 AB(2 次),AD(2 次),AE(2 次),CE,BC。最后得到的状态分配方案如图 6.5.5(a)所示，二进制编码状态表如图 6.5.5(b)所示。

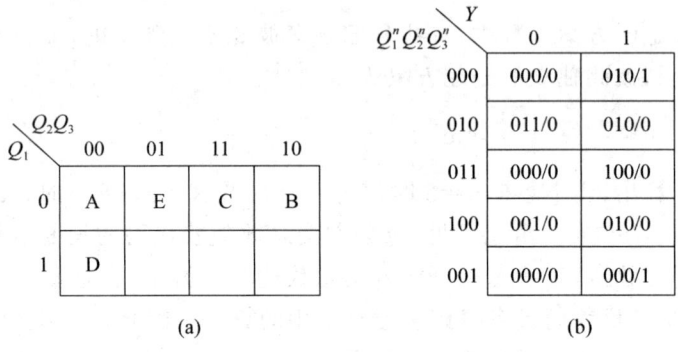

图 6.5.5 例 6.5.2 的二进制编码状态表

最后需要指出的是，对于有些情况，满足上述基本原则的分配方案不一定是唯一的，此时可由设计者任选一种。有时的分配方案并不一定理想，可根据实际情况加以调整。但是，在大多数情况下，基本原则是有效的。

6.5.4 确定激励函数和输出函数

在实现状态分配以后，就可以确定出激励函数和输出函数。一般的步骤如下。

1. 画输出-激励表

首先，将输入信号和现态视作逻辑变量，次态和输出视为逻辑函数，由二进制状态表很容易作出它们的真值表，该真值表就是输出-激励表的一部分。其次，确定触发器的类型后，依据触发器的激励表求出激励函数值（即 J,K 或 T,D 端的状态），列入输出-激励表的另一部分。

2. 作输出和激励函数的卡诺图

实际上，输出-激励表就是以输出函数和激励函数为逻辑函数，输入和现态为逻辑变量的真值表，故很容易得出相应的卡诺图。

3. 化简可得输出函数和激励函数

下面举例说明确定输出函数和激励函数的方法。

例 6.5.3 试确定图 6.5.5(b)所示二进制状态表的输出函数和激励函数。

解 ①作输出-激励表根据图 6.5.5(b)，将 Y 和 Q_1^n,Q_2^n,Q_3^n 视作逻辑变量、次态 Q_1^{n+1}，Q_2^{n+1},Q_3^{n+1} 和输出 Z 视作逻辑函数。如果选用 JK 触发器，可以求出 J_1,K_1,J_2,K_2,J_3,K_3 的状态如表 6.5.1 所示。如果选用 D 触发器，可以求出 D_1,D_2 和 D_3 的状态，如表 6.5.1 所示。

表 6.5.1 按表 6.5.1 求出的 D_1,D_2,D_3 的状态

Y	Q_1^n	Q_2^n	Q_3^n	Q_1^{n+1}	Q_2^{n+1}	Q_3^{n+1}	Z	J_1	K_1	J_2	K_2	J_3	K_3	D_1	D_2	D_3
0	0	0	0	0	0	0	0	0	×	0	×	0	×	0	0	0
0	0	1	0	0	1	1	0	0	×	×	0	1	×	0	1	1
0	0	1	1	0	0	0	0	0	×	×	1	×	1	0	0	0

续 表

Y	Q_1^n	Q_2^n	Q_3^n	Q_1^{n+1}	Q_2^{n+1}	Q_3^{n+1}	Z	J_1	K_1	J_2	K_2	J_3	K_3	D_1	D_2	D_3
0	1	0	0	0	0	1	0	×	1	0	×	1	×	0	0	1
0	0	0	1	0	0	0	0	0	×	0	×	×	1	0	0	0
1	0	0	0	0	1	0	1	0	×	1	×	0	×	0	1	0
1	0	1	0	0	1	0	0	0	×	×	0	0	×	0	1	0
1	0	1	1	1	0	0	0	1	×	×	1	×	1	1	0	0
1	1	0	0	0	1	0	0	×	1	1	×	0	×	0	1	0
1	0	0	1	0	0	0	1	0	×	0	×	×	1	0	0	0

② 作输出函数和激励函数的卡诺图。输出函数 Z 关于 $Y,Q_1^n \sim Q_3^n$ 的卡诺图如图 6.5.6(a)所示。如果选择 JK 触发器,则 J_1 和 K_1,J_2 和 K_2,J_3 和 K_3 的卡诺图如图 6.5.6(b)～(d)所示。

YQ_1^n \ $Q_2^nQ_3^n$	00	01	11	10
00	0	0	0	0
01	0	×	×	×
11	0	×	×	×
10	1	1	0	0

(Z)

(a)

YQ_1^n \ $Q_2^nQ_3^n$	00	01	11	10
00	0×	0×	0×	0×
01	×1	××	××	××
11	×1	××	××	××
10	0×	0×	1×	0×

(J_1K_1)

(b)

YQ_1^n \ $Q_2^nQ_3^n$	00	01	11	10
00	0×	0×	×1	×0
01	0×	××	××	××
11	0×	××	××	××
10	1×	0×	×1	×0

(J_2K_2)

(c)

YQ_1^n \ $Q_2^nQ_3^n$	00	01	11	10
00	0×	×1	×1	1×
01	1×	××	××	××
11	0×	××	××	××
10	0×	×1	×1	0×

(J_3K_3)

(d)

图 6.5.6　例 6.5.3 的 Z,J 和 K 的卡诺图

如果选择 D 触发器,则 $D_1 \sim D_3$ 的卡诺图如图 6.5.7(a)～(c)所示。

③ 求输出函数和激励函数。通过对图 6.5.5 的卡诺图的化简,可以得到输出函数 Z 为

$$Z = Y\overline{Q}_1^n\overline{Q}_2^n$$

而 JK 触发器的激励函数分别为

$$\begin{cases} J_1 = YQ_2^nQ_3^n \\ K_1 = 1 \end{cases};\quad \begin{cases} J_2 = Y\overline{Q}_3^n \\ K_2 = Q_3^n \end{cases};\quad \begin{cases} J_3 = \overline{Y}(Q_1^n + Q_2^n) \\ K_3 = 1 \end{cases}$$

通过对图 6.5.7 的卡诺图的化简,可以得到 D 触发器的激励函数分别为

$$D_1 = YQ_1^nQ_2^n$$

$$D_2 = Q_3^n\overline{Q}_3^n + Y\,\overline{Q}_3^n$$

$$D_3 = YQ_1^n + \overline{Y}Q_2^n\overline{Q}_3^n$$

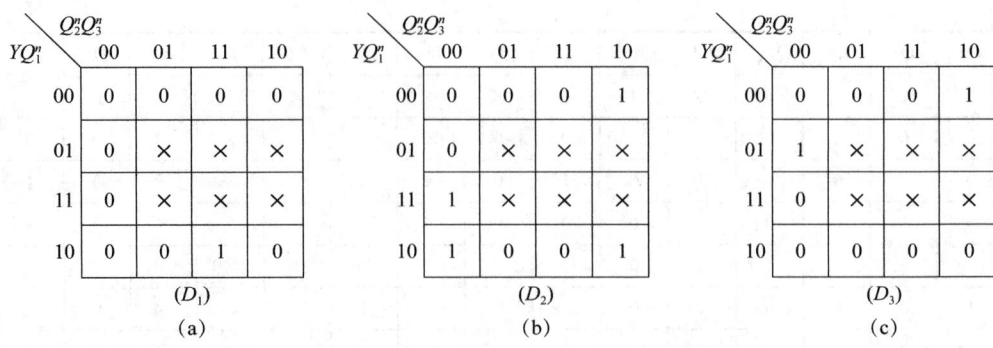

图 6.5.7 例 6.5.3 的 $D_1 \sim D_3$ 的卡诺图

6.5.5 画逻辑图

首先画出所选用的触发器,并按输出-激励表的顺序给触发器编号。其次根据所求得的输出函数和激励函数的表达式画出组合逻辑电路那一部分。最后画出同步时钟脉冲信号线。

例 6.5.4 试用 D 触发器实现图 6.5.8 所给定最小化状态表表示的同步时序电路。

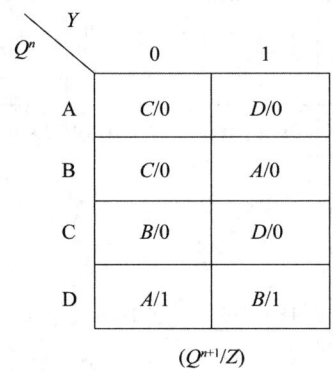

图 6.5.8 例 6.5.4 的最小化状态表

解 依据状态分配的基本原则综合分析,所确定的编码分配方案为 A：00,B：01,C：11,D：10。这样,得到的二进制状态表如图 6.5.9 所示。

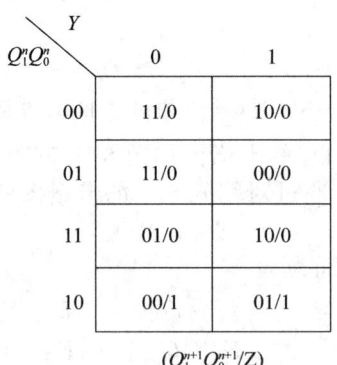

图 6.5.9 例 6.5.4 的二进制状态表

观察图 6.5.9 不难发现,二进制状态表实际上是由 Q_1^{n+1},Q_0^{n+1} 和 Z 的卡诺图合并而成。这为同步时序电路的设计提供了方便。如果输入和现态数目小于或等于 3 个变量时,都可以变换成这样的二进制状态表。由图 6.5.9 可以直接得到 Q_1^{n+1}，Q_0^{n+1} 和 Z 的卡诺图，如图 6.5.10(a)～(c)所示。

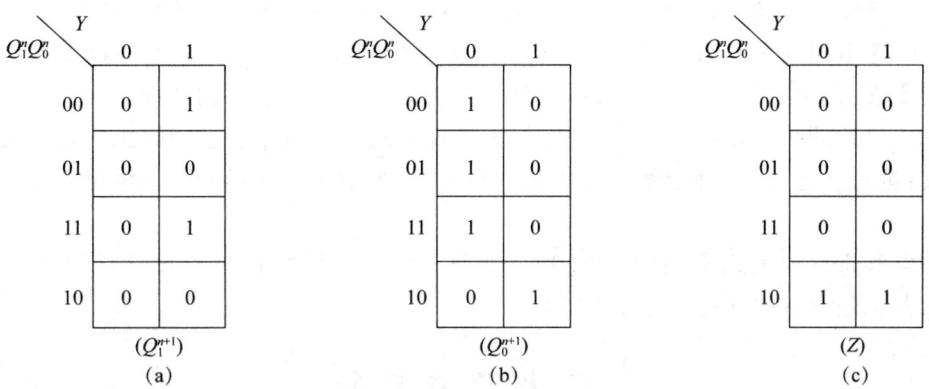

图 6.5.10 例 6.5.4 的卡诺图

由图 6.5.10 可以求出次态和输出函数的表达式，即

$$\begin{cases} Q_1^{n+1} = \overline{Y}\,\overline{Q_1^n} + \overline{Q_1^n}\overline{Q_0^n} + YQ_1^nQ_0^n \\ Q_0^{n+1} = \overline{Y}\,\overline{Q_1^n} + \overline{Y}Q_0^n + YQ_1^n\overline{Q_0^n} \\ Z = Q_1^n\overline{Q_0^n} \end{cases}$$

根据 D 触发器的激励表，可以得到 D 触发器的激励方程（函数），即

$$\begin{cases} D_1 = \overline{Y}\,\overline{Q_1^n} + \overline{Q_1^n}\overline{Q_0^n} + YQ_1^nQ_0^n \\ D_0 = \overline{Y}\,\overline{Q_1^n} + \overline{Y}Q_0^n + YQ_1^n\overline{Q_0^n} \end{cases}$$

由激励函数和输出函数画出的逻辑图如图 6.5.11 所示。

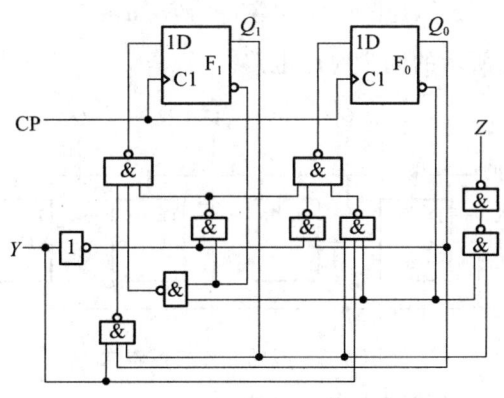

图 6.5.11 例 6.5.4 的逻辑图

小　　结

时序电路在逻辑功能上的特点是，其任一时刻的输出不仅和当时的输入信号有关，而且还和电路的原状态有关。因此，任意时刻的状态和输出均可以表示为输入信号和原状态的逻辑函数。

时序电路在电路结构上的特点是，必须包含存储电路；存储电路通常由触发器或反馈延迟电路组成。

就工作方式而言,时序电路又分为同步时序电路和异步时序电路。前者是在同一个时钟脉冲控制下改变电路状态,而后者是在输入信号(脉冲或电位)控制下改变电路状态。

同步时序电路的分析方法是,根据给定电路写出激励方程、输出方程和状态方程;列出状态转换真值表;作出状态表、状态图或时序图;分析和用文字描述电路功能。

用 SSI 设计同步时序电路的步骤是:根据设计要求建立原始状态图或原始状态表;求最小化状态表;进行状态分配;确定触发器的类型和个数,求激励方程(函数)和输出方程(函数);画出逻辑图。

计数器和寄存器是最常用的 MSI 功能组件,用 MSI 计数器可以设计任意进制计数器。移位寄存器也是设计时序电路的 MSI 组件。

思考题与习题

6.1 试在逻辑功能上和电路结构上,比较时序逻辑电路和组合逻辑电路。

6.2 试说明哪些触发方式的触发器适合于构成移位寄存器。

6.3 试分析题图 6.1 所示的时序逻辑电路。

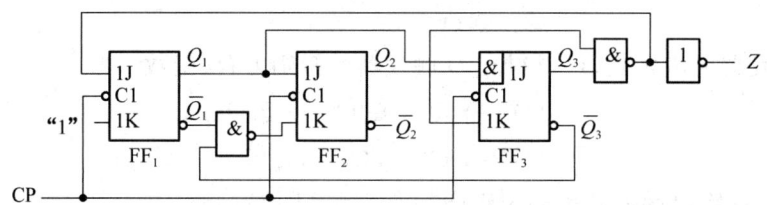

题图 6.1　习题 6.3 的逻辑图

6.4 试分析题图 6.2 所示的同步时序电路。

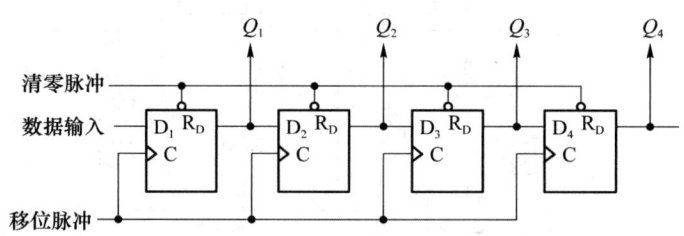

题图 6.2　习题 6.4 的逻辑图

6.5 试分析题图 6.3 所示的同步时序电路。

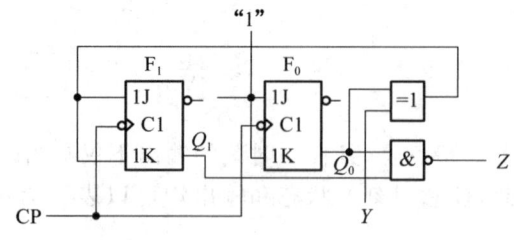

题图 6.3　习题 6.5 的逻辑图

6.6 试分析题图6.4所示的同步时序电路。

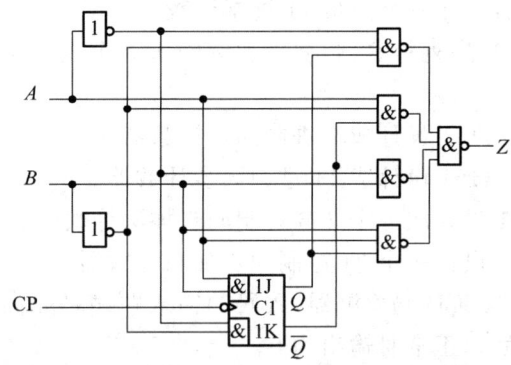

题图6.4 习题6.6的逻辑图

6.7 一时序电路的状态表如题图6.5所示,试画出它的状态图。

Q^n \ X	0	1
A	C/0	B/0
B	C/0	D/0
C	D/0	B/0
D	B/0	A/1

(Q^{n+1}/Z)

题图6.5 习题6.7的状态表

6.8 试用隐含表法化简题图6.6所示的原始状态表。

Q^n \ X	0	1
A	A/0	E/1
B	E/1	C/0
C	A/1	D/1
D	F/0	G/1
E	B/1	C/0
F	F/0	E/1
G	A/1	D/1

(Q^{n+1}/Z)

题图6.6 习题6.8的原始状态表

6.9 试用 D 触发器设计一个同步 6 进制计数器。

6.10 试用 JK 触发器设计一个同步 11 进制计数器。

6.11 试设计一个"111"序列检测器,要求连续输入 3 个或 3 个以上的 1 时,电路输出为 1,否则输出为 0。

6.12 试用置数法将 74161 设计成 9 进制同步计数器。

6.13 试用置零法将 74161 设计成 11 进制同步计数器。

6.14 试用两片 74161 设计成一个 256 进制同步加法计数器。

6.15 试用两片 74160 设计一个 31 进制同步加法计数器。

6.16 试设计一个 8421BCD 码检测器,数码的输入顺序是先高位后低位,当数码输入为 1010~1111 时,电路输出为 1,正常时输出为 0。

6.17 试设计一个三位二进制数串行奇偶校验电路。电路连续接收三位二进制数后返回到初态,若其中 1 的个数为偶数,则输出为 1,否则为 0。

6.18 试用 JK 触发器设计一个 Gray 码十进制同步计数器。

第7章 异步时序电路

在第 6 章,已说明时序逻辑电路分为同步时序电路和异步时序电路两大类。而异步时序电路又分为脉冲异步时序电路和电位(平)异步时序电路。

如前所述,同步时序电路有统一的时钟脉冲,输入信号可以是电位信号或是脉冲信号,电路状态的改变直接依赖于时钟脉冲。而异步时序电路没有统一的时钟脉冲,电路状态的改变依赖于输入信号。脉冲异步时序电路的输入信号是脉冲信号,而电位异步时序电路的输入信号是电位信号。

脉冲异步时序电路的存储电路,与同步时序电路一样,也是触发器;而电位异步时序电路的存储电路是延迟线。

异步时序电路不仅用于计算机,在仪器仪表中也有广泛应用。本章将介绍这两种异步时序电路的分析和设计。

7.1 脉冲异步时序电路的分析

在电路结构上,脉冲异步时序电路虽然与同步时序电路相同,但是它有自己的特点。只有掌握这些特点,才能顺利分析脉冲异步时序电路。

7.1.1 脉冲异步时序电路的特点

① 电路没有统一的时钟,电路状态的改变完全由输入脉冲决定。

② 不允许在两条或两条以上的输入信号上同时加有输入脉冲,即任何时候只允许一个外部输入脉冲发生变化。因此,有 n 个输入信号的电路,就只有 n 个输入状态,不像同步时序电路有 2^n 个状态。

③ 第二个输入脉冲的到来,必须在第一个输入脉冲所引起的整个电路的响应完全结束之后,即电路在状态改变过程中,不允许有新的输入脉冲的输入。

④ 在同步时序电路中,CP 脉冲仅作为划分电路现态和次态的时标,不作为控制(激励)变量来考虑。而在脉冲异步时序电路中,CP 脉冲均作为组合逻辑电路的控制(激励)变量。

7.1.2 分析步骤

脉冲异步时序电路的分析步骤与同步时序电路基本一致。现介绍如下:

① 分析电路组成,求出其输出函数和控制变量。注意,CP 脉冲作为控制变量处理。

② 列出状态转换真值表。该真值表的输入变量为输入脉冲、电路的现态和触发器的输入数据;而其输出变量为电路的输出和电路的次态。注意,在求次态时应考虑 CP 脉冲的存在。

③ 建立状态表和状态图。

④ 进行功能描述。

下面,通过例题来说明脉冲异步时序电路的分析方法。

7.1.3 分析实例

例 7.1.1 试分析图 7.1.1 所示的脉冲异步时序电路。

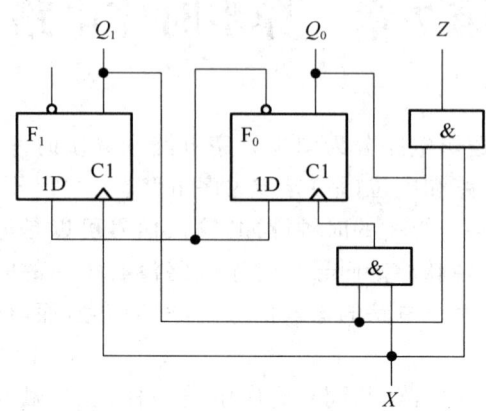

图 7.1.1 例 7.1.1 的电路

解 ① 分析电路组成,求输出函数和控制变量。

输出函数:

$$Z = X Q_0 Q_1$$

控制变量:

$$\begin{cases} D_0 = \overline{Q}_0 \\ CP_0 = X Q_1 \\ D_1 = \overline{Q}_0 \\ CP_1 = X \end{cases}$$

② 列状态转换真值表。状态转换真值表如表 7.1.1 所示。其中,现态 Q_1, Q_0 应给出所有的可能取值。输入脉冲 X 只能取 1,表示有输入脉冲。输出函数和控制变量的值由其表达式计算。次态 Q_0^{n+1} 和 Q_1^{n+1} 的值必须考虑时钟脉冲 CP_0 和 CP_1 的情况,其一般规律是:当时钟脉冲取值为 1 时,次态由触发器的输入数据决定(对于本例,$Q_1^{n+1} = D_1$ 当 $CP_1 = 1$);当时钟脉冲取值为 0 时,状态不变(对于本例,$Q_0^{n+1} = Q_0^n$ 当 $CP_0 = 0$)。

表 7.1.1 状态转换真值表

输入							输出		
Q_1	Q_0	X	D_0	CP_0	D_1	CP_1	Z	Q_1^{n+1}	Q_0^{n+1}
0	0	1	1	0	1	1	0	1	0
0	1	1	0	0	0	1	0	0	1
1	0	1	1	1	1	1	0	1	1
1	1	1	0	1	0	1	1	0	0

③ 作状态表和状态图。由状态转换真值表,求得的状态表和状态图分别如图 7.1.2(a)和(b)所示。

④ 进行功能描述。该电路是一个三进制异步计数器。X 为输入脉冲,Z 为进位输出端。如果加电后,电路状态处于 $Q_1 Q_0 = 01$,那么电路将无法进入正常的计数状态,即电路不能自启动。

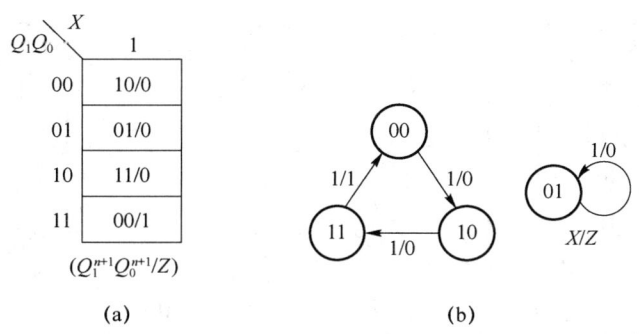

图 7.1.2　例 7.1.1 的状态表和状态图

例 7.1.2　试分析图 7.1.3 所示的脉冲异步时序电路。

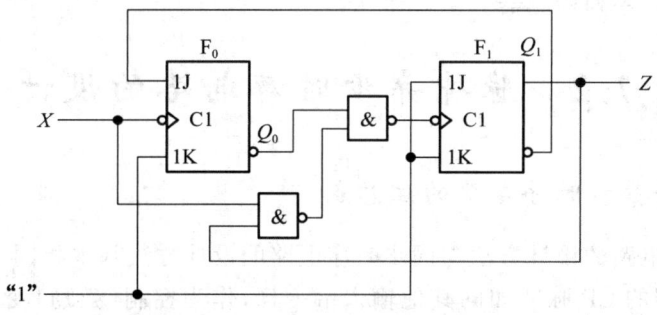

图 7.1.3　例 7.1.2 的逻辑电路图

解　① 分析电路,可求出其输出函数和控制变量:

$$Z = Q_1$$
$$J_0 = \overline{Q_1}$$
$$K_0 = 1$$
$$J_1 = 1$$
$$K_1 = 1$$
$$CP_0 = X$$
$$CP_1 = \overline{\overline{XQ_1} \cdot \overline{Q_0}} = XQ_1 + Q_0$$

② 作状态转换真值表。由输出函数和控制变量的表达式,按照在例 7.1.1 所叙述的方法,可以求得状态转换真值表,如表 7.1.2 所示。

表 7.1.2　状态转换真值表

输入									输出		
Q_1	Q_0	X	J_0	K_0	CP_0	J_1	K_1	CP_1	Z	Q_1^{n+1}	Q_0^{n+1}
0	0	1	1	1	1	1	1	0	0	0	1
0	1	1	1	1	1	1	1	1	0	1	0
1	0	1	0	1	1	1	1	1	1	0	0
1	1	1	0	1	1	1	1	1	1	0	0

③ 作状态表和状态图。由状态转换真值表,求得的状态表如图 7.1.4(a)所示,状态图如图 7.1.4(b)所示。

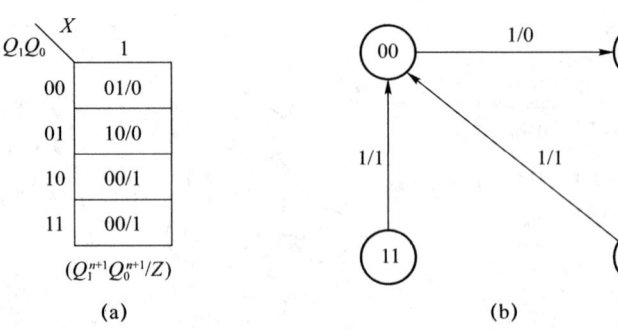

图 7.1.4 例 7.1.2 的状态表和状态图

④ 功能描述。由上述分析可知,连续输入三个脉冲,输出为 1,因此该电路称作脉冲序列检测器,或称作"111"序列检测器。

7.2 脉冲异步时序电路的设计

7.2.1 设计脉冲异步时序电路的注意点

脉冲异步时序电路的设计方法与同步时序电路的设计方法基本相同。只是在脉冲异步时序电路中,各触发器的 CP 脉冲如同其他输入端一样,作为控制(激励)变量来考虑。因此,触发器的激励表将有所变化。表 7.2.1 为 D 触发器的激励表。显然,它与激励的表 7.2.2 是不相同的。由表 7.2.1 可知,当 CP=0(表示无脉冲输入)时,D 可以任意取值,但触发器状态维持不变;只有当 CP=1 时,次态 Q^{n+1} 才唯一地由 D 确定。

JK 触发器的激励表如表 7.2.2 所示。由表 7.2.2 可知,只要是 CP=0,触发器的状态就维持不变;只有在 CP=1 时,触发器的次态才由其状态方程确定。

表 7.2.1 D 触发器激励表

Q^n	Q^{n+1}	CP	D
0	0	0	×
0	1	1	1
1	1	0	×
1	0	1	0

表 7.2.2 JK 触发器激励表

Q^n	Q^{n+1}	CP	J	K
0	0	0	×	×
0	1	1	1	×
1	1	0	×	×
1	0	1	×	1

表 7.2.1 和表 7.2.2 所示的激励表,在设计脉冲异步时序电路时是很有用的。

7.2.2 设计步骤

脉冲异步时序电路的设计步骤与同步时序电路相似,为了叙述方便,现重列如下:
① 作原始状态表和原始状态图;
② 状态化简;
③ 状态分配;
④ 选择触发器,求控制(激励)变量和输出函数;
⑤ 画出逻辑图。

下面,通过例子来说明具体设计方法。

7.2.3 设计举例

例 7.2.1 设计一个 $X_1 \to X_2 \to X_2$ 脉冲序列检测器。该检测器有两个输入 X_1 和 X_2,输出为 Z,其框图如图 7.2.1(a)所示;要求 X_1 和 X_2 不能同时出现在输入端,当输入脉冲为 $X_1 \to X_2 \to X_2$ 序列时,产生一个输出脉冲 Z,其时序图如图 7.2.1(b)所示。

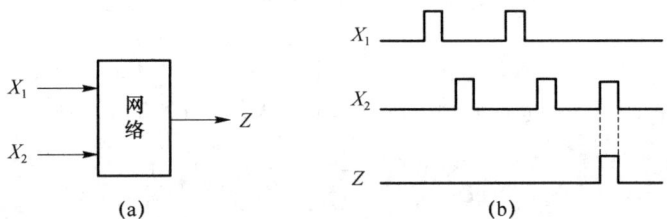

图 7.2.1 例 7.2.1 的框图和时序图

解 ① 作原始状态表和原始状态图。根据题意,可以设定四个状态。

A 态:初始状态,即没有 X_1 脉冲输入的状态。
B 态:脉冲 X_1 输入后的状态。
C 态:脉冲 X_1,X_2 输入后的状态。
D 态:脉冲 X_1,X_2 和 X_2 输入后的状态。

电路处于初始状态 A 态时,若有 X_1 输入,则电路进入 B 态;若有 X_2 输入,则因不是要检出的序列的第一元素,故电路仍处于 A 态。

电路处于 B 态时,若有 X_1 输入,则因它是要检出序列的第一元素,故电路仍处于 B 态;若有 X_2 输入,则电路进入 C 态。

电路处于 C 态时,若有 X_1 输入,则电路返回到 B 态;若有 X_2 输入,则电路进入 D 态。

电路处于 D 态时,若有 X_1 输入,则电路进入 B 态;若有 X_2 输入,则电路进入 A 态。

综上所述,可以得到原始状态表和原始状态图,如图 7.2.2 所示。

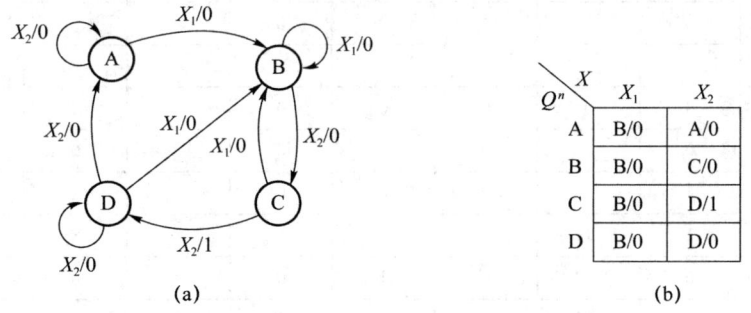

图 7.2.2 例 7.2.1 的原始状态图与状态表

② 状态化简。用隐含表法可以进行状态化简;不过,本例简单,不必用隐含表法化简。由原始状态表可知,在相同输入条件下,A 态和 D 态的次态相同,输出亦相同,故 A 和 D 等效,可合并为一个状态。并记作 A 态。简化后的状态图和状态表如图 7.2.3 所示。

③ 状态分配。根据状态分配的基本原则,得到 $A=10,B=00,C=01$。因此,二进制状态表如图 7.2.4 所示。

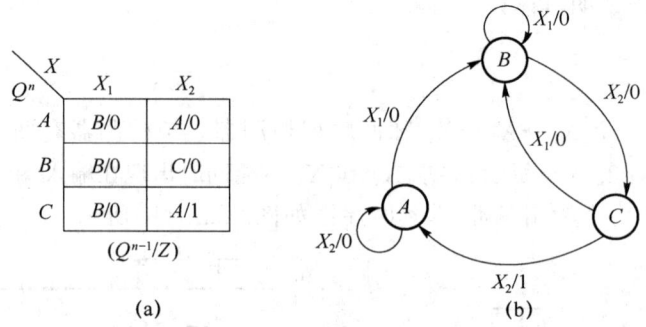

(a)　　　　　　　　　(b)

图 7.2.3　例 7.2.1 的简化状态表与状态图

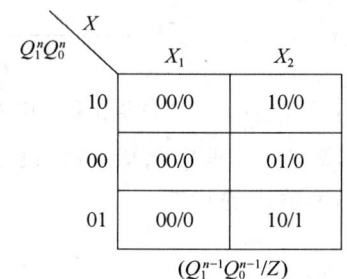

图 7.2.4　例 7.2.1 的二进制状态表

④ 选择触发器并确定控制(激励)变量和输出函数。因为电路仅有三个状态,故选用两个 D 触发器。

根据二进制状态表和 D 触发器激励表 7.2.1 可以得到电路的输出-激励表,如表 7.2.3 所示。

表 7.2.3　电路的输出-激励表

X_2	X_1	Q_1^n	Q_0^n	Q_1^{n+1}	Q_0^{n+1}	Z	D_1	CP_1	D_0	CP_0
0	0	0	0	0	0	0	×	0	×	0
		0	1	0	1	0	×	0	×	0
		1	0	1	0	0	×	0	×	0
		1	1	1	1	×	×	×	×	×
0	1	0	0	0	0	0	×	0	×	0
		0	1	0	0	0	×	0	0	1
		1	0	0	0	0	0	1	×	0
		1	1	×	×	×	×	×	×	×
1	0	0	0	0	1	0	×	0	1	1
		0	1	1	0	1	1	1	0	1
		1	0	1	0	0	×	0	×	0
		1	1	×	×	×	×	×	×	×

状态 $Q_1^n Q_0^n = 11$ 作为无关项处理。同样,在下面介绍的卡诺图所遇到的 $X_2 X_1 = 11$ 也作为无关项处理。

由表 7.2.3 可以得到 Z,CP_1,D_1,CP_0 和 D_0 的卡诺图,如图 7.2.5 所示。

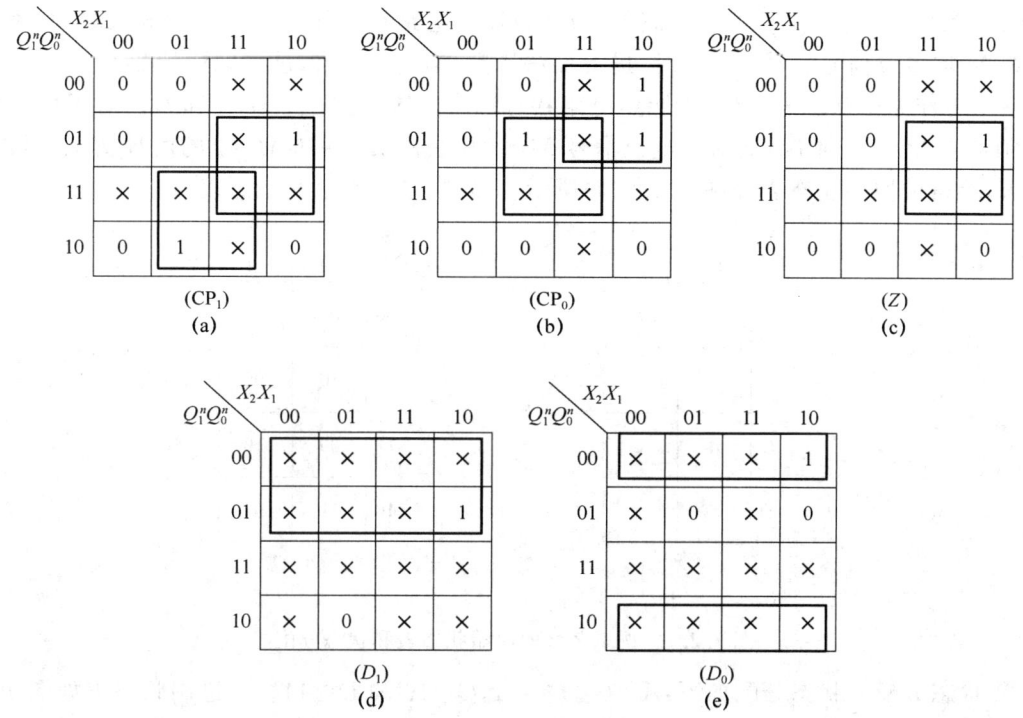

图 7.2.5 例 7.2.1 的卡诺图

化简后,可以得到控制(激励)变量方程和输出方程:

$$\begin{cases} Z = X_2 Q_0^n \\ CP_1 = X_2 Q_0^n + X_1 Q_1^n \\ D_1 = \overline{Q_1^n} \\ CP_0 = X_2 \overline{Q_1^n} + X_1 Q_0^n \\ D_0 = \overline{Q_0^n} \end{cases}$$

⑤ 画逻辑图。用与非门和 D 触发器构成的逻辑图如图 7.2.6 所示。

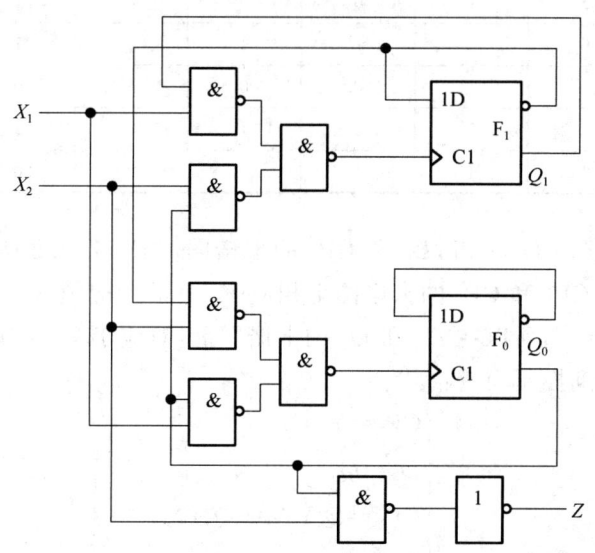

图 7.2.6 例 7.2.1 的逻辑图

例 7.2.2 设计一个二位二进制加/减计数器。电路有一条输入线 Y 加输入脉冲,另一条输入线 M 加电位信号。当 $M=0$ 时,进行加法计数;当 $M=1$ 时,进行减法计数。

解 ①作原始状态表。根据题意,电路共有四个状态,记作 A,B,C 和 D。对于输入脉冲 Y,只须考虑 $Y=1$ 的情况;而对于电位信号 M,必须考虑 $M=0$ 和 $M=1$ 的两种情况。根据设计要求,求得的原始状态表如图 7.2.7(a)所示。显然,它已是最简状态表。

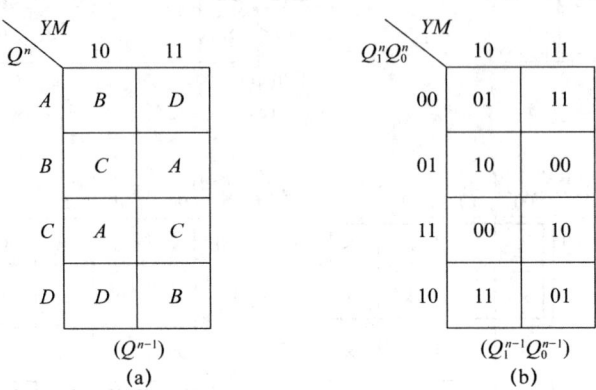

图 7.2.7 例 7.2.2 的原始状态表和状态分配

② 状态分配。状态分配如下:$A=00,B=01,C=10$ 和 $D=11$。二进制状态表如图 7.2.7(b)所示。

③ 选择触发器和确定控制(激励)变量。因电路共有四个状态,故选两个 D 触发器。由状态分配表和 D 触发器的激励表,可以得到电路的输出-激励表,如表 7.2.4 所示。

表 7.2.4 电路的输出-激励表

Y	M	Q_1^n	Q_0^n	Q_1^{n+1}	Q_0^{n+1}	D_1	CP_1	D_0	CP_0
1	0	0	0	0	1	×	0	1	1
1	0	0	1	1	0	1	1	0	1
1	0	1	0	1	1	×	0	1	1
1	0	1	1	0	0	0	1	0	1
1	1	0	0	1	1	1	1	1	1
1	1	0	1	0	0	×	0	0	1
1	1	1	0	0	1	0	1	1	1
1	1	1	1	1	0	×	0	0	1

由表 7.2.4 可以求得 D_1,CP_1,D_0 和 CP_0 的卡诺图,如图 7.2.8 所示。注意,由于 $Y=0$ 表示无脉冲输入,故在 CP_0 和 CP_1 的卡诺图上相应 $Y=0$ 的列应填入 0;由激励表(D 触发器)可知,$CP=0$ 时,则 $D=\times$,所以在 D_0 和 D_1 的卡诺图上,对应于 $Y=0$ 的列应填入 ×。

通过化简,可以得到控制变量:

$$\begin{cases} CP_0 = Y \\ D_0 = \overline{Q}_0^n \\ CP_1 = Q_0^n Y \overline{M} + \overline{Q}_0^n Y M \\ D_1 = \overline{Q}_1^n \end{cases}$$

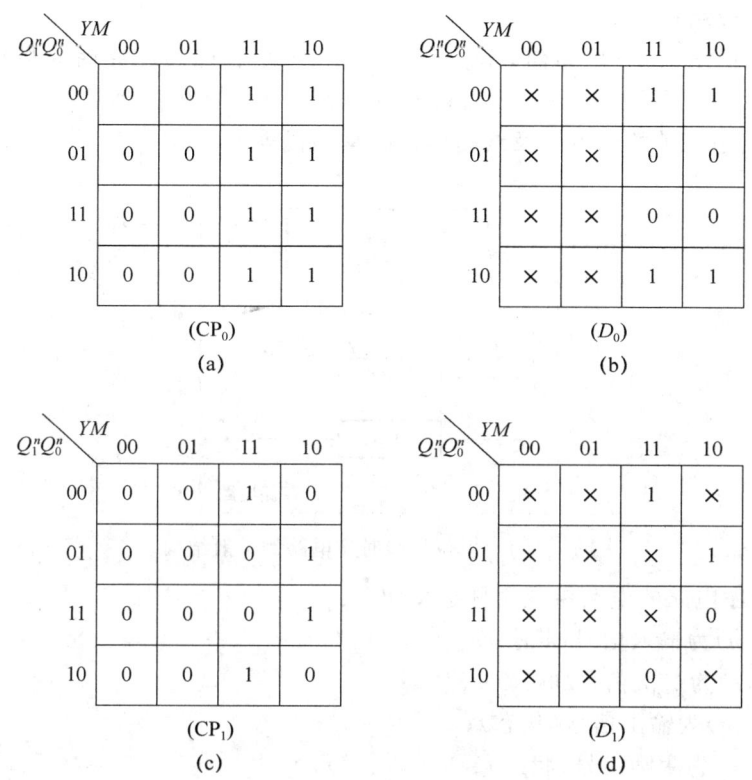

图 7.2.8 例 7.2.2 的卡诺图

④ 画逻辑图。所设计的脉冲异步加/减二位二进制计数器的逻辑图如图 7.2.9 所示。

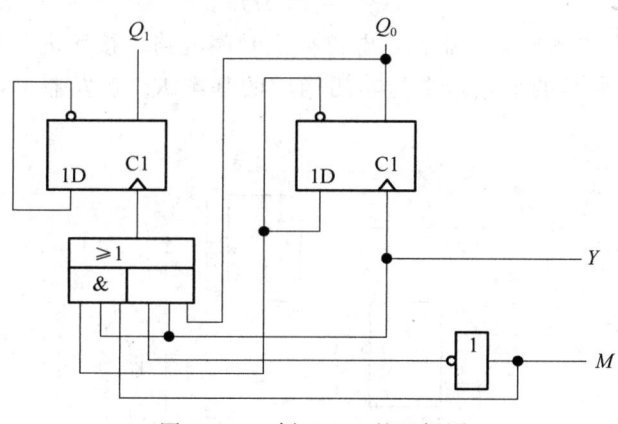

图 7.2.9 例 7.2.2 的逻辑图

7.3 电位异步时序电路的分析

7.3.1 电位异步时序电路的特点

如前所述,脉冲异步时序电路与同步时序电路的电路结构基本相同,分析方法和设计方法也类似。而电位异步时序电路在电路结构、分析方法及设计方法上均有自身的特点。

1. 电路的一般结构

电位异步时序电路的一般结构如图 7.3.1 所示,由组合电路和存储电路两部分构成。其中,存储电路表现为延迟线,并假定延时都相等,均为 Δt。这里的延迟线并不是真实的延迟线,而是反馈回路中有关的门电路及线路延迟的集中代表。

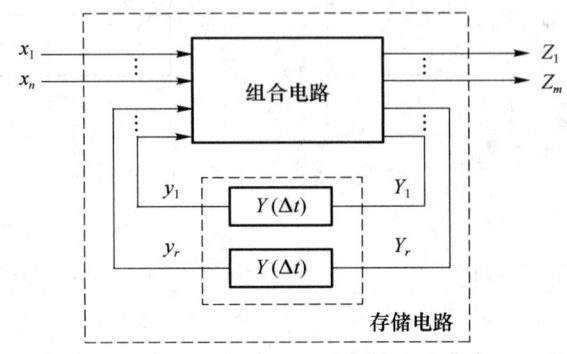

图 7.3.1 电位异步时序电路的一般结构

电位异步时序电路的电路参数名称定义如下:
$x_i(i=1,\cdots,n)$ 为输入信号(状态);
$y_i(i=1,\cdots,r)$ 为二次信号(状态);
$Z_i(i=1,\cdots,m)$ 为输出信号(状态);
$Y_i(i=1,\cdots,r)$ 为激励信号(状态)。

其中,x 和 y 为组合电路的输入,Z 和 Y 是组合电路的输出,可以用逻辑方程来描述它们之间的关系。延迟线可以用如下特性方程来表述:

$$y^{n+1} = Y(\Delta t)$$

在第 5 章介绍的基本 RS 触发器就是电位异步时序电路。按照电位异步时序电路的一般电路结构(如图 7.3.1 所示的形式),由与非门构成的基本 RS 触发器可以画成图 7.3.2 所示的形式。

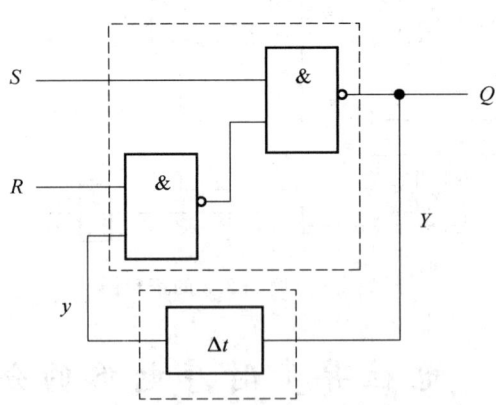

图 7.3.2 基本 RS 触发器

2. 流程表

在分析和设计电位异步时序电路时,常采用流程表法。所谓流程表,就是用卡诺图的形式来描述激励信号、输出信号与输入信号、二次信号之间关系的图表。下面,以基本 RS 触发器为例来说明流程表。

由图 7.3.2 可以得出该电路的输出函数和激励函数分别为
$$Q=\overline{\overline{Ry}S}=\overline{S}+Ry$$
$$Y=\overline{S}+Ry$$
其状态真值表如表 7.3.1 所示。

表 7.3.1 状态真值表

输入信号		二次信号	激励、输出信号	
R	S	y	Y	Q
0	0	0	1	1
0	0	1	1	1
0	1	0	0	0
0	1	1	0	0
1	0	0	1	1
1	0	1	1	1
1	1	0	0	0
1	1	1	1	1

以输入信号 R 和 S、二次信号 y 为输入变量,以激励、输出信号为输出变量,可以得到 Y 和 Q 的卡诺图表示形式,如图 7.3.3 所示。它们就是基本 RS 触发器的流程表。

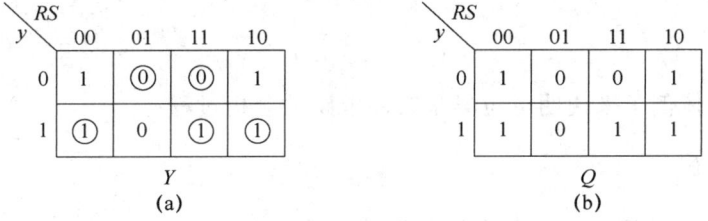

图 7.3.3 基本 RS 触发器的流程表

3. 稳定状态和不稳定状态

在同步时序电路中,每个状态均为稳定状态,而电位异步时序电路存在不稳定的过渡状态。下面,仍以基本 RS 触发器为例,说明电位异步时序电路存在不稳定状态。

对于基本 RS 触发器,当给定输入信号 R 和 S 的波形时,其输出信号也就是激励信号 Y 可以很容易得出,如图 7.3.4 所示。由于二次信号 y 较激励信号 Y 延迟 Δt,所以只需 Y 的波形延迟 Δt 就可得到 y 的波形。图 7.3.4 所示出的波形图就是基本 RS 触发器的时序图。由图 7.3.4 可知,当 $y=Y$ 时,只要输入信号不发生变化,电路的状态将一直保持下去。因此,定义 $y=Y$ 的状态为稳定状态。相应地,定义 $y\neq Y$ 的状态为不稳定状态。

稳定状态和不稳定状态,可以从 Y 的流程表反映出来,即在图 7.3.3(a)中,Y 与左侧的二次状态相同时,对应的电路状态为稳定状态;Y 与 y 不同时,对应的电路状态为不稳定状态。通常在流程表中,稳定状态加圈,以示区别。

为了叙述方便,通常把电路的输入状态和二次状态统称为电路的总状态(简称为总态)或全状态,记作 $(x\text{-}y)$ 或 (x,y),流程表中每一个方格对应着一个总态。

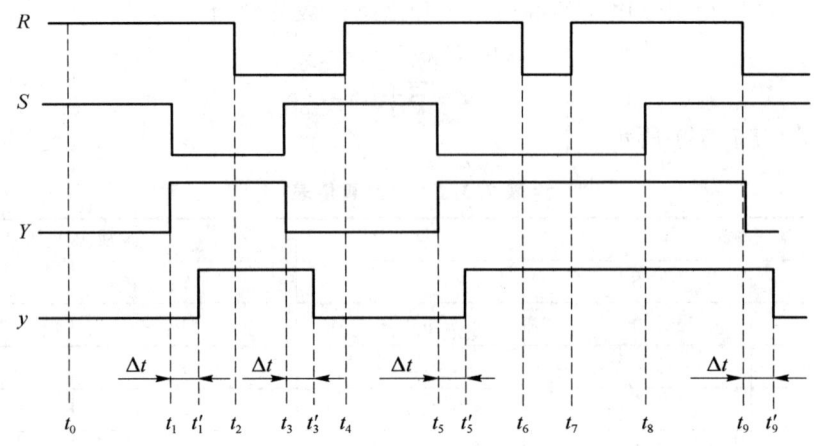

图 7.3.4 基本 RS 触发器的时序图

7.3.2 电位异步时序电路的分析步骤

所谓电位异步时序电路的分析,就是根据给定的电路逻辑图,作出该电路的流程表或时序图,并说明电路的逻辑功能。其分析步骤如下:

① 根据给定的逻辑电路,写出激励方程和输出方程。
② 列流程表,并标出稳定状态。
③ 建立总态响应序列。
④ 画时序图。
⑤ 功能描述。

下面,通过具体例子来说明电位异步时序电路的分析过程。

7.3.3 分析举例

例 7.3.1 试分析图 7.3.5 所示的电位异步时序电路。

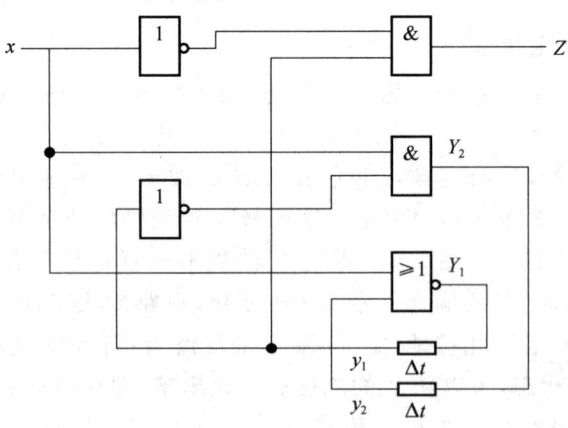

图 7.3.5 例 7.3.1 的电路逻辑图

解 ① 写出激励方程和输出方程。该电路的输入为 x;输出为 Z;激励状态为 Y_2, Y_1;二次状态为 y_2, y_1。由图 7.3.5 可得

$$Y_2 = x\bar{y}_1$$

$$Y_1 = \overline{x + y_2} = \overline{x}\ \overline{y_2}$$
$$Z = \overline{x}y_1$$

② 作流程表。先作该电路的状态转换真值表,如表 7.3.2 所示。

由表 7.3.2 可以求得 Y_2,Y_1 和 Z 的流程表,如图 7.3.6 所示。稳定状态加圆圈。

表 7.3.2 电路状态转换真值表

输入信号	二次信号		激励、输出信号		
x	y_2	y_1	Y_2	Y_1	Z
0	0	0	0	1	0
0	0	1	0	1	1
0	1	0	0	0	0
0	1	1	0	0	1
1	0	0	1	0	0
1	0	1	1	0	0
1	1	0	1	0	0
1	1	1	0	0	0

③ 建立总态响应序列。为了较容易地画时序图,可以先作出总态响应序列。所谓总态响应序列,就是对于给定的输入序列 x,所对应的总态构成的序列。例如,假定输入状态 x 为序列 1→0→1,初始总态为 (1,10);则可以由图 7.3.6 推出总态响应序列为

时刻: t_0 t_1 t_2
输入 x: 1   0   1
总态(x,y_2y_1): (1,10)   (0,10)   (1,01)
                            (0,00)   (1,11)
                            (0,01)   (1,10)
输出 Z: 0   1   0

假定 t_0 时刻,初始状态为 $x=1$,$y_2y_1=10$,总态为 (1,10),由图 7.3.6 可知,$Y_2Y_1=10$,状态稳定。

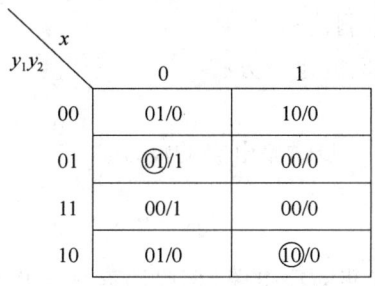

图 7.3.6 例 7.3.1 的流程表

在 t_1 时刻,$x=0$,$y_2y_1=10$,总态为 (0,10),由图 7.3.6 可知,$Y_2Y_1=00$,状态不稳定。经 Δt 后到 t_1',$y_2y_1=00$,总态为 (0,00),而 $Y_2Y_1=01$,状态仍不稳定。再经 Δt 后到 t_1'',$y_2y_1=01$,总态为 (0,01),$Y_2Y_1=01$,故状态稳定。该状态一直保持到输入 x 再次发生变化 t_2 时刻为止。

在 t_2 时刻,$x=1$,$y_2y_1=01$,总态为 (1,01),而 $Y_2Y_1=00$,状态不稳定。经 Δt 后到 t_2',$y_2y_1 =$

11,总态为(1,11),而 $Y_2Y_1=00$,状态不稳定。再经 Δt 后到 t_2'',$y_2y_1=10$,总态为(1,10),$Y_2Y_1=$ 10,故状态稳定。该状态一直保持到 x 再次发生变化的时刻。此后将重复上述过程。

④ 画时序图。根据总态响应序列,可以画出二次状态 y_2,y_1 和输出 Z 的时序图,如图7.3.7所示。

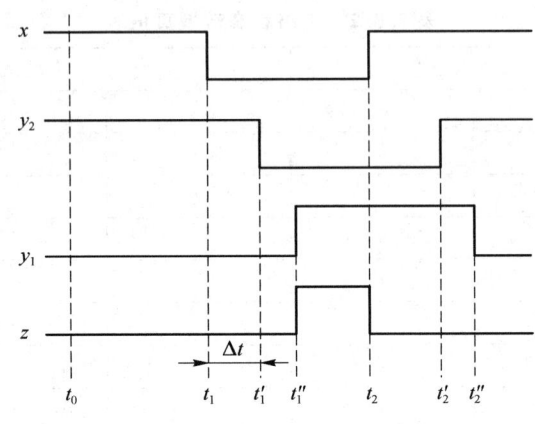

图 7.3.7 例 7.3.1 的时序图

⑤ 功能描述。一般来讲,可以用文字描述一个逻辑电路的功能。但是,对于一个逻辑电路的局部来说,有时难以用文字来描述其功能。这时可以通过时序图找出输入和输出的关系。从本例的时序图可以看出,当输入为 1 时,输出必为 0;而当输入为 0 时,经过延迟后输出为 1。

7.4 电位异步时序电路的设计

电位异步时序电路的设计是其分析的逆过程。根据电位异步时序电路的特点,其设计就是由逻辑问题的描述,建立流程表,确定逻辑方程,构成逻辑电路。其主要设计步骤叙述如下。

7.4.1 设计步骤

① 根据设计要求,建立原始流程表。
② 进行状态化简,求得最简流程表。
③ 进行状态分配,求得二进制流程表。
④ 确定激励函数和输出函数的逻辑方程。
⑤ 画出逻辑电路图。

下面,结合例子来说明电位异步时序电路的设计。

7.4.2 设计举例

例 7.4.1 设计一个电位异步时序电路,该电路有两个电位输入端 x_1 和 x_2,一个输出端 Z。要求当 x_1 为 0 时,Z 必定为 0;当 $x_1=1$ 时,x_2 的第一次跳变(正跳或负跳均可),将使 Z 从 0 跳变为 1,直到 x_1 变为 0 时,Z 才跳变为 0。

解

(1) 根据设计要求,建立原始流程表

在建立原始流程表时,首先要弄清所有可能的状态转换关系,然后从设定的初始状态开始,逐行逐列地将所要求的转换关系写入流程表,直到表中不再出现新状态、填满所有方格为止。通常采用的一种操作方法是,先根据题意拟定一个符合要求的输入输出的时序图,再依据波形变化逐步形成和完善原始流程表。

开始时,并不清楚流程表中的某一行有几个稳定状态,可以暂时认定一行仅有一个稳定状态。由于稳定状态的输出是确定的,所以这时的电路状态为"稳定状态/确定输出",记为Ⓢ/Z。电路需经过不稳定状态才能到达稳定状态,然后又进入不稳定状态。因此,稳定状态的两侧均为不稳定状态。不稳定状态的输出暂定为不确定输出,这时的电路状态为"不稳定状态/不确定输出",记作 S/-。与稳定状态不相邻的列的电路状态定义为"不确定状态/不确定输出",记作-/-。这里,"S"表示状态,"-"表示不确定。

根据输入输出的时序图建立原始流程表通常分为三步。

步骤 1. 依题意,拟定输入输出的时序图,如图 7.4.1 所示。这里所拟定的时序图并不是唯一的,允许不同设计者拟定不同的输入输出时序图。

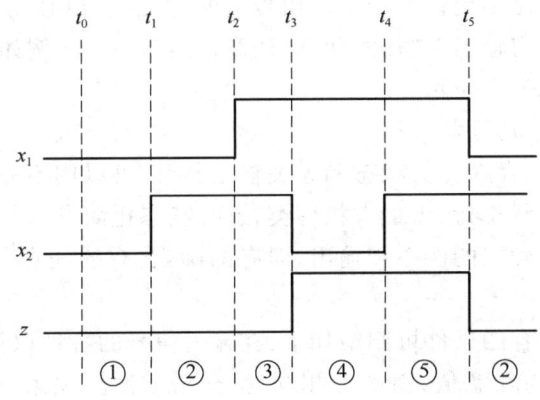

图 7.4.1 例 7.4.1 的输入输出时序图

输入信号的电平每次跳变就是一次新的输入。可根据输入信号跳变的情况,将时序图划分为若干个时间段,每段对应一个稳定状态。这就是说,当输入信号发生变化时,就从一个稳定状态转移到另一个稳定状态。例如:在 t_0 时刻,$x_1x_2=00$,$Z=0$,这时电路的状态用①表示,记作①/0;在 t_1 时刻,$x_1x_2=01$,$Z=0$,电路状态进入②,记作②/0;在时刻 t_2,$x_1x_2=11$,$Z=0$,电路状态进入③,记作③/0;在时刻 t_3,$x_1x_2=10$,$Z=1$,电路进入状态④,记作④/1;在时刻 t_4,$x_1x_2=11$,$Z=1$,电路进入状态⑤,记作⑤/1;在时刻 t_5,$x_1x_2=01$,$Z=0$,返回状态②。

步骤 2. 将时序图中的稳定状态填入流程表。这一步就是将输入输出时序图中的稳定状态,以及此刻的输出填入流程表中相应的位置上。例如:如图 7.4.2 所示,t_0 时刻的①/0 填入第一行的"00"列的方格内;t_1 时刻的②/0 填入第二行的"01"列的方格内;t_2 时刻的③/0 填入第三行的"11"列的方格内;t_3 时刻的④/1 填入第四行的"10"列的方格内;t_4 时刻的⑤/1 填入第五行的"11"列的方格内。

步骤 3. 完善流程表。因为输入输出时序图是拟定的,它并不一定完全反映电路中所有输入的变化情况,所以必须将各种输入下的输出情况都考虑到。例如,在时刻 t_3,若 $x_1x_2=10$,则 $Z=0$,与状态④不同,作为新态⑥,记作⑥/0,填入流程表的第 6 行的"10"列。

由于稳定状态相邻两侧都是"不稳定状态/不确定输出",所以从每一行的稳态出发,考虑输入作相邻变化时的输出,在相应位置填入 S/-。例如,在图 7.4.2 第 1 行稳态格①/0 相邻两格分别填入 2/-和 6/-;在第 2 行稳态格②/0 相邻两格分别填入 1/-和 3/-;在第 3 行稳态格

y \ x_1x_2	00	01	11	10
1	①/0	2/-	-/-	6/-
2	1/-	②/0	3/-	-/-
3	-/-	2/-	③/0	4/-
4	1/-	-/-	5/-	④/1
5	-/-	2/-	⑤/1	4/-
6	1/-	-/-	5/-	⑥/0

图 7.4.2 例 7.4.1 的原始流程表

③/0 相邻两格分别填入 2/- 和 4/-；在第 4 行稳态格④/1 相邻两格分别填入 1/- 和 5/-；第 5 行稳态格⑤/1 相邻两格分别填入 2/- 和 4/-；第 6 行稳态格⑥/0 相邻两格分别填入 1/- 和 5/-。

由于电位异步时序电路不允许两个输入信号同时跳变，所以在与稳定状态不相邻的格内应填入"不确定状态/不确定输出"（"任意状态/任意输出"）:-/-。例如，第一行的"11"列，第二行的"10"列，等等，如图 7.4.2 所示。

(2) 状态化简，求简化流程表

由于在原始流程表中，存在无关状态和无关输出，所以可以用不完全给定时序电路的化简方法：建立隐含表，找相容状态行，求最大相容类，进行状态化简。

如果时序电路包含不确定的次态和输出，即有的确定，有的任意，这种时序电路称作不完全给定时序电路。

判断两个状态是否相容的条件可归纳如下：在输入信号的各种取值组合下，它们的输出完全相同，或至少一个输出为任意值；而次态相同/呈交错或循环关系，或至少一个次态为任意态。满足上述条件的状态就是相容状态。状态行相容是状态相容的引申，即状态行中所有列的状态均相容的两行就是相容的。

如果在原始流程表中，两行中每一列状态相容、输出相同，则这两行是相容的，可以合并为一行，不影响电路的功能。通常，可以按以下原则确定稳定状态和不稳定状态的相容性。

① 稳定状态⑥和不稳定状态 i 是相容的；

② 如果不稳定状态 i 和 j 是相容的，则稳定状态⑥和不稳定状态 j 是相容的；稳定状态⑦和不稳定状态 i 也是相容的。

③ 如果稳定状态⑥和⑦是相容的，则不稳定状态 i 和 j 也是相容的。

建立的隐含表如图 7.4.3(a)所示。根据上述相容状态行的判断原则，可以得出相容状态行为(1,2)、(1,6)、(2,3)、(4,5)。

建立状态合并图。先将原始流程表中所有状态行以点的形式均匀地标在一个圆圈上，然后将各相容状态行用直线连接起来，如图 7.4.3(b)所示。由于合并图上不存在各点之间两两均有连线的多边形，所以最大相容类为(1,2)、(1,6)、(2,3)、(4,5)。

建立闭合覆盖表，求最小化流程表。所谓闭合覆盖表，就是表述相容类的覆盖性和闭合性的表格。所谓最小化流程表，就是同时满足覆盖性、闭合性和最小化三个条件的相容类集合，即最小闭覆盖。其中，覆盖性是指相容类集合必须覆盖全部原始状态（行）；闭合性是指在任何输入条件下的次态必须是该相容类集合中的某一相容类；最小化是满足覆盖性和闭合性的最少相容类数目。其闭合覆盖表如表 7.4.1 所示。由表 7.4.1 不难看出，相容行(1,6)、(2,3)，

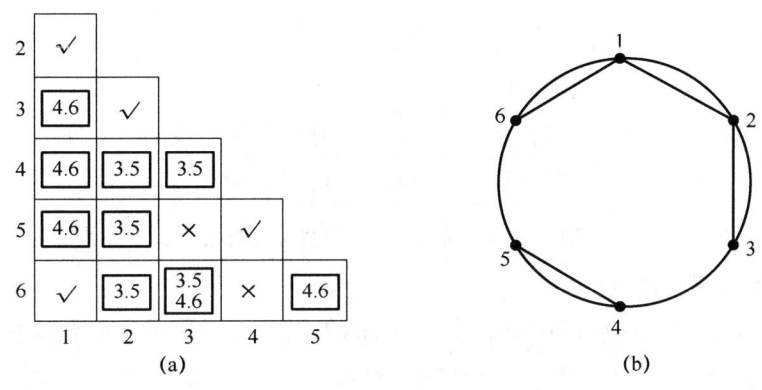

图 7.4.3 例 7.4.1 的隐含表和合并图

(4,5)是一组最小闭覆盖,满足覆盖性、闭合性和最小化条件。由此可以得到最小化流程表,如图 7.4.4 所示。将其中(a)的相容行(1,6)合并为 A,相容行(2,3)合并为 B,相容行(4,5)合并为 C,就可以得到(b)图。

表 7.4.1 闭合覆盖表

相容行	覆盖						闭合			
	1	2	3	4	5	6	$x_1x_2=00$	$x_1x_2=01$	$x_1x_2=11$	$x_1x_2=10$
(1,2)	1	2					1	2	3	6
(1,6)	1					6	1	2	5	6
(2,3)		2	3				1	2	3	4
(4,5)				4	5		1	2	5	4

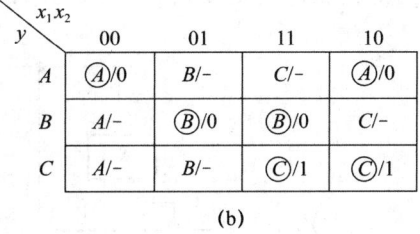

图 7.4.4 例 7.4.1 的最小化流程表

(3) 状态分配,求二进制流程表

在电位异步时序电路设计中,进行状态分配时,需要注意两个问题。一是确定最佳编码方案,保证电路可靠工作,避免由于竞争造成电路的不稳定,电路结构要简单。二是为了使二进制流程表的外特性与原始流程表相同,保证电路在通过不稳定状态时不产生额外跳变,必须对不稳定状态的输出取值进行指定。其指定原则如下:如果两个稳定状态有相同的输出,则这两个稳定状态之间的过渡状态是不稳定状态,不稳定状态的输出与稳定状态相同;如果两稳定状态有不同的输出,则这两稳定状态间的过渡态是不稳定状态,其输出可随意(记作—)。根据上述原则,进行状态分配($A=00,B=11,C=01$),并指定对应的输出,最终得到二进制流程表,如图 7.4.5 所示。

$y_1y_0 \backslash x_1x_2$	00	01	11	10
00	⑩/0	11/0	01/–	⑩/0
11	00/0	⑪/0	⑪/0	01/–
01	00/–	11/0	⑪/1	⑪/1

图 7.4.5 例 7.4.1 的二进制流程表

(4) 确定激励函数和输出函数

画出激励函数 Y_0, Y_1 和输出函数 Z 的卡诺图,如图 7.4.6 所示。经化简可以求得:

$$Y_1 = \overline{x_1}x_2 + y_1x_2$$
$$Y_0 = x_2 + x_1y_0$$
$$Z = \overline{y_1}y_0$$

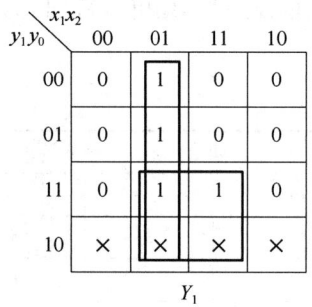
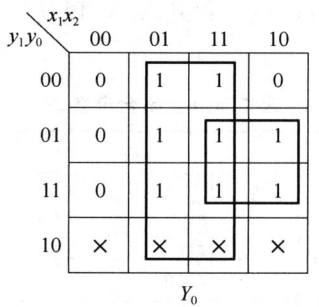
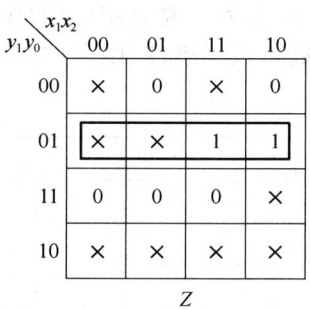

图 7.4.6 例 7.4.1 的卡诺图

(5) 画逻辑图

用与非门构成的电路逻辑图,如图 7.4.7 所示。

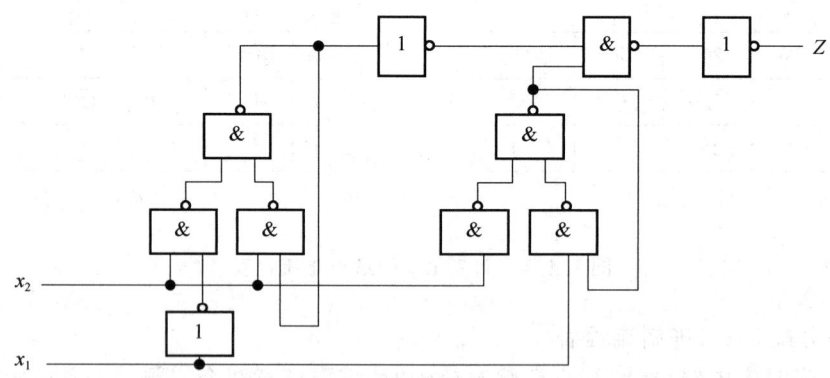

图 7.4.7 例 7.4.1 的逻辑图

7.5 异步时序电路中的竞争与冒险

由于时序电路是由组合逻辑电路和存储电路两部分构成,所以其中的组合逻辑电路有可能发生竞争-冒险现象。这种竞争-冒险现象可能引起触发器的误翻转,造成时序电路的误动作。因此,必须避免这种现象的发生,其消除方法已在之前章节中作了介绍。

由于电路有延迟时间存在,所以时序电路也会发生竞争-冒险现象。在同步时序电路中,由于所有的触发器均是在同一时钟脉冲作用下动作的,而在时钟脉冲作用之前,各个触发器的输入信号均已处于稳态,所以可以认为同步时序电路不存在竞争现象。通常,人们认为竞争-冒险现象仅发生在异步时序电路中,尤其是电位异步时序电路。下面介绍异步时序电路中的竞争、冒险以及消除方法。

7.5.1 竞争现象

所谓竞争现象,是指在异步时序电路中,当输入信号改变后,电路从一个稳定状态转换到另一个稳定状态的过程中。如果有两个或两个以上的状态变量同时改变其值的现象称为竞争现象。

下面,以图 7.5.1 为例,具体说明异步时序电路中的竞争现象。

当电路的总态为 (10,01) 时,电路处于稳态,如果输入 x_1x_2 由 10→11,由图 7.5.1 可知,激励状态 Y_1Y_2 将从 01→10,即 Y_1 和 Y_2 的值同时发生变化,这便要求二次状态 y_1 和 y_2 必须同时响应激励状态 Y_1 和 Y_2 的变化。但是,由于实际电路中的各反馈支路的延时不可能完全相同,因此二次状态 y_1 和 y_2 响应 Y_1 和 Y_2 的变化可能有先后之分,并且先后次序是不可预知的,这就发生了所谓的竞争现象。

同样,当电路的总态为 (10,11) 时,电路也处于稳态。如果输入 x_1x_2 由 10→00,由图 7.5.1 可知,激励状态 Y_1Y_2 将由 11→00,故此时电路也存在竞争现象。

y_1y_2 \ x_1x_2	00	01	11	10
00	⑩/0	01/0	⑩/1	01/1
01	00/0	⑪/0	10/0	⑪/0
10	00/-	⑩/1	⑩/0	11/0
11	00/0	10/0	00/1	⑪/1

Y_1Y_2/Z

图 7.5.1 某电路的流程表

7.5.2 非临界竞争、临界竞争和时序冒险

根据竞争所导致的结果不同,竞争可分为非临界竞争和临界竞争。

1. 非临界竞争

非临界竞争是指竞争的各种可能将使电路最终转移到同一个稳定状态。下面将以图 7.5.1 为例进行具体说明。

由图 7.5.1 可知,当电路总态为 (10,11),输入 x_1x_2 由 10→00 时,y_1y_2 在响应 Y_1Y_2 由 11→00 过程中可能发生如下情况:

- 如果 y_1,y_2 同时响应变化,即 $\Delta t_1 = \Delta t_2$,这里的 Δt_1 和 Δt_2 分别为 y_1,y_2 响应 Y_1,Y_2 的时间。这就是说,$y_1y_2=11\to00$,则总态变化过程为 (10,11)→(00,11)→(00,00),到达稳态 ⑩。
- 如果 y_1 先于 y_2 响应变化,即 $\Delta t_1 < \Delta t_2$,这就是说,$y_1y_2=11\to01\to00$,则总态变化过程为 (10,11)→(00,11)→(00,01)→(00,00),到达稳态 ⑩。

- 如果 y_2 先于 y_1 响应变化，即 $\Delta t_1 > \Delta t_2$，也就是说，$y_1 y_2 = 11 \rightarrow 10 \rightarrow 00$，则总态变化过程为 $(10,11) \rightarrow (00,11) \rightarrow (00,10) \rightarrow (00,00)$，到达稳态 ⑩。

由上述分析可知，非临界竞争最终都稳定在同一个稳态。因此，非临界竞争的存在不会影响电路的正常工作。

2. 临界竞争

临界竞争是指竞争的各种可能将使电路最终转移到不同的稳定状态。下面仍以图 7.5.1 为例进行说明。

当电路总态为 $(10,01)$，输入 $x_1 x_2 = 10 \rightarrow 11$ 时，$y_1 y_2$ 在响应 $Y_1 Y_2$ 由 01 变为 10 过程中，可能发生如下情况：

- 如果 y_1, y_2 同时响应变化，即 $\Delta t_1 = \Delta t_2$，也就是，$y_1 y_2 = 01 \rightarrow 10$，则总态变化过程为 $(10,01) \rightarrow (11,01) \rightarrow (11,10)$，到达稳态 ⑩。
- 如果 y_1 先于 y_2 响应变化，即 $\Delta t_1 < \Delta t_2$，也就是，$y_1 y_2 = 01 \rightarrow 11 \rightarrow 10$，则总态变化过程为 $(10,01) \rightarrow (11,01) \rightarrow (11,11) \rightarrow (11,10)$，到达稳态 ⑩。
- 如果 y_2 先于 y_1 响应变化，即 $\Delta t_1 > \Delta t_2$，也就是，$y_1 y_2 = 01 \rightarrow 00 \rightarrow 10$，则总态变化过程为 $(10,01) \rightarrow (11,01) \rightarrow (11,00)$，转移到稳态 ⑩，总态不再变化。

由上述分析可知，由于电路的延时不同，最终到达不同的稳态 ⑩ 和 ⑩，此时的竞争为临界竞争。

3. 时序冒险

由于在临界竞争中，电路最终稳定在不同的稳态。电路究竟稳定在哪个稳态，完全由电路的延时而定。实际上，这是难以预测的。这就是说，临界竞争可能使电路出现不正确的状态转移，造成了错误的状态。这种错误通常称为时序冒险（或险象）。电路越复杂，出现时序冒险的机会就越多。因此，必须设法消除时序冒险。

7.5.3 时序冒险的消除

消除时序冒险，实际上就是消除临界竞争现象。由上述分析可知，产生临界竞争必须同时满足以下两个条件：a. 两个或两个以上的状态变量同时发生变化；b. 输入信号变化后所在列中存在两个或两个以上的稳态。因此，要消除临界竞争，应使上述两个条件中的至少一个不成立。如果使条件 a 不成立，就从根本上消除了竞争；如果使条件 b 不成立，则可消除临界竞争。基于这种思想，选定一个好的状态分配方案，就可以消除临界竞争导致的时序冒险现象。下面介绍几种常用的方法。

1. 状态分配法

先根据流程表作状态相邻转换图，为具有相邻转换关系的状态分配相邻二进制代码，这样就使得在任意一种状态转换时，只有一个状态变量发生变化，从而消除了竞争现象。

例 7.5.1 试用状态分配法消除图 7.5.2(a) 所示的流程表的竞争现象。

解 由图 7.5.2(a) 可以看出，状态 A 与 B、C 之间发生转换，状态 C 与 A、D 之间发生转换，将发生转换的状态用线段连接起来，就构成了状态相邻图，如图 7.5.2(b) 所示。

只要给状态对 (A,B)、(A,C)、(C,D) 分配相邻的二进制代码，就可以消除竞争现象。为此，选择图 7.5.3(a) 所示的编码方案；相应的二进制流程表如图 7.5.3(b) 所示。

我们知道，在 n 变量的卡诺图中，每个方格最多有 n 个相邻方格。如果状态的最大相邻数 k 超过 n，那么不适合采用状态分配法。

y \ x_1x_2	00	01	11	10
A	(A)	(A)	B	C
B	A	(B)	(B)	(B)
C	(C)	A	D	(C)
D	C	(D)	(D)	(D)

(a)

(b)

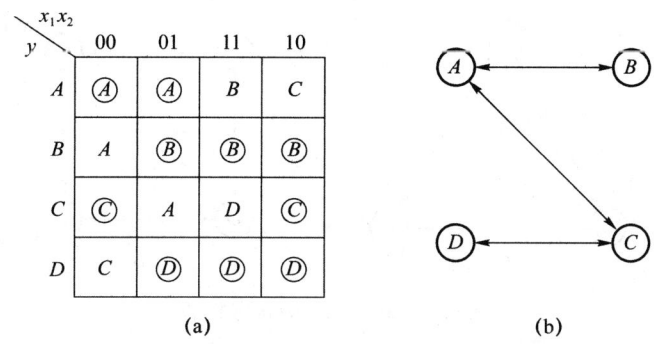

图 7.5.2　例 7.5.1 的流程表和状态相邻图

y_1 \ y_0	0	1
0	A	B
1	C	D

(a)

y_1y_0 \ x_1x_2	00	01	11	10
00	(00)	(00)	01	10
01	00	(01)	(01)	(01)
11	10	(11)	(11)	(11)
10	(10)	00	11	(10)

(b)

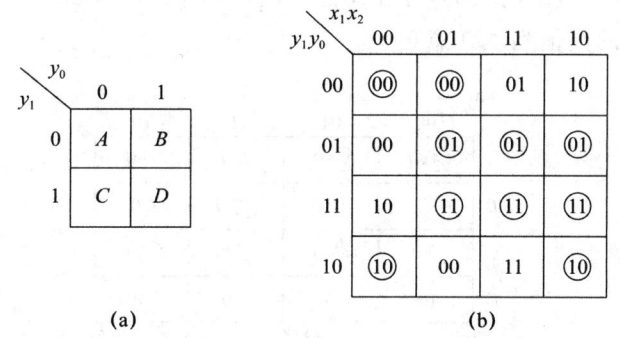

图 7.5.3　例 7.5.1 的编码方案和二进制流程表

2. 增加过渡状态

如果状态相邻图是由奇数个状态构成的闭合环，一般说来，则需要增加过渡状态才可实现无竞争的状态分配。具体作法是，在原有的状态相邻图上的某两个状态之间，插入一个过渡状态，改变原有结构，从而实现状态的相邻分配。

例 7.5.2　试用增加过渡状态法，对图 7.5.4 所示的流程表进行状态分配。

y \ x_2x_1	00	01	11	10
A	(A)/0	(A)/0	B/0	C/0
B	–/1	C/1	(B)/1	C/1
C	A/0	(C)/0	(C)/0	(C)/0

(Y/Z)

图 7.5.4　例 7.5.2 的流程表

解　先画出流程表的状态相邻图，如图 7.5.5(a)所示。为消除冒险，应使状态对(A,B)，(A,C)，(B,C)分别为相邻编码，但是这不能做到。为此增加一个状态 D，构成新的状态相邻图，如图 7.5.5(b)所示。这样，状态对(A,B)，(B,C)(C,D)，(A,D)很容易实现相邻编码。

状态相邻图的改变，实际上改变了状态 A 与 C 的转换过程，也就是从原来的 A 与 C 之间的直接转换变为经过状态 D 的间接转换。根据新的状态相邻图，修改原来的流程表。增加一行 D 后的修改过程如下。

由图 7.5.4 可知，由 A 转到 C 是在 $x_2x_1=10$ 时进行的，或者说转移发生在总态(10,A)。修改后的转换过程为 $A \to D \to C$，因此，应在总态(10,A)格内填 D，并在总态(10,D)格内填 C，如图 7.5.6 所示。

(a)　　　　　　(b)

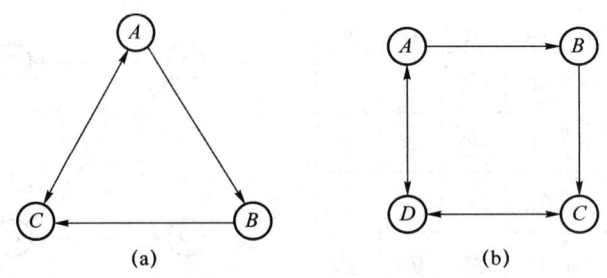

图 7.5.5　例 7.5.2 的状态相邻图

同样，由图 7.5.4 可知，由 C 转到 A 是在 $x_2x_1=00$ 时进行的。修改后的转换过程是 $C\to D\to A$，因此，在总态(00，C)格内填 D，并在总态(00，D)格内填 A，如图 7.5.6 所示。

图 7.5.6 中 D 行的其他列填任意项。

y \ x_2x_1	00	01	11	10
A	(A)/0	(A)/0	B/0	D/0
B	-/1	C/1	(B)/0	C/1
C	D/0	(C)/0	(C)/0	(C)/0
D	A/0	-/0	-/0	C/0

(Y/Z)

图 7.5.6　例 7.5.2 的修改的流程表

按照相邻状态的分配原则，本例的状态分配方案如图 7.5.7(a)所示，二进制流程表如图 7.5.7(b)所示。

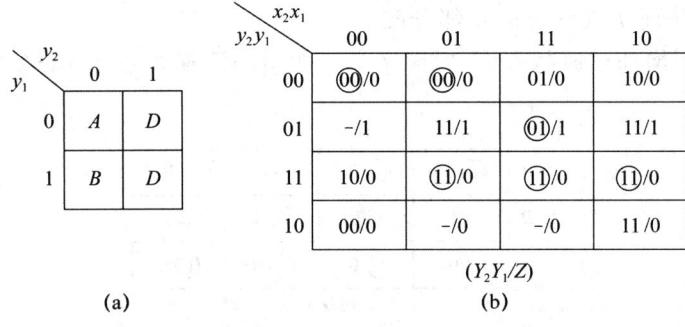

y_1 \ y_2	0	1
0	A	D
1	B	D

(a)

y_2y_1 \ x_2x_1	00	01	11	10
00	(00)/0	(00)/0	01/0	10/0
01	-/1	11/1	(01)/1	11/1
11	10/0	(11)/0	(11)/0	(11)/0
10	00/0	-/0	-/0	11/0

(Y_2Y_1/Z)

(b)

图 7.5.7　例 7.5.2 的状态分配方案和二进制流程表

3. 利用非临界竞争消除临界竞争

由于非临界竞争不会产生冒险现象，所以如果能够将临界竞争转化为非临界竞争，这就间接地消除了临界竞争。下面举例说明这种方法。

例 7.5.3　试用将临界竞争转换为非临界竞争的方法，对图 7.5.8 所示的流程表进行状态分配。

解　根据图 7.5.8 作出的状态相邻图如图 7.5.9(a)所示。由图 7.5.8 的流程表不难看出，在 $x_2x_1=00$ 和 $x_2x_1=10$ 这两列中，都只有一个稳定状态。因此，可以通过状态分配，把竞争限制在仅有一个稳态的列中，这样，即使发生竞争也不会是临界竞争。由于在 $x_2x_1=00$ 列

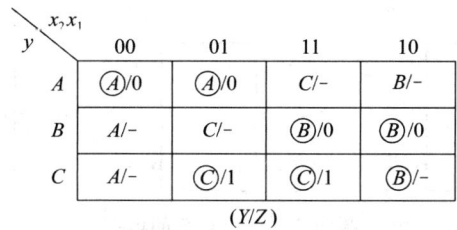

图 7.5.8 例 7.5.3 的流程表

中,只有一个稳态Ⓐ;在 $x_2x_1=10$ 列中,只有一个稳态Ⓑ。所以在进行状态分配时,状态 A 和 B 不分配相邻代码。其分配方案如图 7.5.9(b)所示,由此得到的二进制流程表如图 7.5.9(c) 所示。

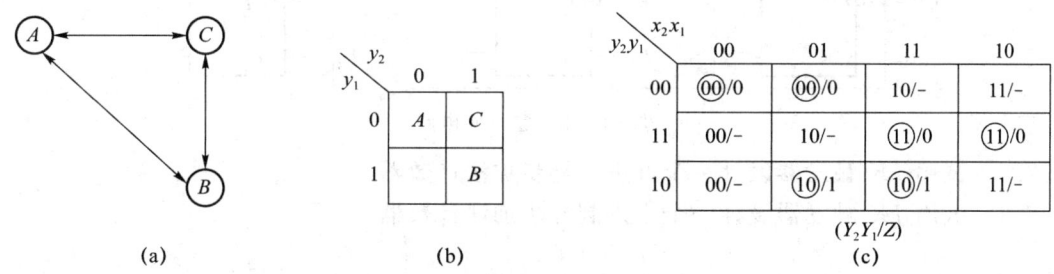

图 7.5.9 例 7.5.3 的状态相邻图、分配方案和二进制流程表

异步时序电路没有统一的时钟脉冲,电路状态的改变取决于输入信号。脉冲异步时序电路的输入信号是脉冲信号,而电位异步时序电路的输入信号是电位信号。

脉冲异步时序电路,在电路结构上与同步时序电路相同,也是由组合电路和触发器两部分构成。但是,脉冲异步时序电路在任何时候只允许一个外部输入脉冲发生变化,因此其输入状态数与输入信号线数相同。而且,CP 脉冲作为控制(激励)变量处理,这在分析和设计脉冲异步时序电路时要充分注意。

电位异步时序电路的存储电路部分为延迟线。它集中反映了反馈支路中的门电路和线路的延迟。分析和设计电位异步时序电路都离不开流程表,故应该掌握其建立方法。

竞争和冒险是异步时序电路中的不稳定现象。竞争分临界竞争和非临界竞争。临界竞争可能使电路产生不正确的状态转移,即发生时序冒险。这在正常工作时是不允许的,必须加以避免或消除。

思考题与习题

7.1 在电路结构上,如何区别同步时序电路、脉冲异步时序电路和电位异步时序电路?

7.2 举例说明在脉冲异步时序电路中,CP 脉冲是如何充当控制函数的。

7.3 什么是流程表? 如何建立流程表?

7.4 说明竞争与冒险产生的原因。如何消除时序冒险?

7.5 试分析题图 7.1 所示脉冲异步时序电路。

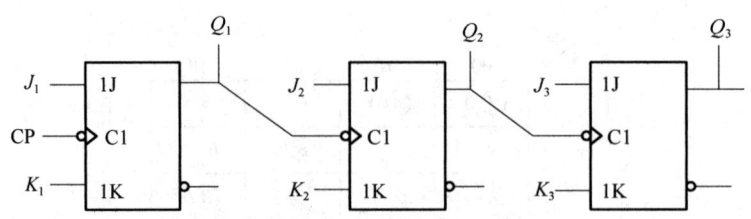

题图 7.1　题 7.5 的电路

7.6　试分析题图 7.2 所示脉冲异步时序电路。

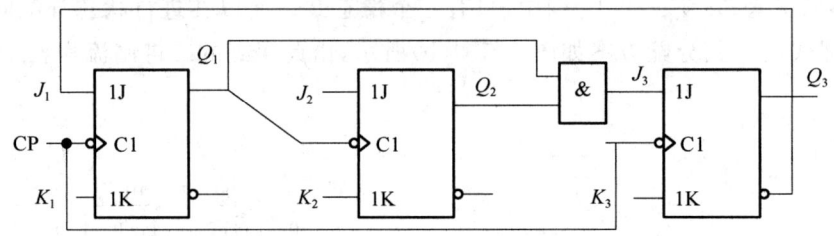

题图 7.2　题 7.6 电路

7.7　试用 JK 触发器设计一个五进制异步加法计数器。

7.8　试用 JK 触发器设计一个十进制异步加法计数器。

第 8 章　Multisim 14.0 应用基础

Multisim 14.0 用户界面与 Windows 的操作界面极其类似，用户在使用过 EWB、Multisim 2001、Multisim 12.0 等软件的基础上，可以很方便地对 Multisim 14.0 进行各项功能操作，高效地实现电路设计与仿真。

8.1　Multisim 14.0 的基本操作界面

在完成 Multisim 14.0 的安装之后，便可打开 Multisim 14.0 仿真软件进行电路设计及仿真。在 Windows，单击"开始"→"所有程序"→"NIMultisim 14.0"（NIUltiboard 14.0 为 PCB 制作软件），Multisim 14.0 开始运行，基本操作界面如图 8.1.1 所示。

在图 8.1.1 中，第一栏为菜单栏，包含电路仿真的各种命令。第二栏、第三栏为快捷工具栏，其上显示了电路仿真常用的命令，并且都可以在菜单中找到对应的命令，可用菜单"View"下的"Toolsbar"选项来显示或隐藏这些快捷工具。

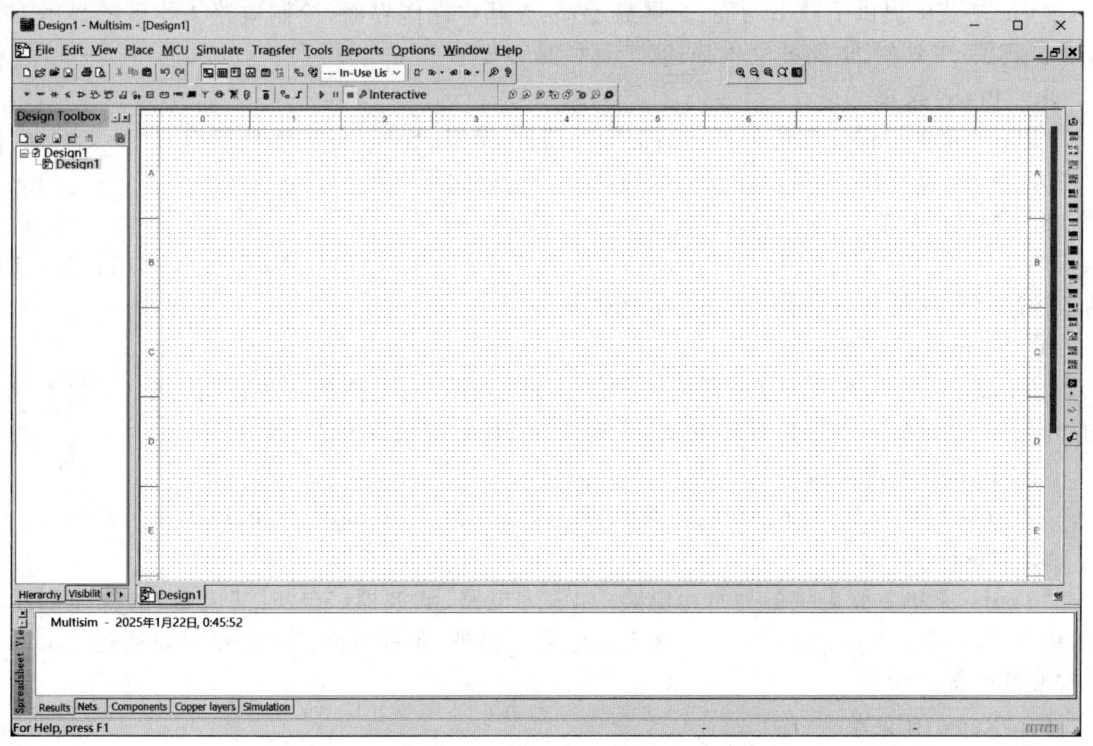

图 8.1.1　Multisim 14.0 基本操作界面

快捷工具栏的下方从左到右依次是设计工具箱、电路仿真工作区和仪表栏。设计工具箱用于操作设计项目中各种类型的文件（如原理图文件、PCB 文件、报告清单等），电路仿真工作区是用户搭建电路的区域,仪表栏显示了 Multisim 14.0 能够提供的各种虚拟仪表。最下方的是设计信息显示窗口,主要用于快速地显示编辑元器件的参数,如封装、参考值、属性和设计约束条件等。Multisim 14.0 基本操作界面就相当于一个虚拟电子实验平台。

Multisim 14.0 新产生的电路原理图文件默认的文件名为"Design1"。本节分别介绍 Multisim 14.0 的基本界面中的菜单栏、常用工具栏、设计工具箱、设计信息显示窗口、电路编辑与仿真工作区等部分的功能。

8.1.1 菜单栏

Multisim 14.0 的菜单栏如图 8.1.2 所示。在菜单中包含了 Multisim 14.0 所有功能的命令(选项),如文件操作、文本编辑、放置元器件等选项,操作方法与 Windows 类似。

File Edit View Place MCU Simulate Transfer Tools Reports Options Window Help

图 8.1.2 Multisim 14.0 的菜单栏

1. "File"菜单

"File"菜单提供了 Open(打开)、New(新建)、Save(保存文件)等选项。

2. "Edit"菜单

"Edit"菜单提供了 Undo、Redo、Cut、Copy、Paste、Delete、Find、和 Select All 等选项。

3. "View"菜单

"View"菜单提供了以下功能:全屏显示,缩放基本操作界面,绘制电路工作区的显示方式以及扩展条、工具栏、电路的文本描述、工具栏是否显示。

4. "Place"菜单

"Place"菜单提供绘制仿真电路所需的元器件、节点、导线、各种连接接口,以及文本框、标题栏等文字内容,同时包括创建新层次模块等关于层次化电路设计的选项。

5. "MCU"菜单

"MCU"菜单提供了带有微控制器的嵌入式电路的仿真功能。Multisim 14.0 目前能支持的微控制器芯片类型有两类:80C51 和 PIC。

6. "Simulate"菜单

"Simulate"菜单提供仿真所需的各种仪器仪表,提供对电路的各种分析方法(如放大电路的静态工作点分析),设置仿真环境及 PSPICE、VHDL 等仿真操作。

7. "Transfer"传输菜单

"Transfer"菜单提供将仿真电路及分析结果传送给 Ultiboard 14.0、PCB 等应用程序。

8. "Tools"菜单

"Tools"菜单主要提供各种常用电路(如放大电路、滤波器、555 时基电路)的快速创建向导,用户可以通过 Tools 菜单快速创建上述电路。另外,各种电路元器件都可以通过 Tools 菜单修改其外部形状。

9. "Reports"菜单

"Reports"菜单用于产生指定元器件存储在数据库中的所有信息和当前电路窗口中所有元器件的详细参数报告。

10. "Options"菜单

"Options"菜单可根据用户需要对程序的运行和界面进行设置。

11. "Window"菜单

"Window"菜单用于对一个电路的各个多页子电路,以及对不同的仿真电路同时进行浏览的功能。

12. "Help"菜单

单击"Help"菜单,可打开 Help 窗口,其中含有帮助主题目录、帮助主题索引以及版本说明等选项。按下(F1)键也可获得帮助。

8.1.2 常用工具栏

Multisim 14.0 在工具栏中提供的工具按钮按功能可分为标准工具栏、主要工具栏、视图工具栏、元器件工具栏、仿真工具栏、探针工具栏和仪器库工具栏等。

1. 标准工具栏

标准工具栏主要提供一些常用的文件操作功能,按钮从左到右的功能分别为新建文件、打开文件、打开设计实例、文件保存、打印电路、打印预览、剪切、复制、粘贴、撤销和恢复,如图 8.1.3 所示。

图 8.1.3 Multisim 14.0 的标准工具栏

2. 视图工具栏

视图工具栏的按钮从左到右的功能分别为放大、缩小、全屏显示、对指定区域进行放大和在工作空间一次显示整个电路,如图 8.1.4 所示。

图 8.1.4 Multisim 14.0 的视图工具栏

3. 主要工具栏

主工具栏集中了 Multisim 14.0 的核心操作,从而可以使电路设计更加方便,如图 8.1.5 所示。该工具栏中的按钮按其功能从左到右分别为:显示或隐藏设计工具栏、显示或隐藏设计信息视窗,显示或隐藏 SPICE 网表视窗、图形和仿真列表、对仿真结果进行后处理、切换到总电路、打开创建新元器件向导、打开数据库管理窗口、使用中元器件列表、ERC 电路规则检测、将 Ultiboard 14.0 电路的改变反标到 Multisim 14.0 电路文件中,以及查找实例和帮助。

图 8.1.5 Multisim 14.0 的主工具栏

4. 仿真工具栏

仿真工具栏用于控制仿真过程的按钮如图 8.1.6 所示,依次为电路仿真启动按钮、电路仿真暂停按钮、仿真停止按钮和活动分析功能按钮。

图 8.1.6 Multisim 14.0 的仿真工具栏

5. 元器件工具栏

Multisim 14.0 的元器件工具栏包括实际元器件库和虚拟元器件库,默认的界面上显示出来的是实际元器件工具栏,如图 8.1.7 所示。

图 8.1.7　Multisim 14.0 的元器件工具栏

在图 8.1.7 中,从左到右共有 20 种元器件分类,分别为电源库、基本元器件库、二极管库、晶体管库、模拟器件库、TTL 器件库、CMOS 器件库、集成数字芯片库、数模混合元器件库、显示元器件库、功率元器件库、其他元器件库、高级外围元器件库、RF 射频元器件库、机电类元器件库、NI 元器件库、连接元器件库、微处理器模块、层次化模块和总线模块。其中层次化模块是将已有的电路作为一个子模块加到当前电路中。

实际元器件工具栏中的元器件是有封装的真实元器件,参数是确定的,不可改变。实际元器件工具栏包括多个元器件库,每个元器件库放置同一类型不同型号的各种元器件,在选择其中某一个元器件(库)图标时,弹出元器件组界面(包括主数据库及所选择元器件的数学模型和技术参数),如图 8.1.8 所示。在"Component"栏中选择一个元器件后,单击"OK"按钮,即可将其通过鼠标拖入电路仿真工作区。

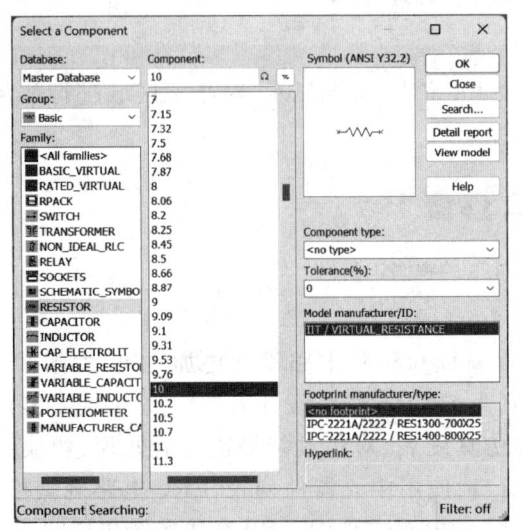

(a) 选择基本元器件库中的一个RESISTOR元器件　　(b) 选择晶体管库中的一个NPN晶体管元器件

图 8.1.8　元器件组界面

6. 探针工具栏

探针工具栏包含了在设计仿真电路时需要放置的电压、电流、功率等测试探针,以及探针设置等。探针使用起来非常方便,可以在仿真过程中随时添加各测试点探针。探针工具栏如图 8.1.9 所示。

图 8.1.9　探针工具栏

7. 仪器库工具栏

仪器库工具栏包含 21 种用来对电路工作状态进行测试的仪器仪表及探针，如图 8.1.10 所示。仪器工具栏从左到右分别为：数字万用表、函数信号发生器、瓦特表、双通道示波器、四通道示波器、伯德图仪、频率计、字信号发生器、逻辑分析仪、逻辑转换仪、伏安特性分析仪、失真分析仪、频谱分析仪、网络分析仪、安捷伦函数发生器、安捷伦万用表、安捷伦示波器、泰克示波器、测量探针、LabVIEW 虚拟仪器、NIELVIS 仪器工具和电流探针。

图 8.1.10　Multisim 14.0 的仪器库工具栏

8.1.3　设计工具箱(Design Toolbox)

设计工具箱位于快捷工具栏的左下方，主要用来管理原理图的不同组成元素和层次电路的显示，如图 8.1.11 所示。设计工具箱由层次化(Hierarchy)选项卡、可视化(Visibility)选项卡和工程视图(Project View)选项卡组成。

图 8.1.11　设计工具箱

1. 层次化(Hierarchy)选项卡

层次化选项卡用于对不同电路的分层显示，该选项卡包括了所设计的各层电路。页面上方的 5 个按钮从左到右分别为新建原理图、打开原理图、保存、关闭当前电路图和(对子电路、层次电路和多页电路)重命名。例如，Multisim 14.0 刚启动时，自动命名的 Design1 电路就以层次化的形式展示出来了。单击新建原理图，就会生成 Design2 电路，两个电路以层次化的形式表现出来。

2. 可视化(Visibility)选项卡

可视化选项卡用于决定工作空间当前页面显示哪些层，以及设置是否显示电路的各种参数标识(如集成电路的引脚名、引脚号等)。

3. 工程视图(Project View)选项卡

工程视图选项卡用于显示同一电路的不同页面，并展示所建立的项目(包括原理图文件、PCB 文件、仿真文件等)。

8.1.4 设计信息显示窗口

设计信息显示窗口(Spread Sheet View)位于 Multisim 14.0 用户界面的最下方,又称电子表格视窗,如图 8.1.12 所示。当电路存在错误时,该视窗用于显示检验结果,并作为当前电路文件中所有元器件的属性统计窗口,可以通过该窗口改变元器件的部分或全部属性。

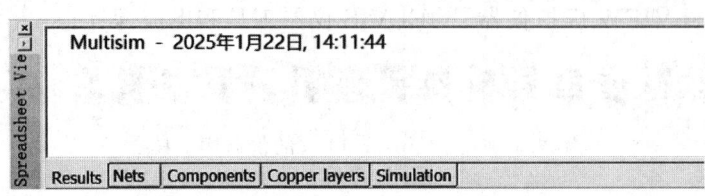

图 8.1.12 Multisim 14.0 的电子表格视窗

设计信息显示窗口包括 5 个选项卡,各选项卡的功能如下。

1. "Results"选项卡

"Results"选项卡用于显示电路中元器件的查找结果和 ERC 校验结果,但要使 ERC 的校验结果显示在该页面,需要运行 ERC 校验时选择将结果显示在"Result Pane"中。

2. "Nets"选项卡

"Nets"选项卡用于显示当前电路中所有网点的相关信息,部分参数可自定义修改。

3. "Components"选项卡

"Components"选项卡用于显示当前电路中所有元器件的相关信息,部分参数可自定义修改。

4. "Copperlayers"选项卡

"Copperlayers"选项卡用于显示 PCB 层的相关信息。

5. "Simulation"选项卡

"Simulation"选项卡用于显示运行仿真时的相关信息。

8.1.5 电路编辑与仿真工作区

电路编辑与仿真工作区是基本工作界面的最主要部分,位于设计工作箱的正右侧,如图 8.1.13 所示。该工作区用来创建用户需要检验的各种仿真电路,可以进行电路图的编辑绘制、添加文字说明及标题框,添加仿真测试仪器,仿真电路运行时进行分析及波形数据显示等。

图 8.1.13 电路编辑与仿真工作区

8.2　Multisim 14.0 的菜单及命令

Multisim 14.0 的菜单栏位于主窗口的最上方,包含文件(File)、编辑(Edit)、视图(View)、放置(Place)、微控制器(MCU)、仿真(Simulate)、文件输出(Transfer)、工具(Tools)、报告(Reports)、选项(Options)、窗口(Window)和帮助(Help)共 12 个菜单。每个菜单下都有若干个子菜单或一系列功能命令,用户可以根据需要在相应的菜单下选择。

8.2.1　"File"(文件)菜单

"File"(文件)菜单主要用于管理所创建的电路文件,如对电路文件进行打开、保存和打印等操作,其中大多数命令和一般 Windows 的应用软件基本相同,此处不再赘述。下面主要介绍 Multisim 14.0 部分特有的命令。

1. Open Samples

"Open Samples"命令可以打开 Multisim 14.0 软件安装路径下的自带示例电路,包括模拟、数字、射频及 MCU 等诸多仿真电路文件。

2. New(Project)、Open(Project)、Save(Project)和 Close(Project)

"New"、"Open"、"Save"和"Close"命令分别为对工程文件进行创建、打开、保存和关闭操作。一个完整的工程包括原理图、PCB(印刷电路板)文件、仿真文件、工程文件和报告文件,可以将相关文件分类存放和管理。

3. Print Options

"Print Options"命令包括两个子命令:"Print sheet Set up"为打印电路设置命令;"Print Instruments"为打印当前工作区内仪表波形图命令。

8.2.2　"Edit"(编辑)菜单

"Edit"(编辑)菜单下的命令主要用于绘制电路图的过程中,对电路和元器件进行各种编辑。下面主要介绍 Multisim 14.0 部分特有的命令。

1. Paste Special

"Paste Special"命令不同于 Paste 命令,其功能是将所复制的电路作为子电路进行粘贴。

2. Delete Multi-Page

"Delete Multi-Page"命令用于删除多页面电路文件中的某一页电路文件。注意,删除的信息将无法找回。

3. Find

"Find"命令用于搜索当前工作区内的元器件,选择该项后弹出如图 8.2.1 所示的对话框,包括要寻找的元器件的名称、类型以及寻找的范围等。其中:"Find what"文本框用于输入所要查找的器件名称;"Search for"下拉列表用于设置查找对象,常用的选项有 All elements(当前所有电路文件)、Off-page Connectors(多页电路的连接)、Nets(用于搜索网络器件)、HB/SC Connectors(设置了连接器的电路);"Search in"下拉列表用于设置查找范围(在当前的电路或者所有打开的电路中寻找)。图 8.2.1 中的 Match case(任意匹配)和 Match whole word only(完全匹配)复选框用于设置搜索时的字符匹配。注意:在 Multisim 14.0 的不同版本中搜索时,有可能要区分元器件名称的大小写。

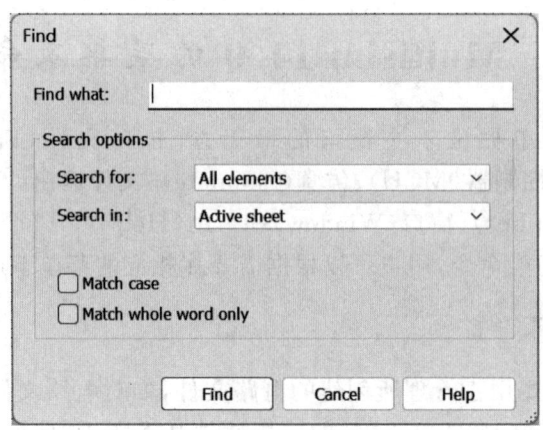

图 8.2.1　寻找元器件对话框

4．Merge Selected Buses

"Merge Selected Buses"命令用于合并所选择的总线。

5．Graphic Annotation

"Graphic Annotation"命令用于编辑图形注释选项,利用它可以修改导线的颜色、类型,画笔的颜色、类型和箭头的类型。

6．Order

"Order"命令用于安排已选图形的放置层次,可以选择"Bring to front"(置前)或"send to back"(置后)。

7．Assign to Layer

"Assign to Layer"命令用于将已选的项目(如 ERC 错误标志、静态探针、注释和文本/图形)安排到注释层。

8．Layer Settings

"Layer Settings"命令用于图层的设置,设置可显示的对话框。

9．Orientation

"Orientation"命令用于改变元器件放置方向(上下翻转、左右翻转或旋转)。

10．Title Block Position

"Title Block Position"命令用于改变标题栏在电路仿真工作区的位置。

11．Edit Symbol/Title Block

"Edit Symbol/Title Block"命令用于对电路仿真工作区已选元器件的图形符号或工作区内的标题框进行编辑。

在工作区内选择一个元器件,单击"Edit Symbol/Title Block"后,弹出如图 8.2.2 所示的元器件符号编辑窗口,在这个窗口中可对元器件各引脚端的线型、线长等参数进行编辑,还可自行添加文字和线条等。

选择工作区内的标题框(使用"Place"菜单中的"Title block"选项添加标题框),单击"Edit Symbol/Title Block"后,弹出如图 8.2.3 所示的标题框编辑窗口,可对选中的文字、边框或位图等进行编辑。

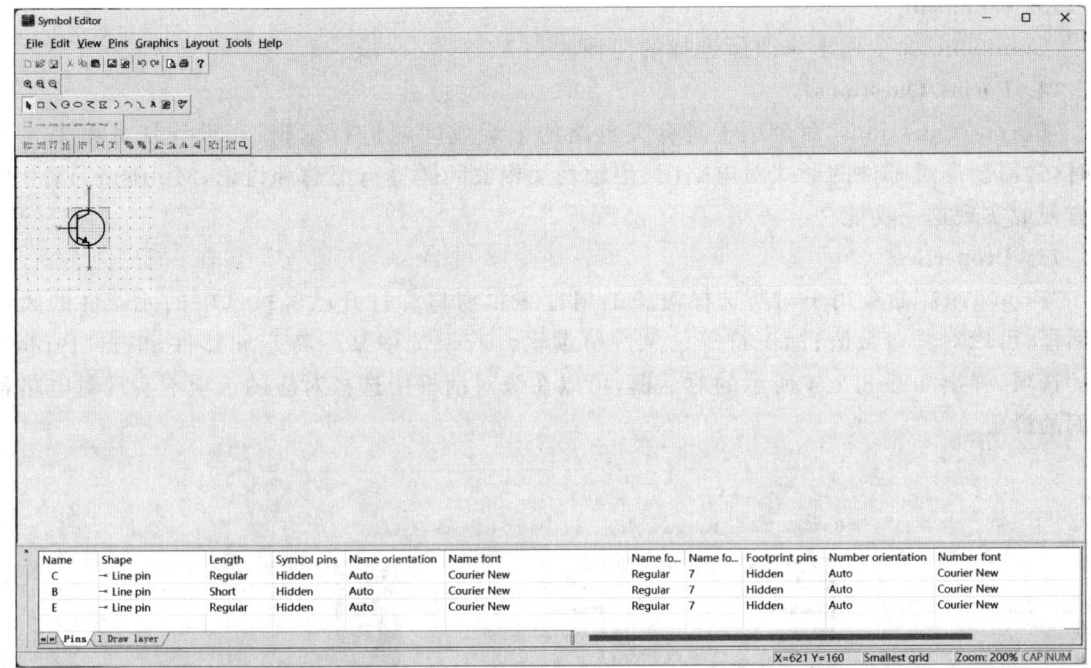

图 8.2.2　元器件符号编辑窗口

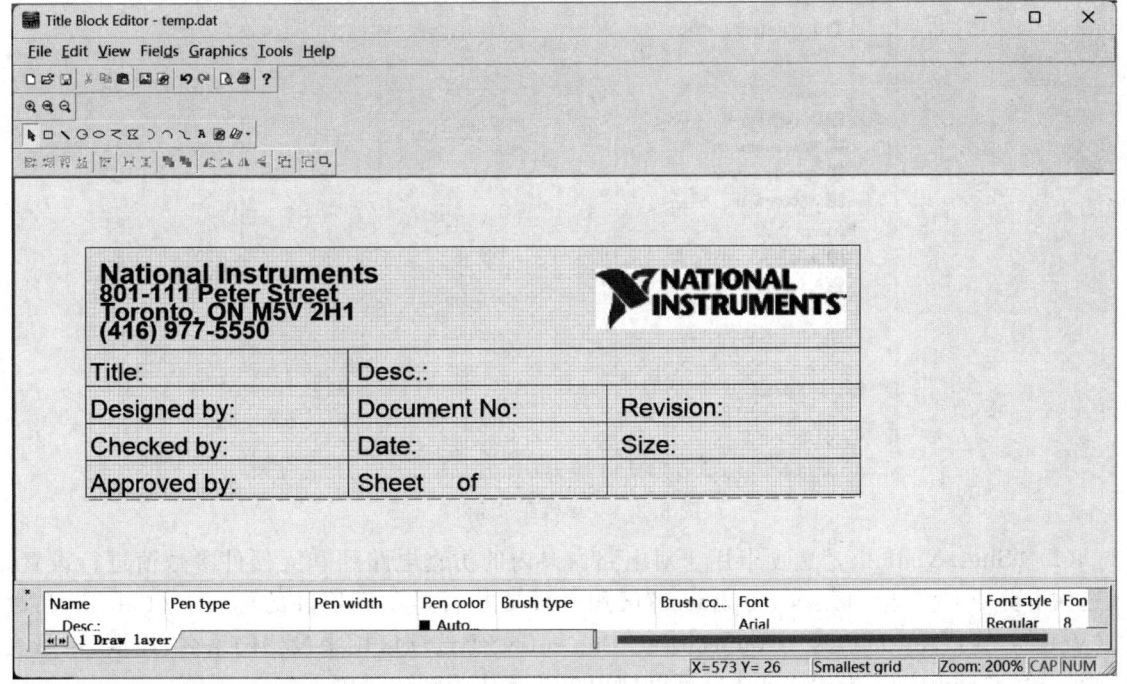

图 8.2.3　标题框编辑窗口

12. Font

"Font"命令用于改变所选择对象的字体。可以对电路中的元器件的标识号,参数值等进行设置,同 Word 办公软件用法类似。

13. Comment

"Comment"命令用于修改所选择的注释。

14. Forms/Questions

"Forms/Questions"命令用于对有关电路的记录或问题进行编辑;当设计任务由多人完成时,常需要通过邮件的形式对电路图、记录表及相关问题进行汇总和讨论,Multisim 14.0 可以方便地实现这一功能。

15. Properties

"Properties"命令用于对所选择对象的属性编辑窗口。打开已经被选中的元器件的属性对话框,可以对其参数值、标识符等信息进行编辑。若未选中某个特定元器件,单击"Properties"选项,弹出如图 8.2.4 所示的对话框,可以在该对话框中选择对应的选项卡实现对电路各方面的设置。

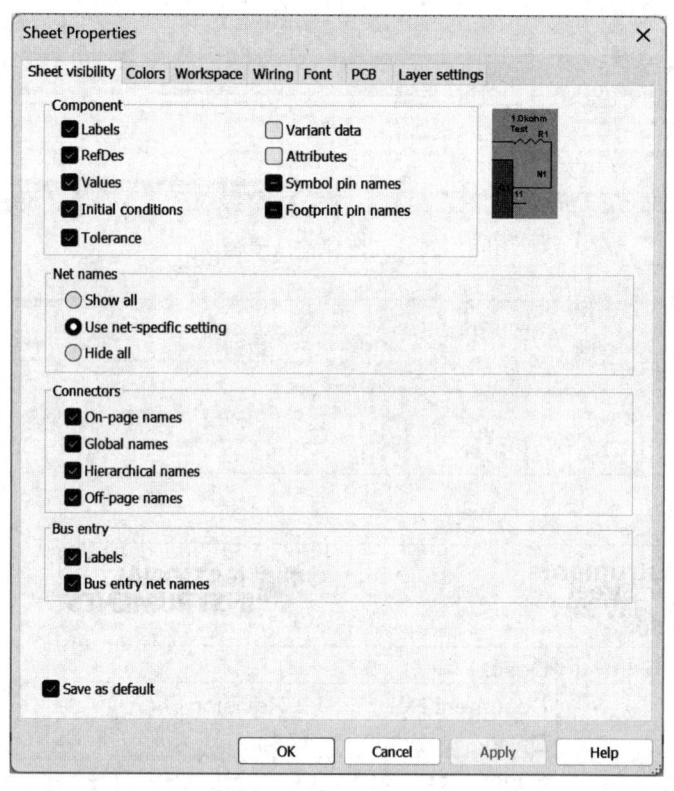

图 8.2.4　属性编辑窗口

(1)"Sheet visibility"选项卡用于对电路窗口内的仿真电路图和元器件参数值进行设置。该选项卡分成 4 个选项区:"Component"区用于设置是否显示元器件的标识名(Labels)和数值(Values)等,"Net names""Connectors""Bus entry"等选项区用来设置网络名、连接器、总线是否显示。"Save as default"复选框可以把用户设置作为默认设置。

(2)"Colors"选项卡用于设置仿真电路图的颜色。

(3)"Workspace"选项卡主要用于设置电路图纸的纸张大小以及图纸的显示方式等参数。

(4)"Writing"选项卡用于设置仿真电路中导线的宽度。

(5)"Font"选项卡用于设置字体。可以对电路中的元器件的标识号、参数值等进行设置,该选项卡的功能与执行 Edit/Font 完全一致。

(6)"PCB"选项卡主要用于一些印制电路板参数的设计,如图8.2.5所示。

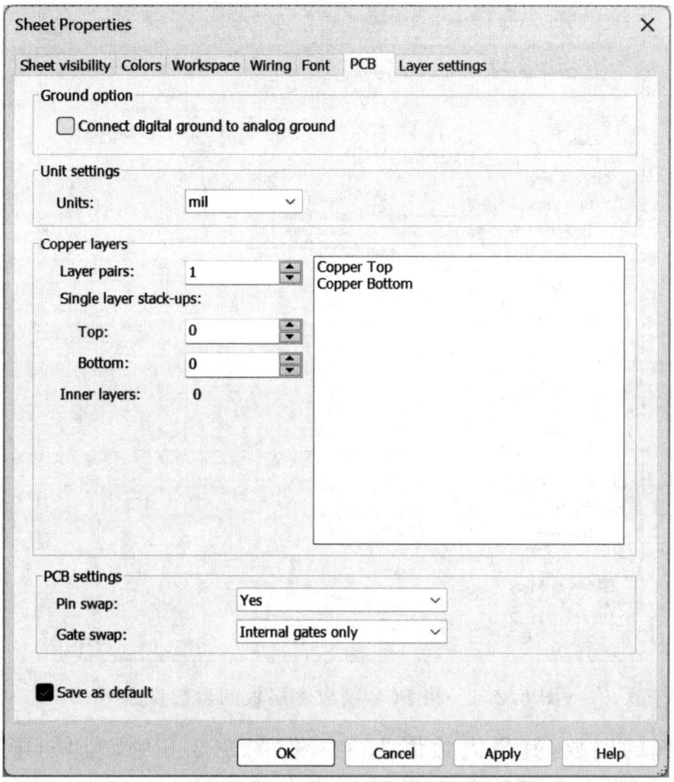

图 8.2.5 属性编辑窗口的 PCB 选项卡

其中:

① "Ground option"选项区用于对 PCB 电路的接地方式进行设置。如果选中其中的单选框,Multisim 14.0 会在 PCB 中将数字地和模拟地连接在一起。

② "Unit settings"选项区用于设置输出的 PCB 文件的尺寸大小的单位。

③ "Copper layers"选项区用于对电路板的板层数进行选择,用以表示印刷电路板是双层板还是多层板。单击其中的下拉按钮可以选择印制电路板的层数,此时下方的框中将出现每一层的名称。

④ "PCB settings"选项区的"Pins wap"和"Gates wap"下拉列表分别表示引脚替换和门替换,其含义和功能类似。

图 8.2.5 所示为简单的双面板的设置,即电路的所有元器件和导线都布局在电路的正反两个外表面上。一般情况下,使用双面板或者单面板就可以很好地完成简单电路的 PCB 制作。但对于一些复杂的电路来说,将信号线完全布局在电路板的两个外表面上将会极大增加电路板的规模和尺寸,同时也不利于抑制电磁干扰,所以对于复杂的电路来讲,通常会在同一块电路板的内部添加一些层,在这些层内分布不同的信号线,层与层之间通过绝缘介质隔离。由于将这些层叠加在一片 PCB,俗称多层板(电路)。在进行 PCB 设计时,层的种类有很多,有信号层、内电层、丝印层等。将 PCB 制成 4 层板的参数设置如图 8.2.6 所示。

其中:

① "Layer pairs"表示多层板内不同层的叠放规则和顺序,改变该项所对应的数值可以成

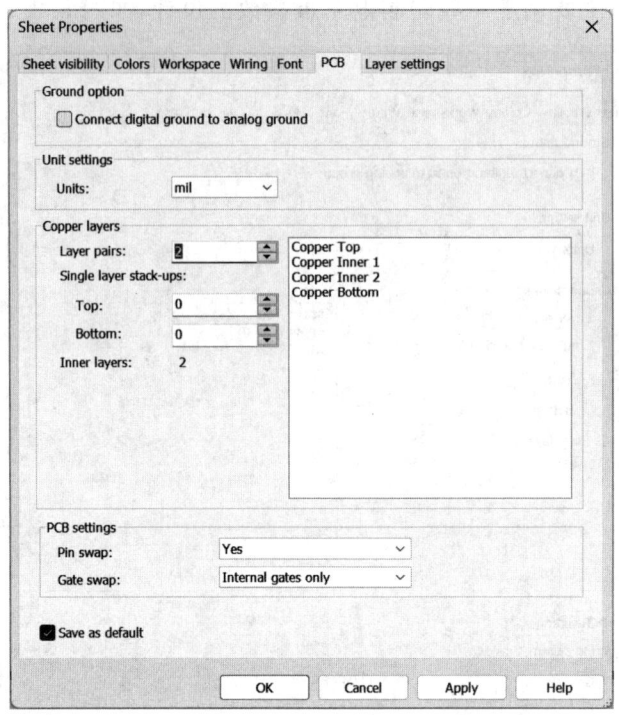

图 8.2.6　将 PCB 制成 4 层板的参数设置

对的增加电路板内部的层数,其最大数值为 32。在图 8.2.6 中增加的层 Copper Inner 1 和 Copper Inner 2 一般统称为中间布线层,主要用来布置信号线。"Inner Layers"表示中间布线层的数量。对于通常的 4 层 PCB,可以将 Copper Inner 1 和 Copper Inner 2 设计成内电层,即 Copper Inner 1、Copper Inner 2 分别通过过孔与电源和地相连接,这样内电层可以看作是一个铜模层。多层板实际上是由多个双层板或单层板压制而成的,选择不同的模式,则表示在实际制作中采用不同的压制方法。

② "Single layer stack-ups"表示在电路板内部添加单个层。

(7) "Layer settings"选项卡用于提供图层的相关设置功能,与"Edit"菜单中的"LayerSettings"项类似。

8.2.3　"View"(视图)菜单

"View"(视图)菜单用于显示或隐藏电路窗口中的某些内容(如工具栏、栅格、纸张边界等),设置仿真界面的显示及电路图的缩放显示等。视图菜单的主要命令及功能如下。

1. Full Screen

"Full Screen"命令用于全屏显示电路仿真工作区。

2. Parent Sheet

"Parent Sheet"命令用于返回到上一级工作区,用于切换到主电路原理图的显示。当用户编辑子电路或分层模块时,单击该命令可以快速切换到总电路,当用户同时打开许多子电路时,该功能将方便用户的操作。

3. Zoom In

"Zoom In"命令用于放大电路窗口。

4. Zoom Out

"Zoom Out"命令用于缩小电路窗口。

5. Zoom Area

"Zoom Area"命令用于放大所选择的区域。

6. Zoom sheet

"Zoom sheet"命令用于以页面大小缩放,以显示整个电路工作区。

7. Zoom to magnification

"Zoom to magnification"命令用于以特定比例缩放电路窗口,执行该命令后,有200%、75%等比例可以选择。

8. Zoom selection

"Zoom selection"命令用于对所选的电路进行放大。选中某个元器件后,执行该命令,则电路窗口中将放大显示该元器件。

9. Grid

"Grid"命令用于显示或隐藏栅格。

10. Border

"Border"命令用于显示或隐藏电路窗口的边界。

11. Print page bounds

"Print page bounds"命令用于显示或隐藏打印时纸张的边界。

12. Ruler bars

"Ruler bars"命令用于显示或隐藏电路工作区最上方空白处的标尺栏。

13. Status bar

"Status bar"命令为状态栏,用于显示或隐藏仿真进行时的状态。

14. Design Tool box

"Design Tool box"命令用于显示或隐藏基本工作界面左侧的设计工具箱(Design Tool box)窗口。

15. Spread sheet View

"Spread sheet View"命令用于显示或隐藏电子表格窗口(Spread sheet View)。

16. SPICENetlistViewer

"SPICE Netlist Viewer"命令用于显示或隐藏 SPICE 网表文件观察窗口。

17. LabVIEW Co-simulation Terminals

"LabVIEW Co-simulation Terminals"命令用于 LabVIEW 与 Multisim 联合仿真。LabVIEW 是 NI 公司研制开发的一种程序开发环境,利用 LabVIEW 用户可以方便地建立自己的虚拟仪器。

18. Description Box

"Description Box"命令用于显示电路功能描述。执行该命令后,弹出事先写好的只读的电路功能描述文本框。该文本框需要通过"Tools"菜单中的"Description Box Edit"选项来编辑。"Description Box"命令可以和"Edit"菜单中的"Forms/Questions"命令联合使用,来增强 Multisim 14.0 的网络功能。

19. Toolbars

"Toolbars"命令用于显示或隐藏标准工具栏、元器件工具栏、仪表工具栏等基本操作界面中的菜单选项。用户可以根据自己的需要通过 Toolbars 来设置工具栏；也可以在菜单栏的空白处单击右键，在弹出的快捷菜单中选择"Customize interface"命令来自定义菜单栏。

20．Showcomment/probe

"Showcomment/probe"命令用于显示或隐藏电路窗口中用于解释电路功能的文本框，只有在"Place"菜单项添加文本框后，才能激活该选项。关于"Showcomment/probe"命令将结合"Place"菜单中的相关功能来加以说明。

21．Grapher

"Grapher"命令用于以图表的方式显示仿真结果。需使用 Multisim 14.0 自带的分析方法进行仿真后，才能在"GrapherView"对话框中查看结果。

8.2.4 "Place"（放置）菜单

"Place"（放置）菜单提供在电路窗口内放置元器件、连接点、总线和子电路等命令，同时包括创建新层次模块，新建子电路等层次化电路设计选项，该菜单的主要命令及功能如下。

1．Component

执行"Component"命令，可以在弹出的对话框中选择修改元器件库，从中选择一个元器件，然后，在工作区的相应位置单击即可完成元器件的添加。

2．Junction

① "Junction"命令用于放置一个节点。单击"Place"→"Junction"，此时，会有一个黑色的圆点跟随着鼠标，与放置元器件一样，在电路工作区的某一位置单击，即可完成节点的添加。

② 在电路工作区右击，在弹出的菜单中选择"Place on schematic"→"Junction"，也可完成节点的添加。

③ 在电路工作区所需位置双击，也可完成节点的添加。

3．Wire

"Wire"命令用于放置导线（可独立于元器件放置）。

4．Bus

"Bus"命令用于放置总线。

5．Connector

"Connector"命令用于放置创建的不同种类的电路连接器。其下拉菜单包括层次电路/子电路（HB/SC）连接器、总线层次电路/子电路连接器、平行页（Off-Page）连接器和总线平行页连接器等。

6．New hierarchical block

"New hierarchical block"命令用于创建新的分层模块(此模块是只含有输入、输出节点的空白电路)。

7．Hierarchical block from file

"Hierarchical block from file"命令用于从用户已有电路文件中选择一个作为层次电路模块。

8．Replace by hierarchical block

"Replace by hierarchical block"命令用于将电路窗口中所选电路替换为一个新的分层模块。

9．New subcircuit

"New subcircuit"命令用于创建新子电路。

10. Replace by subcircuit
"Replace by subcircuit"命令用于使用一个子电路替换所选电路。
11. Multi-Page
"Multi-Page"命令用于为多页电路增添一个电路图(新建多页电路)。
12. Bus vector connect
"Bus vector connect"命令用于放置总线矢量连接器,这是从多引脚器件上引出很多连接端的首选方法。
13. Comment
"Comment"命令用于在工作空间中放置注释文本。例如,为电路工作区或某个元器件增加功能描述文本。当鼠标停留在相应元器件上时,该文本显示,以便于对电路的理解。

单击"Place"→"Comment",此时鼠标指针会变成一个鼠标图案的黑点,在电路工作区的某一位置,单击鼠标后,工作区的电路窗口中的相应位置会出现一个白色的文本框,可以向其输入对电路功能的某种解释。电路注释输入完毕后,单击工作区窗口的任一位置,则白色的文本框消失,即完成注释的添加。如果需要查看注释的内容,单击"View"→"Show comment/probe",或者将鼠标在鼠标图案处稍作停留,便可看到注释的内容,如图8.2.7所示。

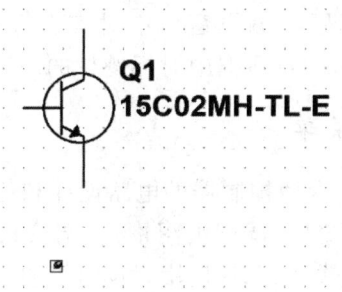

图 8.2.7 添加注释

在 Multisim 14.0 中添加"Comment"后,当"Comment"被用户选中时,"Edit"→"Assign to layer"命令项中的子菜单将被激活。此时,如果单击"Assign to layer"中的"Comment"的子命令项并单击设计工具箱中的"Visibility"选项卡,弹出复选框如图8.2.8所示。在图8.2.8中随着用户选择或取消复选框"Comment",图8.2.7电路工作区中的鼠标图案图标将出现或消失。

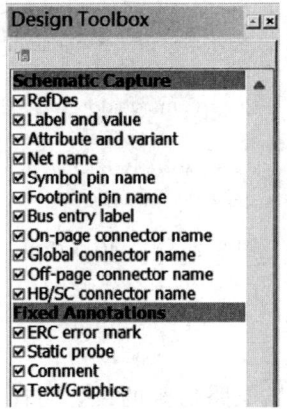

图 8.2.8 设计工具箱中的"Comment"复选框

14. Text

"Text"命令用于放置文本。

15. Graphics

"Graphics"命令用于放置直线、折线、矩形、椭圆、圆弧、多边形等图形元素。

16. Title block

"Title block"命令用于在电路图中放置标题栏。可从 Multisim 14.0 自带的模板中选择一种进行修改。Multisim 14.0 提供了 10 种不同的标题栏,可以在电路图纸的下方放置名称、作者、图纸编号等对电路进行简要说明的常用信息。图 8.2.9 所示是其中两种不同的标题栏。

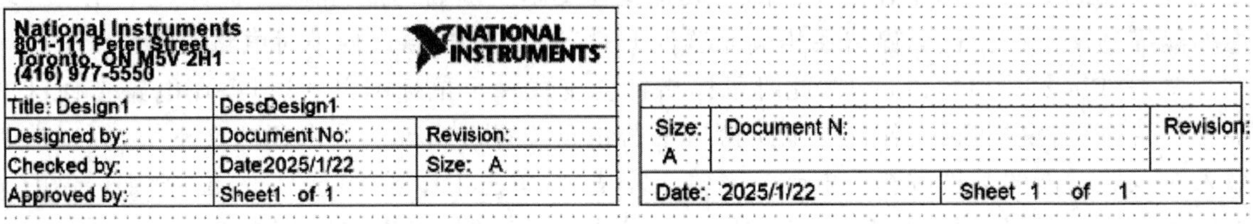

图 8.2.9 标题栏示例

对标题栏的修改有两种方法。一种是选中标题栏,通过刚刚激活的"Edit"→"Edit symbol/title block"命令,在弹出的标题栏编辑窗口中对其进行标题栏的格式和颜色等的修改。另一种是直接双击标题栏,在弹出的对话框中对标题栏的内容进行修改。

8.2.5 "MCU"(微控制器)菜单

"MCU"(微控制器)菜单用于含微控制器的电路设计和仿真,可提供微控制器编译和调试等功能。其主要选项包括 MCU 窗口、调试视图格式、调试状态、单步调试等,如图 8.2.10 所示。其主要功能与常规编译调试软件类似,使用时读者可参考相关资料。

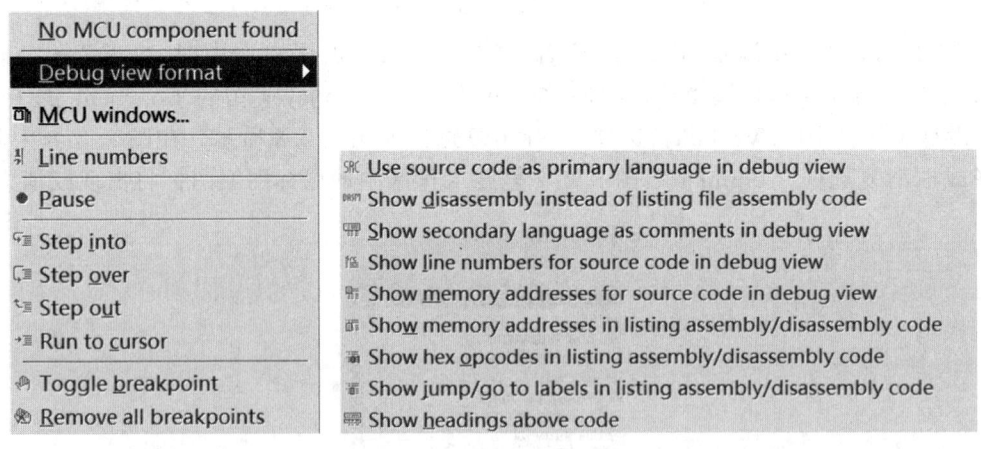

图 8.2.10 MCU 菜单

8.2.6 "Simulate"(仿真)菜单

"Simulate"(仿真)菜单主要提供电路仿真的设置与操作命令,如图 8.2.11 所示。其主要命令及功能如下。

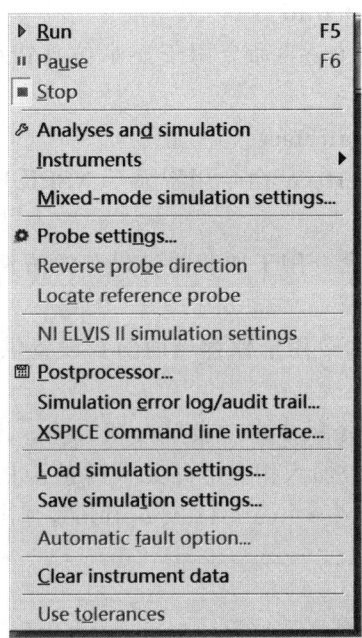

图 8.2.11 Simulate(仿真)菜单

1. Run

"Run"命令用于运行已经创建的仿真电路。

2. Pause

"Pause"命令用于暂停运行仿真。

3. Stop

"Stop"命令用于停止仿真。

4. Analyses and simulation

"Analyses and simulation"分析与仿真命令用于对选中的电路进行直流工作点分析、交流分析、瞬态分析、傅里叶分析等。这些分析方法与使用 Instruments 来分析所得到的结果基本一致。

5. Instruments

"Instruments"命令用于打开虚拟仪器工具栏,选择仿真所需的各种仪表。该命令与仪器工具栏中的各种仿真仪器仪表对应。

6. Mixed-mode simulation settings

"Mixed-mode simulation settings"命令用于复杂仿真设置,如混合模式仿真参数的设置。执行该命令,用户可以选择进行理想仿真或实际仿真,理想仿真速度较快,而实际仿真则更准确。

7. Probe settings..和 Reverse probe direction

"Probe settings.."和"Reverse probe direction"命令分别用于探针设置和反转探针极性(探针方向取反)。

8. Postprocessor

"Post processor"命令用于对电路分析进行后处理。

9. Simulation error log/audit trail

"Simulation error log/audit trail"命令用于显示仿真错误记录与审计追踪，便于检查仿真轨迹。

10. XSPICE command line interface

"XSPICE command line interface"命令用于显示 XSPICE 命令行窗口。

11. Load simulation settings

"Load simulation settings"命令用于加载曾经保存的仿真设置。

12. Save simulation settings

"Save simulation settings"命令用于保存当前仿真设置供后续使用。

13. Automatic fault option

"Automatic fault option"命令用于自动设置电路故障。该选项用于按照用户设置的故障数目和类型，在创建的仿真电路中加入相应电路元器件故障的功能。此处的故障多为电路元器件的常见故障。单击"Simulate"→"Auto fault option"，弹出如图 8.2.12 所示的对话框，在其中可以设置元器件故障。

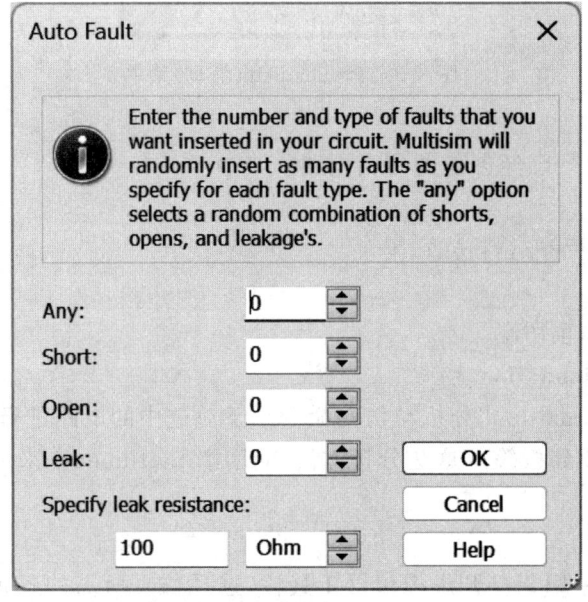

图 8.2.12　设置元器件故障对话框

Multisim 14.0 提供了 3 种故障。Any 代表下面 3 种方法的随机设置。Short 是将电路中的某个元器件接入一个很小的电阻，使其短路。Open 是将电路中的某个元器件接入一个很大的电阻，使其开路。Leak 是将电路中的某个元器件并联接入一个电阻，新接入的电阻的大小由用户自己设置，使部分电流流过该并联电阻。

14. Clear instrument data

"Clear instrument data"命令用于清除虚拟仪器（如示波器）中的波形或数据，但不清除仿真图形中的波形。在仿真过程中，该选项一直处于激活状态，若单击则使虚拟仪器中的数据暂时消失。

15. Use tolerances

"Use tolerances"命令用于设置全局元器件的应用允许误差。

8.2.7 "Transfer"(文件传输)菜单

"Transfer"(文件传输)菜单用于将仿真电路及分析结果传输给其他应用程序(如 PCB 设计软件),其主要命令及功能如下。

1. Transfer to Ultiboard

"Transfer to Ultiboard"命令用于将原理图传送给 Ultiboard 软件。该菜单命令下有两个选项:Transfer to Ultiboard 14.0 和 Transfer to Ultiboardfile…。Transfer to Ultiboard 14.0 是传送仿真文件的网络表给软件 Ultiboard 14.0,执行该命令后,如果 Ultiboard 14.0 已经打开,那么 Ultiboard 14.0 会立即响应用户的命令。执行 Transfer to Ultiboard file…命令后,网络表被存放在磁盘的指定位置,然后 Ultiboard 可以到该位置处打开该文件。

2. Forward annotate to Ultiboard

"Forward annotate to Ultiboard"命令用于将 Multisim 中的元器件注释传送到 Ultiboard 软件中。

3. Backward annotate from file

"Backward annotate from file"命令用于将 Ultiboard 中的元器件注释传送到 Multisim 14.0 中,从而使 Multisim 14.0 中的元器件注释响应变化。使用该命令时,电路文件必须打开。

4. Export to other PCB layout file

如果用户使用的是 Ultiboard 以外的其他 PCB 设计软件,"Export to other PCB layout file"命令可以将所需格式的文件传送到该第三方 PCB 设计软件中。

5. Export SPICE netlist

"Export SPICE netlist"命令用于输出用户电路文件所对应的 SPICE 网表文件。

6. Highlight selection in Ultiboard

"Highlight selection in Ultiboard"命令用于,当 Ultiboard 运行时,如果在 Multisim 中选择某元器件,在 Ultiboard 电路中的对应部分以高亮度显示。

8.2.8 "Tools"(工具)菜单

"Tools"菜单是 Multisim 14.0 中功能强大的菜单项,主要提供元器件与电路管理工具。与"Place"菜单和"Simulate"菜单相比,"Tools"菜单提供了更高效的电路创建方式:它支持将常用功能电路模块化,用户可以直接调用模块化电路,无须从分立元器件开始逐一定义参数搭建电路。"Tools"菜单的子命令选项如图 8.2.13 所示。

1. Component wizard

"Component wizard"用于打开新元器件创建向导。除 Multisim 14.0 中提供的元器件外,用户还可以通过"Component wizard"元器件创建向导来自行创建元器件。

2. Database

"Database"为用户数据库菜单。其下包括的命令(及功能)如下:Database manager(该命令的功能是数据库管理,如添加元器件族、编辑元器件等);Save component to database(该命令的功能是保存所选元器件的修改至数据库);Merge database(该命令的功能是合并数据库);Convert database(该命令的功能是将公共或用户数据库中的元器件转成 Multisim 格式,对于使用 Multisim 14.0 以前版本的用户,如果想要将 Corporate library 元器件库或者 User

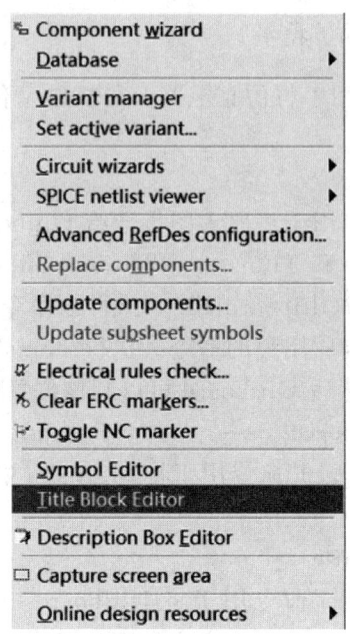

图 8.2.13 "Tools"菜单的主要命令

元器件库中自己以前自定义的元器件用于 Multisim 14.0 中,则必须首先转换成 Multisim 14.0 的文件格式,此选项才能完成此功能)。

3. Variant manager

"Variant manager"命令的功能为变量设置。打开可变电路管理窗口,该功能是针对不同市场需求而需要对设计进行部分修改的情况,例如欧洲和北美的供电电源标准不同,因而设计中会要求用到不同的元器件,而设计者希望产生一个 PCB 文件来满足两种不同的设计,这时将用到可变电路管理功能。"Variant manager"选项的作用在于,当一个电路设计使用不同标准的同一类型元器件时,能够产生唯一符合各个标准的印制电路板。

4. Set active variant

"Set active variant"命令用于将指定的可变电路激活。在电路进行仿真时,满足不同标准的元器件不可能同时被激活,这时需要进行设置以达到单独激活某类元器件的目的。

5. Circuit wizards

"Circuit wizards"命令提供电路创建向导,包括:555 timer wizard(555 定时器创建向导)、Filter wizard(滤波器创建向导)、Opamp wizard(集成运算放大器创建向导)、CE BJT amplifier wizard(共射极放大器创建向导)。

6. SPICE netlist viewer

"SPICE netlist viewer"命令用于查看网格表。其子菜单的命令和"View"→"SPICE Netlist Viewer"命令配合使用。

7. Replace components

"Replace components"命令用于对已选元器件进行替换。

8. Electrical rules check

"Electrical rules check"命令用于电气规则检查,可检测电路连接错误。

9. Clear ERC markers

"Clear ERC markers"命令用于清除电气规则检查的错误标记。

10. Toggle NC marker

"Toggle NC marker"命令用于在选定的引脚上放置一个 NC(未连接)标记,防止将导线错误连接到该引脚。

11. Symbol Editor

"Symbol Editor"命令用于打开电路元器件外形编辑器(符号编辑器)。用法与 Edit\Editsymbol/titleblock 类似。

12. TitleBlockEditor

"Title Block Editor"命令为标题栏编辑器。

13. Description Box Editor

"Description Box Editor"命令用于在 Design Toolbox 窗口中添加关于电路功能的描述文本。

14. Capture screen area

"Capture screen area"命令用于对屏幕上的特定区域进行图形捕捉,可将捕捉到的图形保存至剪贴板中(即截图功能),可复制电路工作区中的指定部分到剪贴板中。

15. Online design resources

"Online design resources"命令用于在线设计资源,提供设计电路时相关示例资料的在线帮助。其中,Analog Devices 提供了对美国模拟器件公司(亚德诺半导体)各种产品的数据手册、典型应用电路和相关 PCB 评估板信息的快速网络链接。

注意:不同版本的 Multisim 14.0 仿真软件中,Tools 菜单或其他菜单中包含的命令项稍有差别。

8.2.9 "Reports"(报告)菜单

"Reports"(报告)菜单用于生成电路的各种统计报告,其主要的命令及功能如下。

1. Bill of Materials

"Bill of Materials"命令用于产生当前电路文件的元器件清单。

2. Component detail report

"Component detail report"命令用于生成当前元器件存储在数据库中的所有信息(元器件细节)。

3. Netlist report

"Netlist report"命令用于生成网表文件报告,提供每个元器件的电路连通性信息。

4. Cross reference report

"Cross reference report"命令用于生成当前电路窗口中所有元器件的详细参数报告。

5. Schematic statistics

"Schematic statistics"命令用于生成电路原理图的统计信息。

6. Spare gates report

"Spare gates report"命令用于生成电路文件中未使用的逻辑门电路的报告。

8.2.10 "Options"(选项)菜单

"Options"(选项)菜单用于对电路的界面及电路的某些功能的设定,其子菜单命令选项如图 8.2.14 所示。

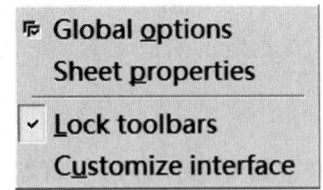

图 8.2.14 "Options"(选项)菜单的子菜单

1. Global options

"Global options"命令用于打开整体电路参数设置对话框,单击"Global options"后,出现如图 8.2.15 所示的对话。

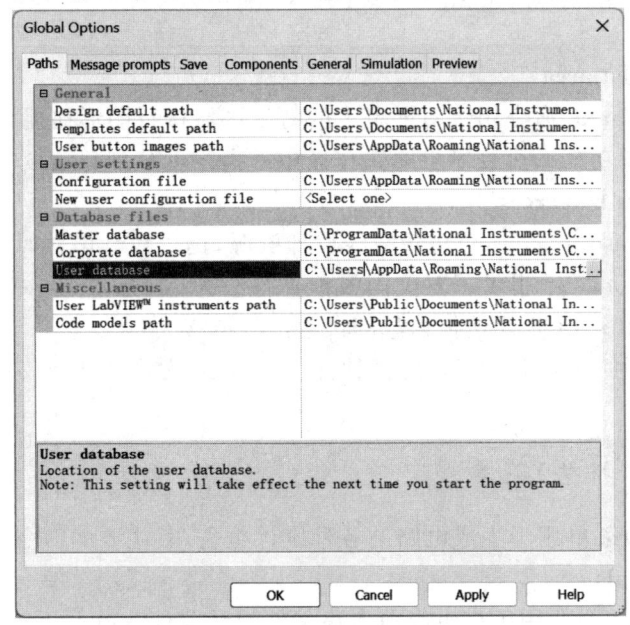

图 8.2.15 整体电路参数设置

图 8.2.15 中各选项卡的相关设置如下。

① Paths 选项卡:该选项卡的设置项主要包括电路的默认路径设置、用户按钮图像路径、用户配置文件路径和数据库文件路径。这些设置用户一般不用修改,采用软件默认设置即可。

② Message prompts 选项卡:检查提示想要显示的情况,包括代码片段、注释和出口、网表变化、NI 例程查找器、项目包装和网络表查看器。

③ Save 选项卡:该选项卡用于定义文件保存的操作,主要设置项包括是否创建电路文件安全副本、是否自动备份及备份间隔、是否保存仪器的仿真数据及数据最大容量和是否保存.txt文件为无编码格式。

④ Components 选项卡:该选项卡页分为"放置元器件模式设置""符号标准设置""视图设置"三个部分。在"放置元器件模式设置"中,用户可以选择是否在放置元器件完毕后返回元器件浏览器和元器件放置的方式,如一次放置一个元器件、连续放置元器件(按【ESC】键或右击鼠标结束)或仅对复合封装元器件连续放置;"符号标准设置"可将元器件的符号设为美国的ANSI 标准和国际电工委员会的 IEC 标准(两种标准中元器件的符号有所不同,例如,ANSI标准的电阻符号为折线形符号,而 IEC 标准中电阻为矩形符号);"视图设置"为当文本移动时

查看相关组件和当元器件移动时显示原始位置。

⑤ General 选项卡:该选项卡可设置框选行为、鼠标滑轮滚动行为、元器件移动行为、布线行为和语言种类。框选行为可选择 Intersecting 或 Fully enclosed,Intersecting 项指当元器件的某一部分包括在选择方框内时,即将元器件选中;Fully enclosed 项指只有当元器件的所有部分(包括元器件的所有文本、标签等)都在选择框内,才能选中该元器件。鼠标滑轮滚动时的操作可设为放大工作空间或滚动工作空间。本选项卡中还可设置移动元器件文本(元器件标号、标称值等)时是否显示和元器件的连接虚线,以及移动元器件时是否显示它和原位置的连接虚线。布线行为设置的内容为当引脚互相接触时是否自动连线,翻转元器件时是否自动连线(是否允许自动寻找连线路径),当移动元器件时 Multisim 是否自动优化连线路径以及删除元器件时是否删除相关的连线。语言可选英文、德文、日文或本系统语言。

⑥ Simulation 选项卡:该选项卡可以进行网络表错误提示、图表设置、正相位移动方向设置。当网络发生错误时是否提示或者继续运行;为图表和仪器设置背景颜色;正相位移动方向的设置仅影响交流分析中的相位参数。

⑦ Preview 选项卡:预览选项卡,包括显示选项卡式窗口,显示设计工具箱,显示电路多页预览,显示分支电路/分层块预览。

2. Sheet properties

"Sheet properties"命令可以打开页面属性设置对话框,用于设置电路工作区的参数显示方式和 PCB 相关参数。

3. Lock toolbars

"Lock toolbars"命令用于锁定工具条。

4. Customize interface

"Customize interface"命令用于自定义用户界面。单击"Option"→"Customize interface"菜单后,弹出如图 8.2.16 所示的对话框。

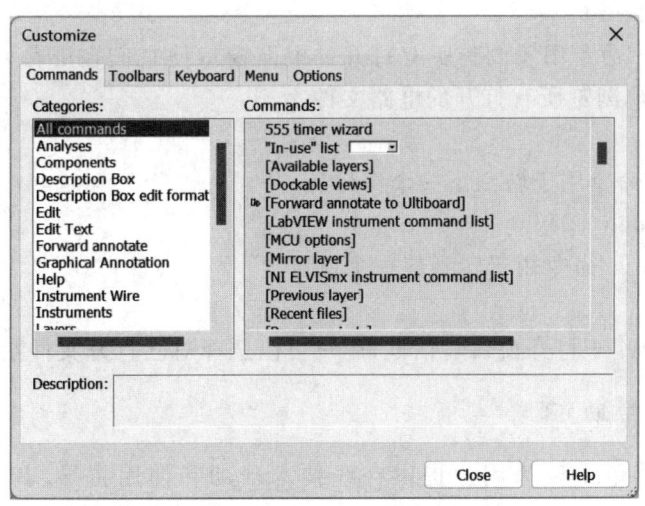

图 8.2.16　自定义用户界面设置

图 8.2.16 中有 5 个选项卡,各选项卡的功能如下。

① Commands 选项卡:该选项卡左边栏内为命令的分类菜单,右边栏内为各类菜单下的全部命令列表。左边栏中各菜单下的命令可能不全包含在软件菜单栏的各子菜单下,可以将

要用到的命令拖拽到相应子菜单下,或直接拖拽到菜单栏的空白处,右击已经移动到菜单栏空白处的命令,可选择将其移动到新的子菜单下,对该子菜单重命名,即完成了新子菜单的建立。如不需要某个子菜单或某一命令,右击可选择将其删除。

② Toolbars 选项卡:可将已选工具栏显示在当前界面中,用户也可新建工具栏。

③ Keyboard 选项卡:用于设置或修改各已选命令的快捷键。

④ Menu 选项卡:用于设置打开菜单时菜单的显示效果。

⑤ Options 选项卡:用于工具栏和菜单栏的自定义设置。例如,是否显示工具栏图标的屏幕提示,是否选用大图标及工具栏和菜单栏的显示风格等。

8.2.11 "Window"(窗口)菜单

"Window"(窗口)菜单的子菜单如图 8.2.17 所示。"Window"菜单主要命令和功能如下。

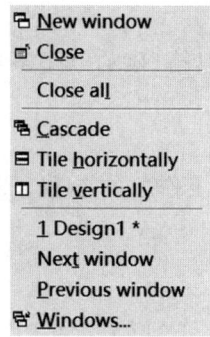

图 8.2.17 "Window"菜单的子菜单

1. New window

"New window"命令用于打开一个和当前窗口相同的窗口。

2. Close

"Close"命令用于关闭当前窗口。

3. Closeall

"Closeall"命令用于关闭所有打开的文件。

4. Cascade

"Cascade"命令用于层叠显示电路。

5. Title horizontally

"Title horizontally"命令用于调整所有打开的电路窗口使它们在屏幕上横向平铺,方便用户浏览所有打开的电路文件。

6. Title vertically

"Title vertically"命令用于调整所有打开的电路窗口使它们在屏幕上竖向平铺,方便用户浏览所有打开的电路文件。

7. Next window

"Next window"命令用于转到下一个窗口。

8. Previous window

"Previous window"命令用于转到前一个窗口。

9. Windows

"Windows"命令用于打开窗口对话框,用户可以选择对已打开文件激活或关闭。

8.2.12 "Help"(帮助)菜单

"Help"(帮助)菜单主要为用户提供在线技术帮助和使用指导,其子菜单如图 8.2.18 所示。

1. Multisim Help

"Multisim Help"命令用于显示 Multisim 的帮助目录。

2. NI ELVISmx help

"NI ELVISmx help"用于打开 ELVIS 的帮助目录。

第8章　Multisim 14.0 应用基础

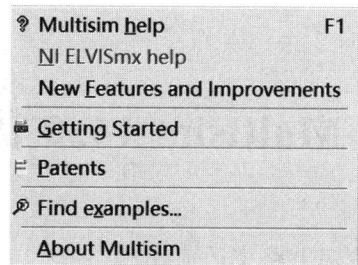

图 8.2.18　"Help"菜单的子菜单

3. Getting Started

"Getting Started"命令用于打开 Multisim 入门指南。

4. Patents

"Patents"命令用于打开专利声明对话框。

5. Find examples

"Find examples"命令用于查找系统提供的各类仿真应用电路实例,打开电路后可以直接进行仿真运行或根据需要编辑电路。图 8.2.19 所示为在选择"help"→"Findexamples"→"Analog"→"powersupply.ms14"后的直流稳压电源仿真电路。

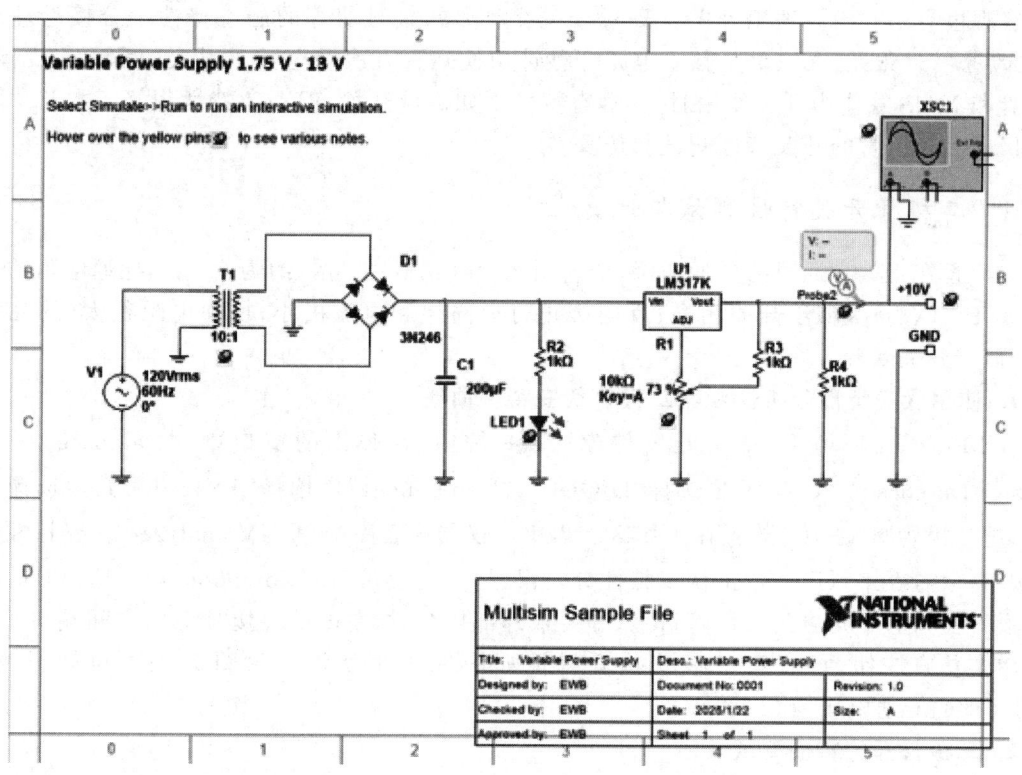

图 8.2.19　Find examples 应用电路实例

6. About Multisim

"About Multisim"命令用于显示有关 Multisim 的信息。

第 9 章　Multisim 14.0 仿真举例

本章主要介绍 Multisim 在数字电路中的应用和仿真。本章首先进行分立元件特性测试与仿真,然后进行组合逻辑的仿真,最后进行时序逻辑电路的仿真。

9.1　分立元件特性测试与仿真

在数字电路中,逻辑变量有 0 和 1 两种取值,对应电子开关的断开和闭合。用作电子开关的基本元件有二极管、三极管和 MOS 管。理想开关的开关特性有两种:

① 静态特性。断开时,开关两端的电压不管多大,等效电阻 $R_{OFF}=\infty$,电流 $I_{OFF}=0$;闭合时,不管流过其中的电流多大,等效电阻 $R_{ON}=0$,电压 $U_{AK}=0$。

② 动态特性。开通时间 $t_{on}=0$,关断时间 $t_{off}=0$。

客观世界中并没有理想开关。乒乓开关、继电器、接触器等的静态特性十分接近理想开关,但动态特性很差,无法满足数字电路一秒钟切换几百万次乃至几千万次的需要。二极管、三极管和 MOS 管作为开关使用时,其静态特性不如机械开关,但动态特性很好。本节主要介绍二极管和三极管的开关特性测试与仿真。

9.1.1　二极管开关特性测试与仿真

二极管在正偏导通时的导通压降,硅材料约为 0.7 V,锗材料约为 0.3 V,导通电阻约为几欧姆或几十欧姆,类似于开关闭合;反向截止时反向饱和电流极小、反向电阻很大(约几百千欧)类似于开关断开。

1. 使用伏安特性分析仪观察二极管伏安特性曲线

在 Multisim 环境下,单击元器件库栏 ⤻ 按钮,在弹出的窗口中,"Datebase"栏选择"Master Datebase","Group"栏选择"DIODE","Component"栏选择"1N4001",其他选择保持默认,把二极管"1N4001"放置在工作区。再单击仪器仪表库中 ▮ (IV analyzer,伏安特性分析仪)按钮,放置在工作区。双击伏安特性分析仪,打开设置窗口,"Component"栏选择"Diode",可在设置窗口右下角看到二极管符号,即要求外部接线时,左侧端口接"P"区,中间端口接"N"区。单击仿真按钮,可观察二极管伏安特性如图 9.1.1 所示。由图 9.1.1 可知,二极管"1N4001"的导通电压为 0.895 V。

2. 二极管开关特性测试

二极管从截止到导通所需的时间称为导通时间 t_{on},从导通到截止所需的时间称为反向恢复时间 t_{re}。通常,后者所需的时间长得多,一般为 ns 数量级。若输入信号频率过高,二极管会双向导通,失去单向导电作用,因此高频应用时应注意。信号源采用幅值为 0~5 V、周期为 0.1 ms、高电平维持时间为 0.05 ms 的脉冲信号,如图 9.1.2(a)所示,可对二极管进行动态开关特性测试,观察示波器的工作波形如图 9.1.2(b)所示。

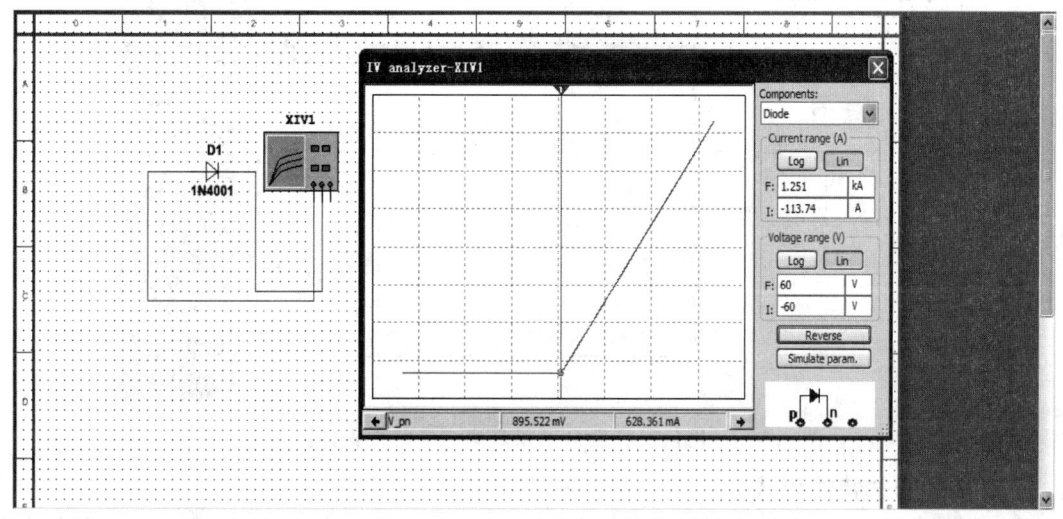

图 9.1.1 使用伏安特性分析仪观察二极管伏安特性曲线

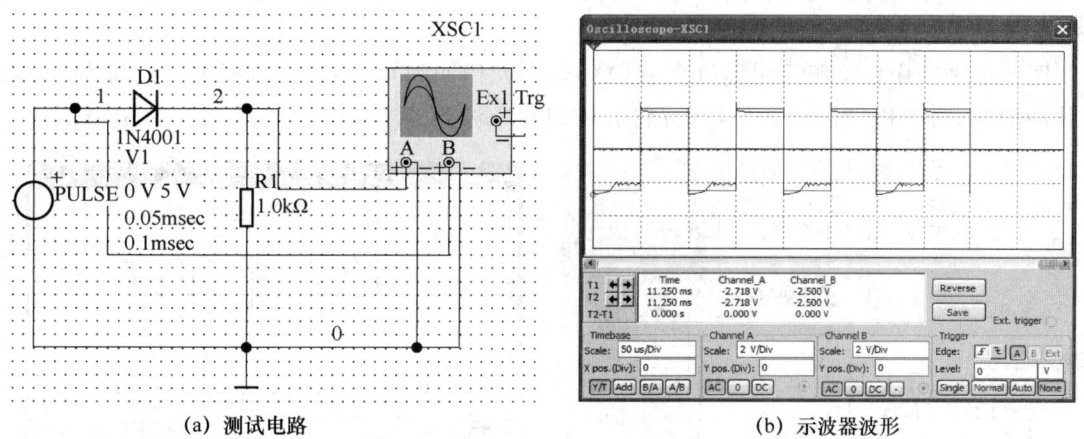

(a) 测试电路　　　　　　　　　　　　　(b) 示波器波形

图 9.1.2 二极管开关特性测试

9.1.2 三极管开关特性测试与仿真

三极管作为开关元件,主要工作在饱和与截止两种开关状态,放大区只是极短暂的过渡状态。截止时三极管发射结和集电结均反偏,集电极电流约为 0,集电极与发射极之间类似于开关断开;饱和时三极管发射结和集电结均正偏,$U_{BES}=0.7 \text{ V}$,$U_{CES}=0.3 \text{ V}$(硅),集电极与发射极之间类似于开关闭合。

1. 使用伏安特性分析仪观察三极管伏安特性曲线

单击元器件库栏 按钮,在弹出的窗口中,"Datebase"栏选择"Master Datebase","Group"栏选择"Transistors","Component"栏选择"2N2221",其他选择默认,把三极管"2N2221"放置在工作区。再单击仪器仪表库中 (IV analyzer,伏安特性分析仪)按钮,放置在工作区。双击伏安特性分析仪,打开设置窗口,"Component"栏选择"BJT NPN",可在设置窗口右下角看到三极管符号,即要求外部接线时,左侧端口接"b"区,中间端口接"e"区,右侧端口接"c"区。单击仿真按钮,可观察三极管伏安特性如图 9.1.3 所示。

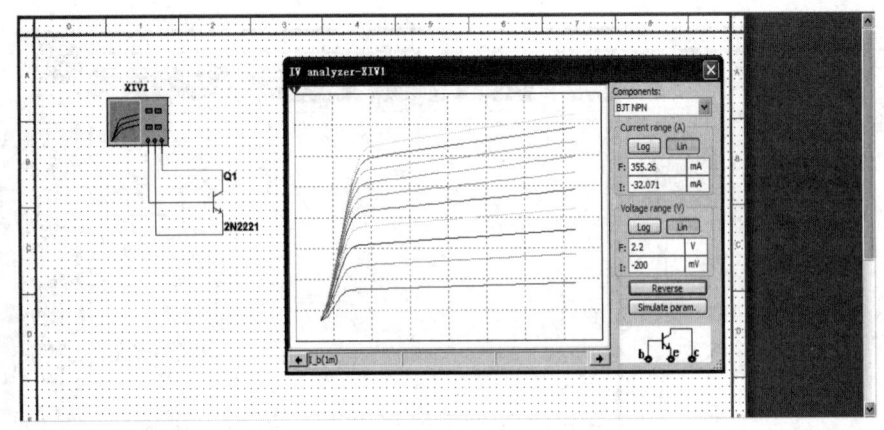

图 9.1.3 用伏安特性分析仪观察三极管伏安特性曲线

2. 三极管开关特性测试

三极管的开关特性可用开启时间与关闭时间来描述。三极管从截止到饱和所需的时间称为开启时间 t_{on};三极管从饱和到截止所需的时间称为关闭时间 t_{off}。通常有 $t_{off} > t_{on}$。开关时间一般在纳秒数量级,高频应用时需考虑。

图 9.1.4(a)中信号源采用幅值为 +5 V～-5 V、周期为 0.1 ms、高电平维持时间为 0.05 ms 的脉冲信号,对三极管进行开关特性测试,可观察示波器的工作波形如图 9.1.4(b)所示。

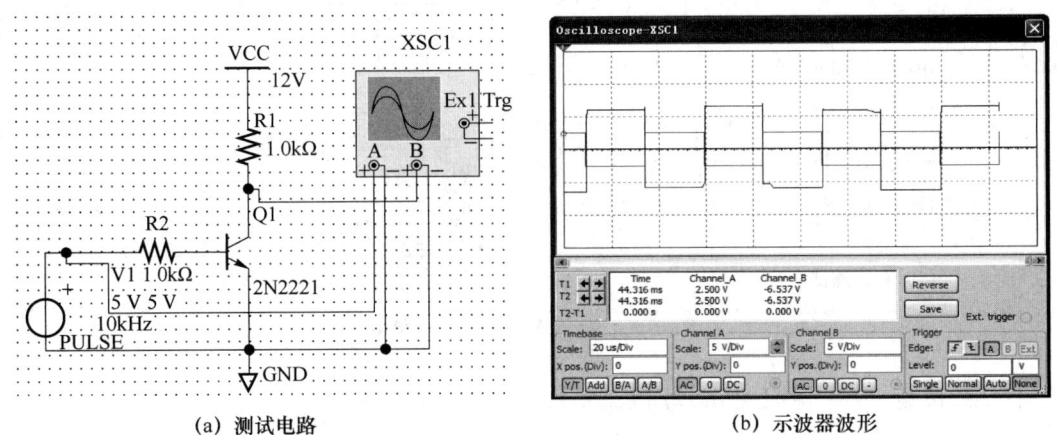

(a) 测试电路　　　　　　　　　　　　　(b) 示波器波形

图 9.1.4 三极管开关特性测试

9.1.3 TTL 与非门逻辑功能测试与仿真

正逻辑体制规定下,与非门的特点是"见 0 出 1,全 1 为 0"。由三极管搭建的与非门称为 TTL 与非门,由 MOS 管搭建而成的与非门称为 CMOS 与非门。下面介绍 TTL 与非门 74LS00 的逻辑功能测试与仿真。

单击基础元器件库 图标,首先选中"SWITCH"里的"SPDT",在工作区的空白区域放置 2 个单刀双掷开关;单击 TTL 元器件库图标 ,选中"74LS"系列中的"74LS00N",在工作区放置 1 个二输入端与非门;单击显示元器件库 图标,选中"PROBE"组中的"PROBE-DIG-RED",在工作区放置 1 个红光探针工具,最后在工作区再放置 1 个数字地和一个 5 V 的直流电源,搭建与非门功能测试电路如图 9.1.5 所示。开启仿真开关,用鼠标(也可用空格键)

控制开关 S1、S2 的状态,观察红光探针的变化规律,可验证"与非门"的逻辑功能。其他门电路的逻辑功能测试方法与之类似,不再赘述。

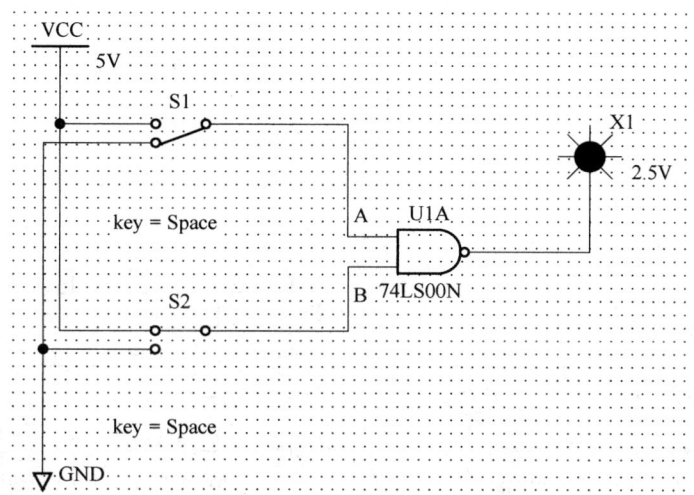

图 9.1.5　TTL 与非门逻辑功能测试

9.1.4　逻辑关系表示方法之间的相互转换

常用逻辑关系的表示方法有真值表、逻辑函数、逻辑图等。利用仪器仪表库的逻辑转换仪 ▦ (Logic Converter)可方便地完成各表示方法之间的互相转换以及逻辑函数的化简。但实际数字仪器中没有逻辑转换仪这种设备。

单击仪器仪表库的 ▦ ,在工作区放置一个逻辑转换仪图标 XLC1,如图 9.1.6(a)所示。逻辑转换仪图标下方有 9 个端口,除最右侧是数字电路输出端口外,其余 8 个均为输入端口。双击逻辑转换仪打开设置窗口,如图 9.1.6(b)所示。选择变量 A、B、C、D,真值表区域自动列出 16 种组合,鼠标左键移至真值表区域右侧输出栏"?"位置,光标变成手型,在相应"?"处单击一次变为"0",单击两次变为"1",单击三次变为"X"(任意值)。真值表列好后,单击 Conversions 栏 ▦→AB 按钮,可在真值表下方的空白栏得到标准与或式(全部由最小项构成);单击 ▦ SIMP AB 按钮,可得到最简与或式;单击 ▦→▦ 按钮由逻辑电路列真值表;单击 AB→▦ 按钮可由逻辑表达式得到真值表;单击 ▦→▦ 按钮可由逻辑表达式得到逻辑电路;单击 AB→NAND 按钮可由逻辑表达式得到全部由与非门搭建的逻辑电路。

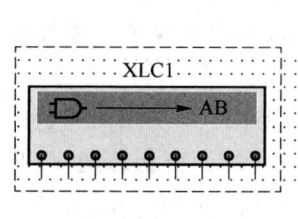

(a)　逻辑转换仪图标

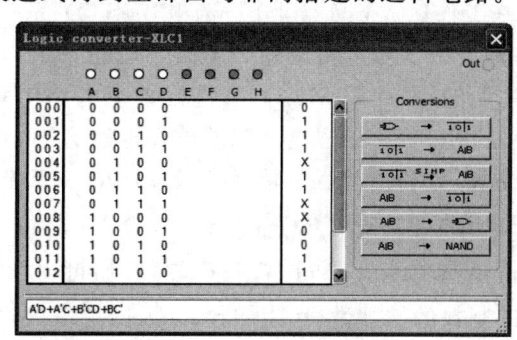

(b)　逻辑转换仪设置窗口

图 9.1.6　逻辑转换仪

如将逻辑函数 $Y(A,B,C,D)=\Sigma m(1,2,3,5,6,11,12)+\Sigma d(4,7,8,13)$ 化为最简与或表达式。可根据题目要求把最小项 1、2、3、5、6、11、12 设为"1",无关项 4、7、8、13 设为"X",其他设为"0",单击 ![SIMP] 按钮,得到最简逻辑表达式如图 9.1.6(b)所示。单击 ![N→O] 按钮,系统自动生成电路如图 9.1.7(a)所示,单击 ![AB→NAND] 按钮,生成全部由与非门搭建的电路如图 9.1.7(b)所示。

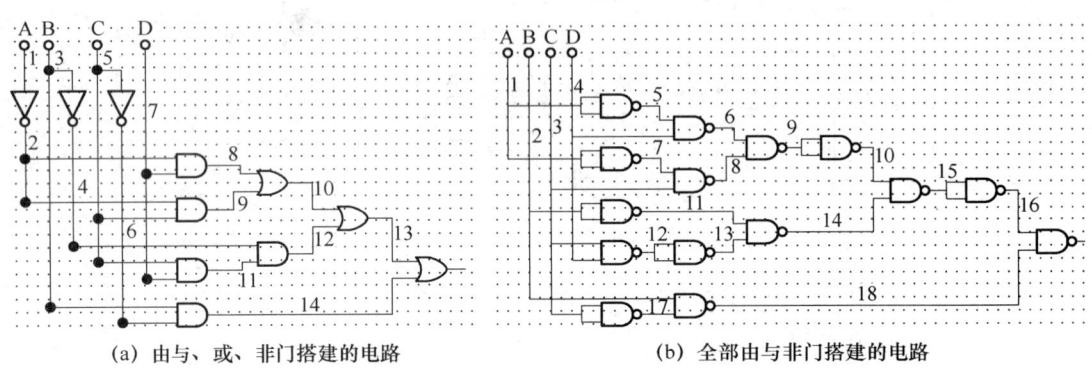

(a) 由与、或、非门搭建的电路　　　　(b) 全部由与非门搭建的电路

图 9.1.7　生成电路

9.2　组合逻辑电路分析和仿真

组合逻辑电路的特点是任意时刻的输出仅取决于当前时刻的输入,与电路的历史状态无关,也没有记忆能力。组合逻辑电路的分析即给定逻辑电路,分析其功能。传统的分析方法是由逻辑电路图得表达式,然后化简得到最简表达式,再列出真值表,最后由真值表总结其逻辑功能。在 Multisim 中可利用逻辑转换仪进行分析。

9.2.1　静态组合逻辑电路的分析仿真

静态组合逻辑电路的分析方法是:创建逻辑电路,把输入接至逻辑转换仪 XLC1 的输入端口,输出接至逻辑转换仪的输出端口,再借助逻辑转换仪的转换按钮分析电路功能。

单击 TTL 元器件库图标 ![icon],选中"74LS"系列中的"74LS12N",在工作区放置 1 个三输入端的与非门;选中"74STD"系列中的"7427N",在工作区放置 2 个三输入端的或非门;选中"74STD"系列中的"7408N",在工作区放置 4 个二输入端的与门;选中"74STD"系列中的"7404N",在工作区放置 4 个非门;选中"74STD"系列中的"7432N",在工作区放置 1 个二输入端的或门;最后在工作区再放置 1 个数字地和一个 5 V 的电源,搭建如图 9.2.1 所示的数字电路。需要说明的是,在用 Multisim 进行数字电路仿真时,有时电路本身没有需要接电源和地的端口,但是仿真时务必把电源和地放在电路旁边,否则会报错。

把 A、B、C 分别接至逻辑转换仪最左侧的 3 个输入端口,输出 Y1 接至逻辑转换仪输出端口,单击逻辑转换仪的 ![○→101] 按钮可得 Y1 真值表如图 9.2.2(a)所示。把 Y1 断开,Y2 接至逻辑分析仪输出端口,单击 ![○→101] 按钮可得 Y2 真值表,如图 9.2.2(b)所示。若把 A 看作 1 位二进制数的被加数,B 为加数,C 为低位来的进位,Y1 看作本位的和,Y2 看作向更高位的进位,由图 9.2.2 可知,该电路完成了全加器的逻辑功能。可用类似方法对其他组合逻辑电路的功能进行分析。

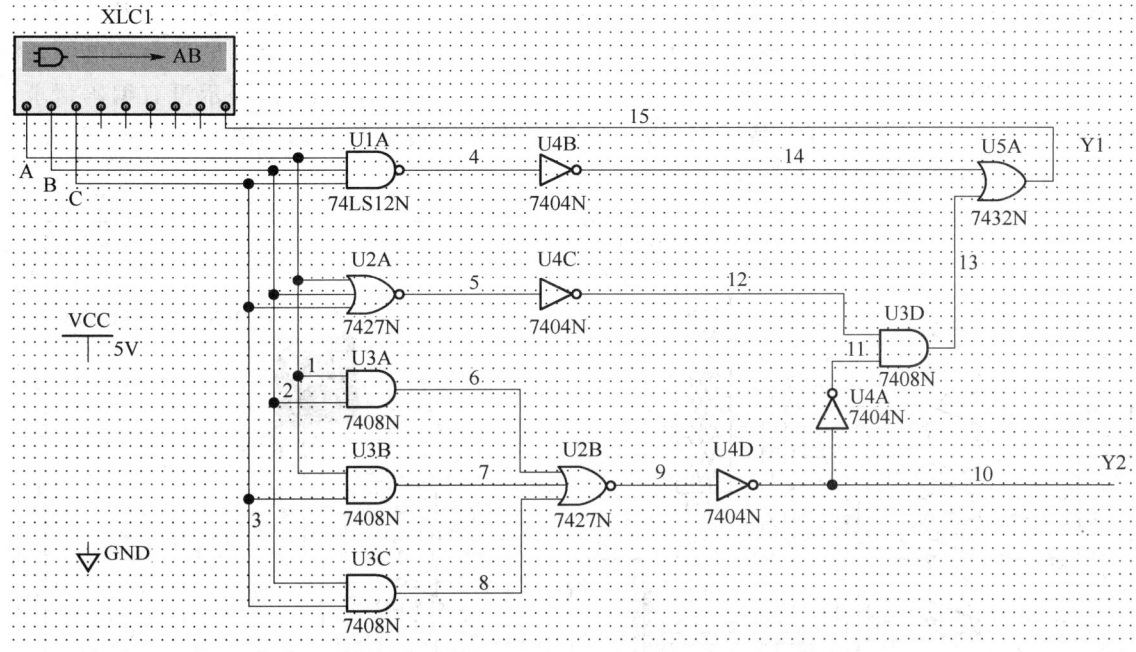

图 9.2.1 用逻辑分析仪分析组合逻辑电路功能

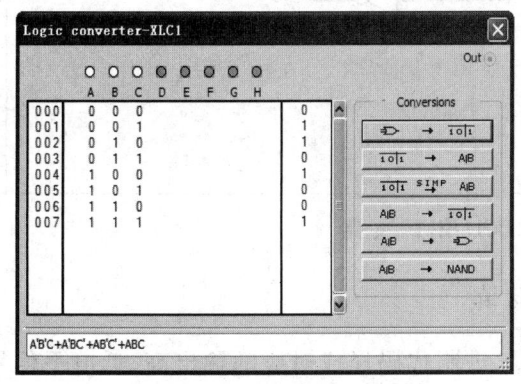

(a) Y1真值表及表达式

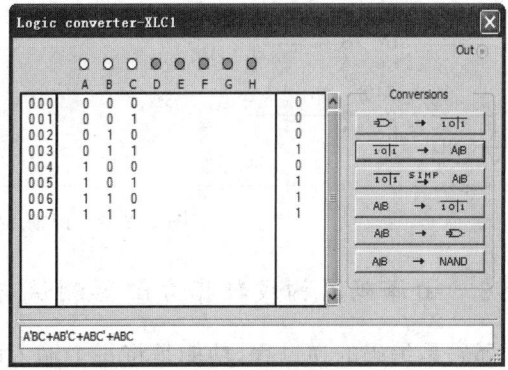

(b) Y2真值表及表达式

图 9.2.2 图 9.2.1 所示电路功能分析

9.2.2 键控 8421BCD 编码器测试与仿真

在数字系统里,为了区分一系列不同的事物,常将其中的每个事物用一个二进制代码表示,然后把二进制代码按一定的规律编排,使每组代码具有一定的含义,这个过程称为编码,具有编码功能的逻辑电路称为编码器,常用的编码器有普通编码器和优先编码器。在优先编码器电路中,允许同时输入两个以上的编码信号,只对其中优先权最高的一个进行编码。下面介绍 74LS147N(8421BCD 码优先编码器)的功能测试及仿真。

单击基础元器件库 图标,先选中"SWITCH"组中的"DIPSW9",在工作区的空白区域放置 9 个单刀单掷开关;再选中"RPACK"组中的"9Line-Isolated",在工作区放置一个含有 9 个 1 kΩ 电阻的电阻排。单击 TTL 元器件库图标 ,先选中"74LS"系列中的"74LS04D",在工作区放置 4 个反相器;再选中"74LS147N",在工作区放置 1 个 8421BCD 码优先编码器。单

击显示元器件库 图标,选中"HEX-DISPLAY"组中的"DCD-HEX-DIG-YELLOW",在工作区放置1个黄光LCD显示器;最后在工作区再放置1个数字地和一个5V的数字电源,搭建键控8421BCD编码器电路如图9.2.3所示。当所有开关均不按下时,表示没有编码请求,数码管显示"0";当有多个开关按下时,数码管显示优先级最高的编码。图9.2.3中,开关G和开关I同时按下,数码管显示"9"。

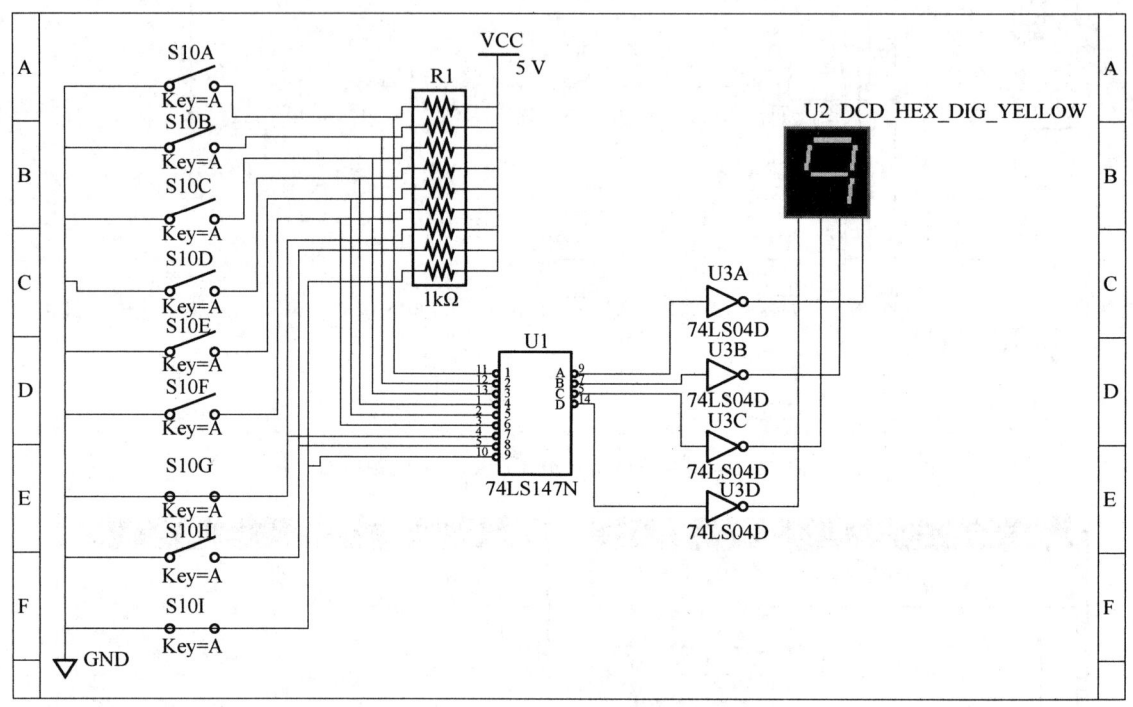

图9.2.3 键控8421BCD编码器电路

9.2.3 由译码器构成数据分配器测试与仿真

译码是编码的逆过程,功能是将每个输入的二进制代码译成对应的输出高、低电平信号。常用的译码器电路有:二进制译码器、二－十进制译码器、显示译码器三大类。二进制译码器的输入是一组二进制代码,输出是一组与输入代码一一对应的高、低电平信号。除基本的译码功能外,译码器还可用来构成数据分配器、实现多输出的组合逻辑电路。下面介绍用3线-8线译码器74LS138构成数据分配器。

单击基础元器件库 图标,先选中"SWITCH"组中的"DIPSW1",在工作区的空白区域放置3个单刀单掷开关;再选中"RESISTOR"组中的"1.0K",在工作区放置3个1.0 kΩ的电阻。单击TTL元器件库图标 ,选中"74LS"系列中的"74LS138N",在工作区放置1个3线-8线译码器;单击二极管元器件库图标 ,选中"LED"组中的"BAR-LED-BLUE",把含有8个蓝色发光二极管的二极管条放在工作区;最后在工作区再放置1个数字地和一个5V的直流电源,搭建的数据分配器测试电路如图9.2.4所示。注意:发光二极管条为共阳极接法,即当译码器相应端口输出低电平0时二极管点亮。设G_1端口为1位数据端D,当D接高电平(+5 V)时,若$S_3S_2S_1=011$,对应Y_3发光二极管点亮,这相当于把数据$D=1$求反后分配至Y_3。依此类推,$S_3S_2S_1$的状态决定了把数据D分配至哪一路输出端口。

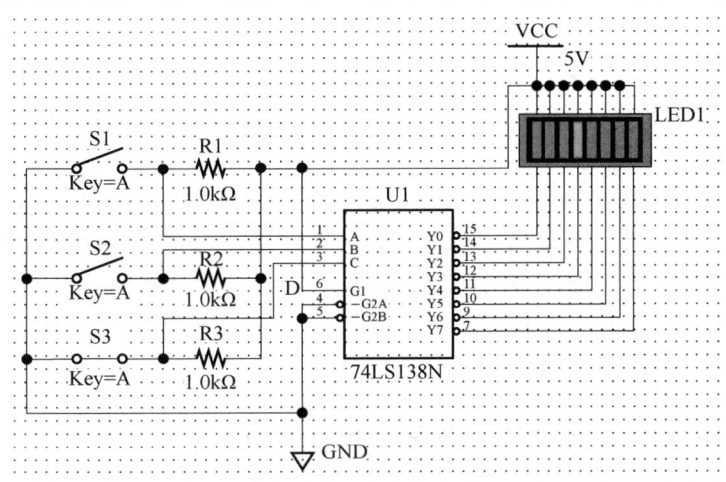

图 9.2.4　由译码器构成数据分配器测试电路

9.2.4　由译码器构成 16 位跑马灯电路测试与仿真

选用两片 3 线-8 线译码器 74LS138,先级联成 4 线-16 线译码器,进而可构成 16 位跑马灯电路。单击仪器仪表库栏字发生器图标 ,在工作区放置 1 个字发生器 XWG1;单击 TTL 元器件库图标 ,选中"74LS"系列中的"74LS138N",在工作区放置 2 个 3 线-8 线译码器;单击显示元器件库图标 ,选中"PROBE"组中的"PROBE-DIG-RED",在工作区放置 16 个红光探针工具;最后在工作区再放置 1 个数字地和一个 5 V 的直流电源,搭建的由译码器构成的 16 位跑马灯电路如图 9.2.5(a)所示。

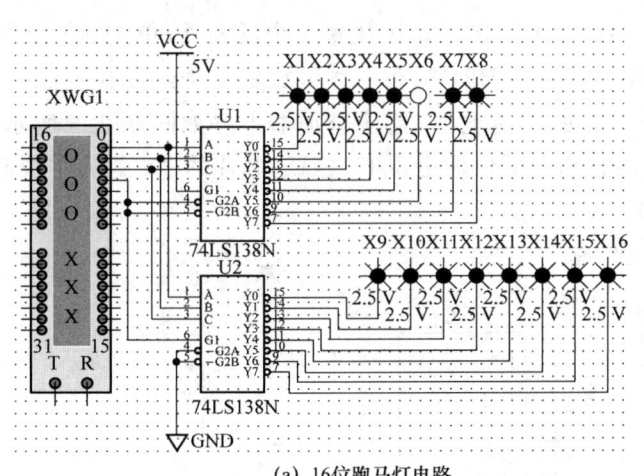
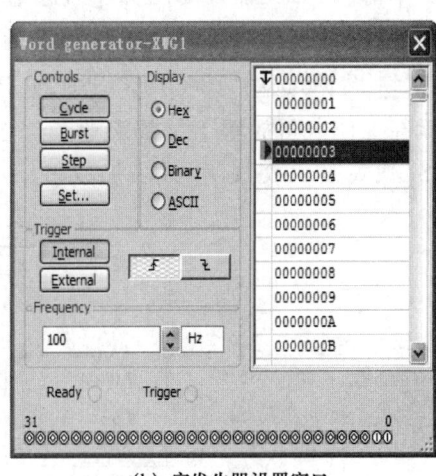

(a) 16 位跑马灯电路　　　　　　　　　　(b) 字发生器设置窗口

图 9.2.5　由译码器构成 16 位跑马灯电路测试与仿真

字发生器最多可以输出 32 路数字信号,是并行输入多路数字信号的理想仿真工具,在数字电路仿真中应用非常广泛。双击字发生器图标,可打开设置界面窗口如图 9.2.5(b)所示。窗口左侧区域有 Display(显示设置栏)、Controls(控制设置栏)、Trigger(触发设置栏)、Frequency(输出频率设置栏)。Display 中有 4 个条目:Hex(十六进制)、Dec(十进制)、Binary(二进制)、ASCII 码。Controls 中有三个条目:Cycle(循环输出)、Burst(一次性从初始地址到最大地址的字元输出)、Step(一次输出一个地址的字元)。Set…在弹出窗口的 Buffer Size 栏中设置字符组数,其数字决定输出字符组数(如输入 5,按 Accept 按钮即得 Word Generator-XWG1 窗口中右边的字符组数,其他选项很少用到)。Trigger 可以设置触发信号,Internal(内触发)、External(外触发),以及是上升沿触发还是下降沿触发。Frequency 设置输出频率,是指字符发生器输出字元的频率。

图 9.2.5(b)中 Display 选择 Hex,所以窗口右侧区域显示的是 8 个十六进制的字元,代表 32 位输出的状态。单击第二行最后一列,键入 1,下面每一行最后一列依次键入 2、3、4、5、6、7、8、9、A、B、C、D、E、F,且在"F"所在的行右击,在右键菜单中选择"Set Final Position(设置末尾位置)",Frequency 栏选择 100 Hz,打开仿真按钮,可观察到探针 1 至探针 15 以 100 Hz 的频率轮流依次点亮,类似跑马灯效果。

9.2.5 由数据选择器构成全加器电路测试与仿真

在数据传输过程中,需要从多路数据中选出一路输出时,要用到数据选择器(也称为多路开关)。常用的数据选择器芯片有 74LS153(双 4 选 1)、74LS151(8 选 1)等。数据选择器不仅能够实现数据选择的基本功能,还能实现组合逻辑电路。

两个二进制数之间的算术运算(加、减、乘、除),目前在数字计算机中都是化作若干步加法运算进行的。两个 1 位二进制数相加时,同时考虑来自低位的进位,得到本位和以及向更高位的进位,这种运算称为全加,所用的电路称为全加器。下面介绍由数据选择器 74LS153(双 4 选 1)实现全加器。

单击基础元器件库 图标,先选中"SWITCH"组中的"DIPSW1",在工作区的空白区域放置 3 个单刀单掷开关;再选中"RESISTOR"组中的"1.0 K",在工作区放置 3 个 1.0 kΩ 的电阻。单击 TTL 元器件库图标 ,选中"74LS"系列中的"74LS153N",在工作区放置 1 个双 4 选 1 数据选择器;选中"74LS"系列中的"74LS04D",在工作区放置 1 个反相器,单击显示元器件库 图标,选中"PROBE"组中的"PROBE-DIG-RED",在工作区放置 2 个红光探针工具;最后在工作区再放置 1 个数字地和一个 5 V 的直流电源,搭建全加器电路如图 9.2.6 所示。若 S_3 代表被加数 A,S_2 代表加数 B,S_1 代表来自低位的进位 C_{i-1},U_1 芯片的 1Y 代表本位和

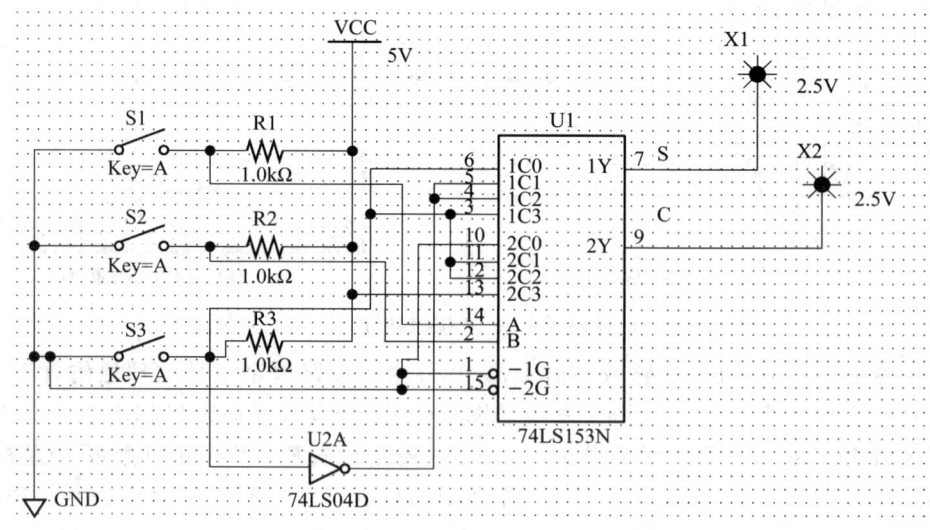

图 9.2.6 数据选择器构成全加器电路

S,2Y 代表本位向高位的进位 C,则 $S_3S_2S_1=111$ 时,S 和 C 输出均为高电平,两个探针均点亮,符合全加器的运算特点。

9.2.6 8421 码转换 5421 码的电路测试与仿真

为了用二进制代码表示十进制数的 0～9 这十个状态,二进制代码至少应当有 4 位。4 位二进制代码一共有 16 个(0000～1111),取其中哪 10 个以及如何与 0～9 相对应,有许多种方案,常见的编码方案有 8421BCD 码、5421BCD 码、余 3BCD 码等。十进制数码与 8421BCD 码及 5421BCD 码的对应关系见表 9.2.1。可见 8421BCD 在大于或等于 5(即大于 4)时加 3,否则加 0 即可得到 5421BCD 码。

单击基础元器件库 图标,先选中"SWITCH"组中的"DIPSW1",在工作区的空白区域放置 4 个单刀单掷开关;再选中"RESISTOR"组中的"1.0 K",在工作区放置 4 个 1.0 kΩ 的电阻。单击 TTL 元器件库图标 ,选中"74LS"系列中的"74LS283N",在工作区放置 1 个四位超前进位加法器;选中"74LS"系列中的"74LS85N",在工作区放置 1 个四位数值比较器,单击显示元器件库 图标,选中"PROBE"组中的"PROBE-DIG-RED",在工作区放置 4 个红光探针工具;最后在工作区再放置 1 个数字地和一个 5 V 直流电源,搭建代码转换电路如图 9.2.7 所示。$S_4S_3S_2S_1=0000$ 时,4 个探针 $X_4X_3X_2X_1=0000$,均不亮;$S_4S_3S_2S_1=1001$ 时,$X_4X_3X_2X_1=1100$,X_4X_3 对应的探针点亮,即实现了 8421BCD 码转换为 5421BCD 码输出。

表 9.2.1 8421 码与 5421 码的对应关系

十进制数码	8421BCD 码	5421BCD 码
0	0000	0000
1	0001	0001
2	0010	0010
3	0011	0011
4	0100	0100
5	0101	1000
6	0110	1001
7	0111	1010
8	1000	1011
9	1001	1100

9.2.7 竞争冒险电路测试与仿真

前述组合逻辑电路的测试与仿真都是在输入输出处于稳定逻辑电平状态下进行的。为了保证系统工作的可靠性,有必要考察在输入信号逻辑电平发生变化的瞬间,电路是怎样工作的。事实上,由于信号在导线和器件中传输与变换时存在延迟,输出并不一定能立即达到预定的状态并立即稳定在这一状态,可能要经历一个过渡过程,其间逻辑电路的输出端有可能会出现不同于原先所期望的状态,产生瞬时的错误输出,这种现象称为竞争冒险现象。在较复杂的

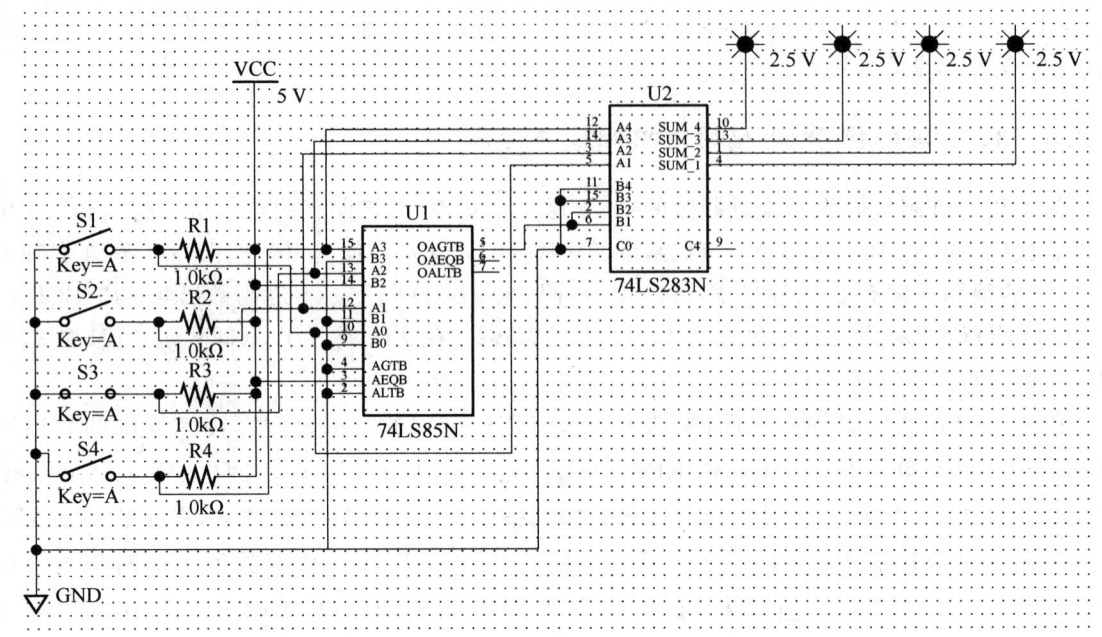

图 9.2.7　8421 码转换 5421 码电路

电路系统中,如果竞争冒险产生的尖峰脉冲使后级电路产生错误动作,就会破坏原有的设计功能。当逻辑函数表达式在某种条件下可化为 $X+X'$ 或 $X \cdot X'$ 时,变量 X 的状态变化有可能引起竞争冒险现象。

分别单击仪器仪表库栏的信号发生器图标 ▦ 和双踪示波器图标 ▦,在工作区放置 1 个信号发生器和 1 个双踪示波器;单击 TTL 元器件库图标 ▦,选中"74STD"组中的"7404N",在工作区放置 4 个反相器;选中"74STD"组中的"7408N",在工作区放置 3 个二输入端的与门;选中"74STD"组中的"7427N",在工作区放置 1 个三输入端的或非门;最后在工作区再放置 1 个数字地和一个 5 V 的直流电源,搭建竞争冒险电路如图 9.2.8(a)所示。

为了便于观察竞争冒险现象,信号发生器设置窗口如图 9.2.8(b)所示,用示波器分别观察输入信号波形与输出信号波形,可看到输入波形发生由 1 到 0 的跳变时,输出信号出现了短时的负向毛刺(负脉冲),即出现了竞争冒险现象。

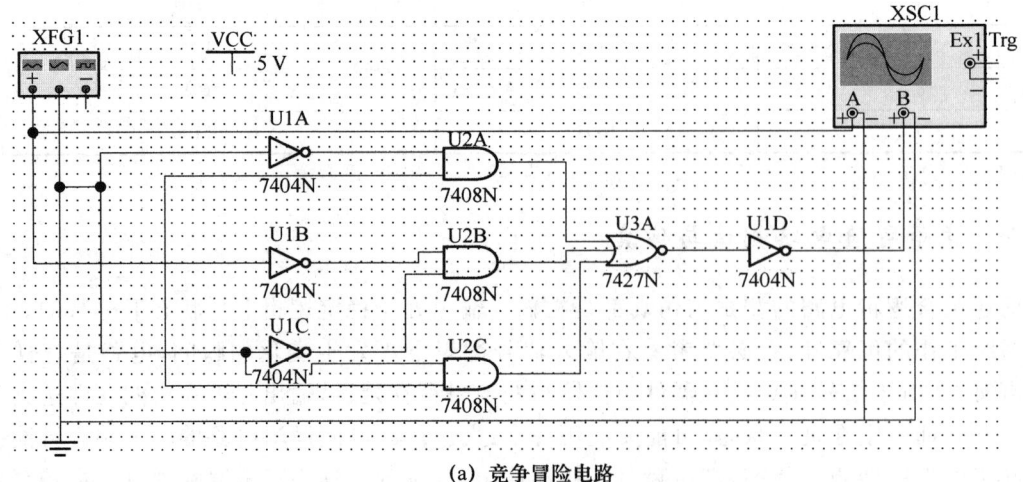

(a) 竞争冒险电路

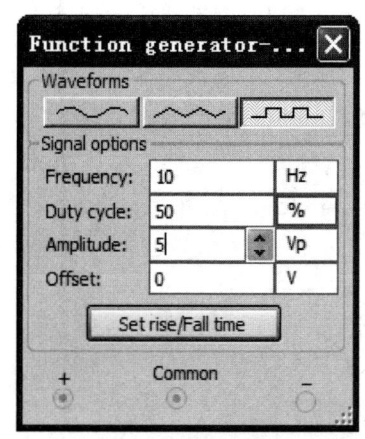
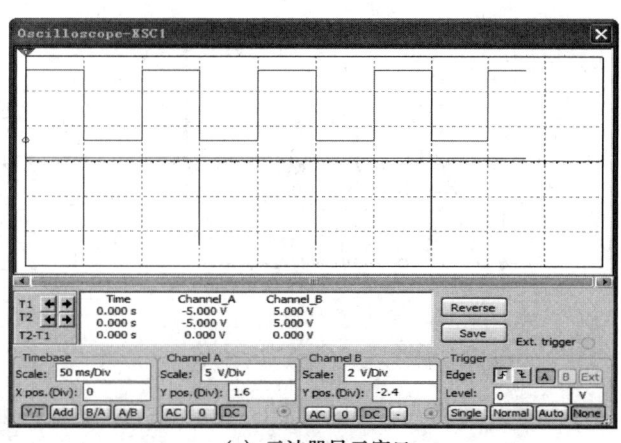

(b) 信号发生器设置窗口　　　　　　　　　(c) 示波器显示窗口

图 9.2.8　竞争冒险电路的测试与仿真

9.3　时序逻辑电路的分析和仿真

时序逻辑电路的基本构成单元是触发器。其特点是任意时刻的输出不仅取决于当前时刻的输入，还与电路的历史状态有关，有记忆能力。时序逻辑电路的分析，即给定时序逻辑电路，分析其功能。一般的分析方法是由逻辑电路写时钟方程、驱动方程、输出方程以及状态方程，根据时钟方程和状态方程列状态转移真值表，由状态转移真值表总结其逻辑功能。在 Multisim 中可借助示波器、探针、显示器、逻辑转换仪等仪器仪表分析时序逻辑电路的功能。

9.3.1　触发器逻辑功能测试与仿真

能够存储 1 位二进制信息的基本单元电路称为触发器。触发器电路的共同特点是：具有两个互补的输出端 Q 与 Q'，且 Q 端具有两个能自行保持的稳定状态，用来表示逻辑状态的 0 和 1 或二进制数的 0 和 1；另外根据不同的输入信号还可以把 Q 置成 1 或 0 状态。

根据电路结构形式的不同，触发器可分为基本 RS 触发器、同步 RS 触发器、主从触发器、维持阻塞触发器、CMOS 边沿触发器。根据逻辑功能的不同，触发器可分为 RS 触发器、JK 触发器、T 触发器、D 触发器；根据存储数据原理的不同，触发器可分为：静态触发器和动态触发器。本节主要介绍由与非门构成的基本 RS 触发器和 JK 触发器芯片 74LS112 的逻辑功能测试与仿真。

1. 基本 RS 触发器逻辑功能测试与仿真

单击基础元器件库 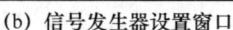 图标，先选中"SWITCH"里的"DIPSW1"，在工作区的空白区域放置 2 个单刀单掷开关；再选中"RESISTOR"组中的"1.0 K"，在工作区放置 2 个 1.0 kΩ 的电阻。单击 TTL 元器件库图标，选中"74STD"组中的"7400N"，在工作区放置 2 个二输入端与非门；单击显示元器件库 图标，选中"PROBE"组中的"PROBE-DIG-RED"，在工作区放置 2 个红光探针工具；最后在工作区再放置 1 个数字地和一个 5 V 的直流电源，搭建由与非门构成的基本 RS 触发器电路如图 9.3.1 所示。

· 233 ·

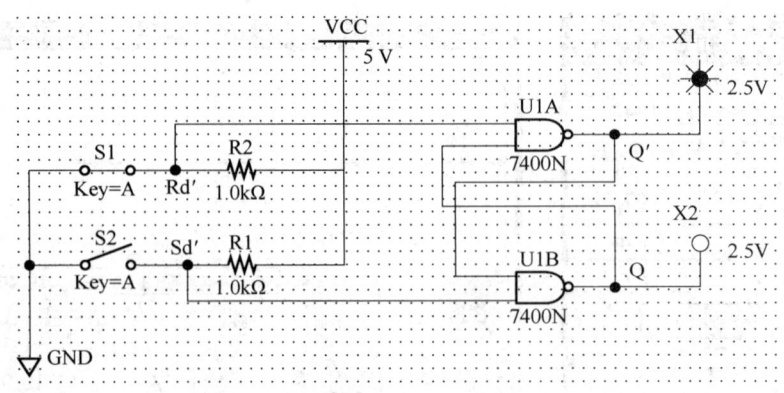

图 9.3.1　基本 RS 触发器逻辑功能测试

单击开关可改变输入数据,开关 S_1 闭合表示输入 $R'_D=0$,开关 S_2 闭合表示输入 $S'_D=0$,开关断开表示输入 1。若令 S_1 闭合、S_2 断开,则 Q 对应探针不亮,Q' 对应探针亮,即 Q 被"清零"。同样的方法可观察"置 1""保持""无效"等现象。

2. JK 触发器 74LS112 逻辑功能测试与仿真

单击电源库 图标,在"SIGNAL-VOLTAGE-SOURCES"组中选择"CLOCK-VOLT-AGE",在工作区放置 1 个 100 Hz、5 V 的数字信号源;单击基础元器件库 图标,选中"SWITCH"组中的"SPDT",在工作区的空白区域放置 2 个双刀单掷开关;单击 TTL 元器件库图标 ,选中"74LS"组中的"74LS112N",在工作区放置 1 个下降沿触发的 JK 触发器;单击显示元器件库 图标,选中"PROBE"组中的"PROBE-DIG-RED",在工作区放置 2 个红光探针工具;单击仪器仪表库栏 图标,在工作区放置 1 个逻辑分析仪图标"XLA1";最后在工作区再放置 1 个数字地和一个 5 V 的直流电源,搭建 JK 触发器逻辑功能测试电路如图 9.3.2(a) 所示。

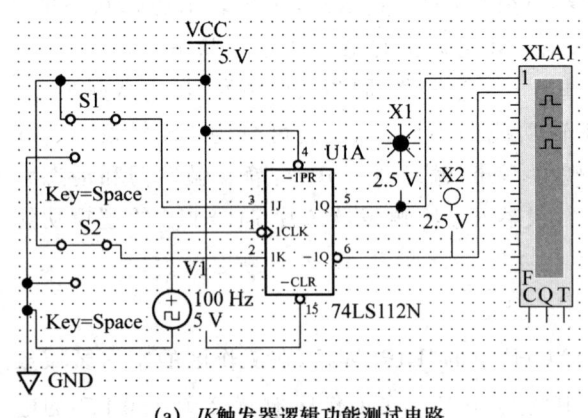

(a) JK 触发器逻辑功能测试电路

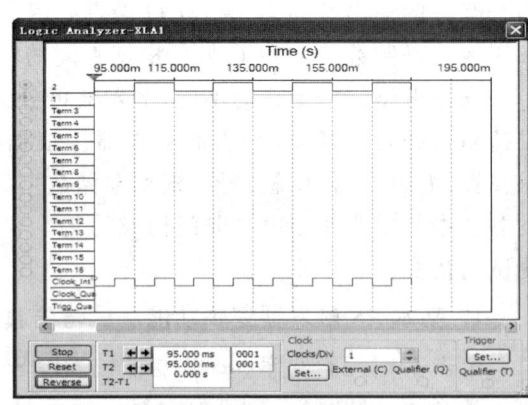

(b) 逻辑分析仪显示波形

图 9.3.2　JK 触发器 74LS112 逻辑功能测试

逻辑分析仪(Logic Analyzer)可以同步采集、显示和记录 16 路逻辑信号,适用于对数字逻辑信号的高速采集和时序分析。逻辑分析仪的图标左侧有 1~F 共 16 个输入端口,使用时接到被测电路的相关节点上,图标下侧也有 3 个端子,C 是外时钟输入端,Q 是时钟控制输入端,T 是触发控制输入端,双击逻辑分析仪图标可打开其面板窗口,如图 9.3.2(a)所示。面板分上下两部分,上半部分是显示窗口,下半部分是逻辑分析仪的控制窗口。控制区域包含以下功能按钮:Stop(停止)、Reset(复位)、Reverse(反相显示)、Clock(时钟)设置和 Trigger(触发)设置。

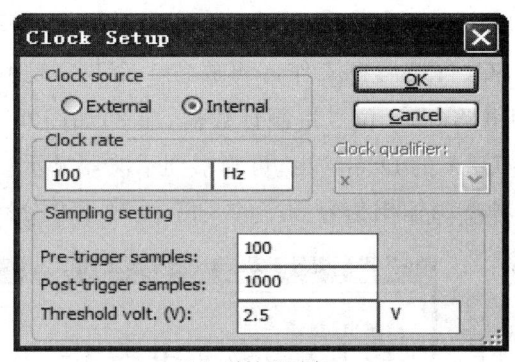 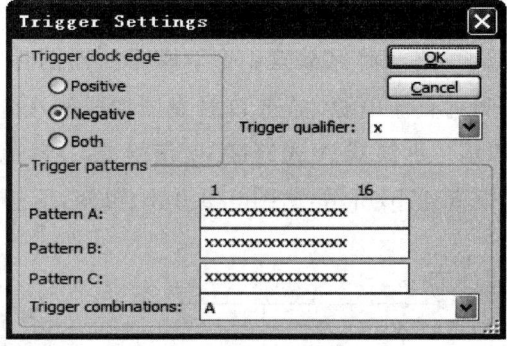

(a) 时钟设置窗口　　　　　　　　　(b) 触发方式设置窗口

图 9.3.3　逻辑分析仪设置窗口

时钟设置"Setting…"对话框如图 9.3.3(a)所示,Clock Source(时钟源)可选择外触发或内触发,此处选择内触发;Clock rate(时钟频率)可在 1 Hz～100 MHz 范围内设置,此处选择 100 Hz;Sampling Setting(取样点设置)中 Pre-trigger samples(触发前取样点)设为 100,Post-trigger samples(触发后取样点)设为 1 000,Threshold voltage(开启电压)设为 2.5 V。触发设置"Setting…"对话框如图 9.3.3(b)所示,Trigger Clock Edge(触发边沿)可选择 Positive(上升沿)、Negative(下降沿)或 Both(双向触发),此处选择下降沿触发;Trigger patterns(触发模式)可由 A、B、C 自定义触发模式。

若 $S_1S_2=11$,单击仿真按钮,可观察到逻辑分析仪显示波形如图 9.3.2(b)所示,可见每来一个脉冲的下降沿,$Q(X_1)$ 端口状态翻转 1 次,Q' 与 Q 正好相反。读者可自行观察 JK 触发器的"清零""置 1""保持"功能。

9.3.2　D 触发器构成的八分频电路测试与仿真

在数字电路中,把记忆输入时钟脉冲个数的操作称为计数,能够实现计数操作的电子电路称为计数器。计数器是种类最多、应用最广、最典型的时序电路。按计数器中触发器是否同时翻转,可分为同步计数器和异步计数器;按计数过程中计数器中的数字增减分类,可分为加法计数器、减法计数器、可逆计数器(加/减计数器);按计数器中数字的编码方式分类,可分为二进制计数器、二-十进制计数器、循环计数器;按计数模值(进制)来区分,可分为十进制计数器、六十进制计数器、N 进制计数器等。

所谓"分频器",就是指使输出信号的频率降低为输入信号频率的整数分之一的电路。在数字电路中,通常用计数器实现分频器的功能,原理是:把输入信号作为计数脉冲,由于计数器的输出端口是按一定规律输出脉冲的,所以可把由不同的端口输出的信号脉冲看作是对输入信号的"分频",至于分频系数是多少,由选用计数器的模决定。若是十进制计数器就是十分频,若是二进制计数器就是二分频,依此类推。下面介绍由 D 触发器构成的八分频电路的测试与仿真。

单击电源库 ✚ 图标,在"SIGNAL-VOLTAGE-SOURCES"组中选择"CLOCK-VOLT-AGE",在工作区放置 1 个 1 kHz、5 V 的数字信号源;单击 TTL 元器件库图标 ⌀,选中"74LS"组中的"74LS74N",在工作区放置 3 个上升沿触发的 D 触发器;单击仪器仪表库栏 ▦ 图标,在工作区放置 1 个双踪示波器图标"XSC1";最后在工作区再放置 1 个数字地和一个 5 V 的直流电源,搭建 D 触发器构成的八分频电路(即 3 位二进制计数器,模 8)如图 9.3.4(a)所示。示波器 A 通道接 V_1 信号源,B 通道接 U2A 的 Q 端输出,可观察到示波器显示波形如图 9.3.4(b)所示,由图 9.3.4(b)可知,信号源频率为输出信号频率的 8 倍,实现了八分频。

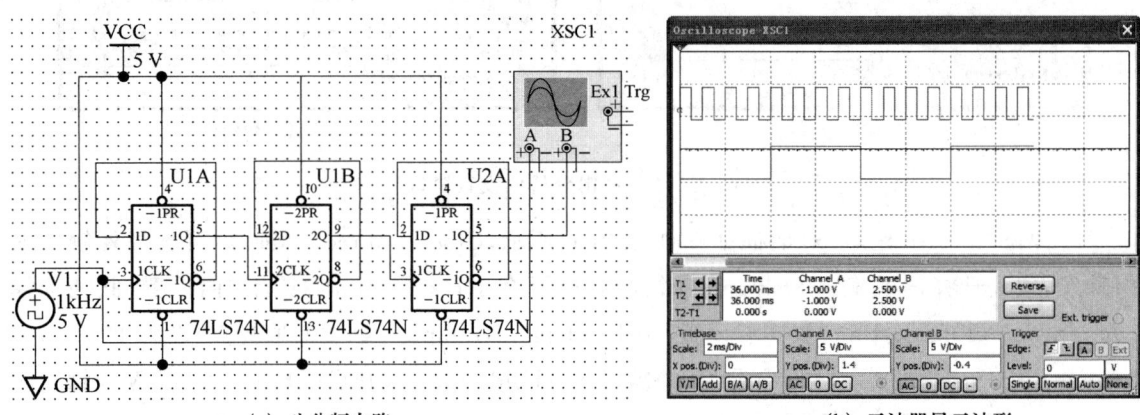

(a) 八分频电路　　　　　　　　　　　　(b) 示波器显示波形

图 9.3.4　八分频电路测试与仿真

9.3.3　二十四进制计数器测试与仿真

Multisim 提供了众多中规模集成计数器芯片供用户选用,如 74LS160 就是 1 个 4 位同步十进制加法计数器,计数状态时输出端口 $Q_DQ_CQ_BQ_A$ 按 8421BCD 码计数规律计数,同时该芯片还提供附加功能,如异步清零、同步置数、保持等。下面介绍用 74LS160 的同步置数功能实现二十四进制计数器。

单击电源库 ✚ 图标,在"SIGNAL-VOLTAGE-SOURCES"组中选择"CLOCK-VOLT-AGE",在工作区放置 1 个 10 Hz、5 V 的数字信号源;单击 TTL 元器件库图标 ⌀,选中"74LS"组中的"74LS160N",在工作区放置 2 个十进制计数器;选中"74LS"组中的"74LS10D",在工作区放置 1 个三输入端的与非门;单击显示元器件库 ▦ 图标,选中"HEX-DISPLAY"组中的"DCD-HEX-DIG-BLUE",在工作区放置 2 个蓝光 LCD 显示器;在工作区再放置 1 个数字地和 1 个 5 V 的直流电源;数据输入端口全部预置 0,由于是同步置数,因此把二十三(对应 8421BCD 码为 00100011)作为反馈置数的代码,通过与非门反馈至计数芯片的置数端口,搭建二十四进制计数器电路如图 9.3.5 所示。打开仿真开关,发现显示器在计数脉冲作用下依次显示 0,1,2,…,23,0 共 24 个状态,实现了二十四进制计数。

第 9 章 Multisim 14.0 仿真举例

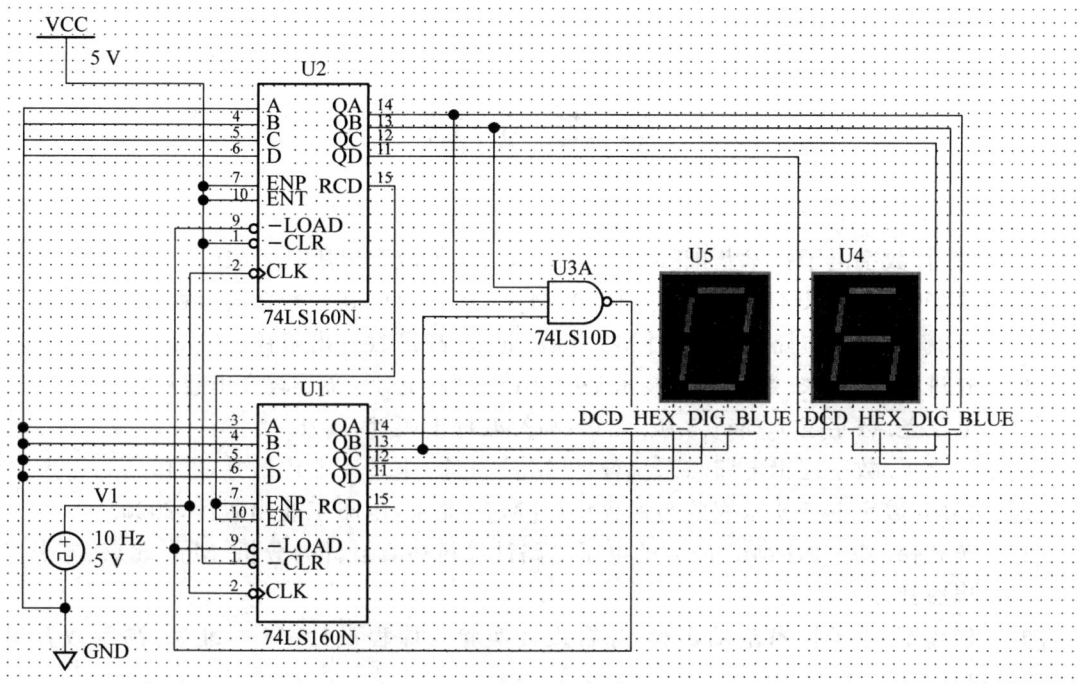

图 9.3.5 二十四进制计数器功能测试与仿真

参考文献

[1] 阎石.数字电子技术基础[M].6版.北京:高等教育出版社,2016.

[2] 康华光.电子技术基础(数字部分)[M].6版.北京:高等教育出版社,2014.

[3] 王毓银.数字电路逻辑设计[M].3版.北京:高等教育出版社,2018.

[4] 赵进全,张克农.数字电子技术基础[M].3版.北京:高等教育出版社,2020.

[5] 毛法尧.数字逻辑[M].3版.北京:高等教育出版社,2020.

[6] 蒋立平.数字逻辑电路与系统设计[M].北京:电子工业出版社,2019.

[7] 杨刚.数字电子技术实验与课程设计[M].北京:电子工业出版社,2020.

[8] 黄智伟.基于NI Multisim的电子电路计算机仿真设计与分析[M].北京:电子工业出版社,2011.

[9] 侯建军.电子技术基础实验、综合设计实验与课程设计[M].北京:高等教育出版社,2007.

[10] 刘明亮,饶敏.实用数字逻辑[M].北京:北京航空航天大学出版社,2009.

[11] 杨聪锟.数字电子技术基础[M].北京:高等教育出版社,2014.

[12] 罗杰,彭容修.数字电子技术基础[M].3版.北京:高等教育出版社,2014.